U0172419

住房和城乡建设部"十四五"规划教材

北京高等教育精品教材

高等学校土木工程专业融媒体新业态系列教材

土木工程概论

（第四版）

易 成 沈世钊 朱红光 编著

中国建筑工业出版社

图书在版编目(CIP)数据

土木工程概论 / 易成, 沈世钊, 朱红光编著. —4
版. —北京: 中国建筑工业出版社, 2021.9 (2023.9重印)
住房和城乡建设部"十四五"规划教材 北京高等教
育精品教材 高等学校土木工程专业融媒体新业态系列教
材

ISBN 978-7-112-26615-9

Ⅰ. ①土… Ⅱ. ①易… ②沈… ③朱… Ⅲ. ①土木工
程—高等学校—教材 Ⅳ. ①TU

中国版本图书馆 CIP 数据核字(2021)第 190111 号

本书展示了土木工程学科的历史发展轨迹,介绍了相关领域内的重大事件与有关人物,让读
者以史为镜,领略土木工程学科的发展规律。本书还从经济与社会发展的角度来讨论土木工程的
发展以及对环境、历史等方面的影响。本书与其他教材比较,增加了诸如"中国古代建筑技术"
"西方古代建筑技术""古代园林与现代景观"等章节,并且应时代发展的需要,继 2017 年第三版
增加了土木工程配合"一带一路"建设、建筑工业化、高铁建设、建筑信息模型 BIM 等内容后,
全面更新了有关数据,加强了建筑工业化等内容的写作,增加了 3D 打印建筑等内容。尤其将数字
技术引入书中,读者可通过手机扫描书中系列二维码,观看与书中文字内容配套的系列短视频,
使得本书的可读性进一步增加。

本书可作为土木工程、水利工程、港口工程、市政工程等专业教材,也可作为从事建筑工程
勘察、设计、施工、科研和管理工作的专业人员的参考书。为了更好地支持教学,我社向采用本
书作为教材的教师提供课件,有需要者可与出版社联系,索取方式如下:建工书院 http://
edu.cabplink.com,邮箱 jckj@cabp.com.cn,电话 (010)58337285。

扫码观看慕课

扫码观看数字资源

责任编辑:仕 帅 王 跃 张 健
责任校对:姜小莲

住房和城乡建设部"十四五"规划教材
北京高等教育精品教材
高等学校土木工程专业融媒体新业态系列教材
土木工程概论
(第四版)
易 成 沈世钊 朱红光 编著

*

中国建筑工业出版社出版、发行 (北京海淀三里河路 9 号)
各地新华书店、建筑书店经销
北京红光制版公司制版
北京圣夫亚美印刷有限公司印刷

*

开本:787 毫米×1092 毫米 1/16 印张:19¾ 字数:478 千字
2021 年 9 月第四版 2023 年 9 月第三次印刷
定价:**58.00** 元 (赠教师课件及配套数字资源和慕课)
ISBN 978-7-1122-26615-9
(37922)

第四版前言

从 2017 年本教材第三版出版，历时四年，本书进化到了第四版。本次改版，主要变化如下：

首先是引入了新的作者，新鲜血液的输入是保证生命活力的有效方法。作者团队对本书做了如下改进：更新了一些过时的数据，调整了一些章节内容次序，全面改写了与建筑工业化有关的节段，增加了 3D 打印建筑等内容。此外，作者精心制作了与本书内容配套的短视频，将其与附加在页边的二维码链接。读者在阅读过程中，只要用手机扫描二维码，就能观看这些短视频，大大增加了本书的趣味性和可读性。

在这四年中，围绕本教材的课程教学模式也在持续革新中。由于本教材在内容组织上采用人文知识与专业知识相结合的方式，在课程有限的课堂教学时间内完整讲授这些知识是不可能的，需要充分调动学生的自学能力。因此，在北京市教委和中国矿业大学（北京）的联合资助下，作者将部分课程内容录制了慕课，于 2019 年开始登录中国大学MOOC 网（网址见封面二维码），对社会公开教学。这样就给以选择本书作为教材的教师在教学中提供了很大便利，不必再担心完不成教学内容的讲授；课堂上，教师可以自主确定讲授重点，而把其余内容交给学生课后线上自学。事实上，作者团队自己就是采用了如此线上线下混合的教学模式：开课时留下系列思考讨论题让学生线上自学，课堂时间内，教师主要讲授重点章节和重要概念、指导学生准备讨论选题的内容以及通过课堂软件测试学生对线上线下学习内容的掌握程度。此外，我们还预留下了近一半的课堂时间给了课堂讨论：由学生分组宣讲各自选题的 PPT，其他组学生对演讲组提问，教师最后对问答情况做出点评。考核学生的方法，也随之从通过考试单指标考核学生记忆能力变为综合考核学生自学能力、协作能力和演讲表达能力等（相信第四版所增加的随书系列小视频会更加有助于学生的自学）。这种践行"以学为中心"理念的翻转课堂教学模式很受学生欢迎，建议各位采用此书的老师们不妨尝试一下。

感谢出版社的同志们为本书第四版出版所付出的努力。

作　者
2021 年 5 月

第三版前言

本教材于 2016 年入选住房城乡建设部土建类学科专业"十三五"规划教材。这是继 2011 年本教材第二版入选土建学科专业"十二五"规划教材之后，本书迎来的完善自身的又一契机。

应时代发展的要求，第三版对教材内容做了以下修改：第 1 章增加了新形势下土木工程对国家"一带一路"发展和国家安全进行配合方面的介绍；第 3 章对介绍拜占庭建筑和中世纪西欧建筑的内容做了全面更新，更注重介绍结构体系对建筑的配合；第 5 章增加了"现代主义建筑、后现代主义建筑风格和建筑工业化"一节；第 7 章撤销了"铁路对历史的干预实例"一节而增加了"高速铁路的兴起与发展"一节；第 11 章增加了"后工业景观"一节；第 12 章增加了"建筑信息模型 BIM"一节。此外，第三版还对一些局部内容进行了修改，对过时的数据进行了调整。

目前，作者本人与本书配合的"土木工程概论"课程教学中，教学模式也发生了很大的转变：除了第 1~5 章内容由教师课堂讲授外，其余章节皆由学生课后自学；随后的课堂时间组织学生按照如下方式分组竞答教材内容知识：章节随机抽取，不同组的学生互为攻守、互问互答，对方回答不出的问题，须由出题者给出正确答案；教师作为裁判者参与竞答活动，对所出题目的水平和答案正确与否给予评分讲评，并适当出题让双方学生抢答，也可对竞答中发现的问题有针对性地展开讲解；学生的课程学习成绩由整个小组竞答成绩决定，不再另行考试。这样，不论是设问还是答题，学生都必须认真学习教材内容知识，形成互助互学的局面；这既使得教学模式从"以教为中心"向"以学为中心"彻底转变、课堂气氛更加活跃，也避免了学时不足的尴尬。作者在此介绍这种教学模式，它与第二版前言中介绍过的教学模式一样，都在教学实践中受到学生广泛认可；欢迎选择此教材的老师酌情采用之。

考虑到现在的电脑已经普遍淘汰了光驱，新版书取消随书赠送的光盘，使用本教材的教师可以联系出版社索要课件。出版社责编邮箱：524633479@qq.com。

作　者
2017 年 4 月

第二版前言

《土木工程概论》教材自从 2010 年由中国建筑工业出版社出版以来,承蒙广大读者的厚爱,两年多时间已经四次印刷。在这期间,社会有关方面对我们两位作者的工作也给予了较高的评价;在继出版社将教材列为"高校土木工程专业规划教材"之后,2011 年,其又被住房和城乡建设部列为"普通高等教育土建学科专业'十二五'规划教材";同一年,教材又被北京市教委评为"北京高等教育精品教材"。在两年多时间里,一些使用教材的师生也对作者予以热情的鼓励并提出了许多宝贵的意见;在此,作者对出版社和社会各界的支持和帮助表示深深的谢意! 并依据他们的建议,作者尝试进行第二版的修订工作。

考虑到大多数高校土木系将"土木工程概论"课程安排在一年级作为专业导论课,学生在此时尚未掌握工程力学知识,这给他们对书中一些内容的理解带来困难。因此,本次修订后的第二版教材在部分章节前面安排了"预备概念"内容供学生在课前自主学习,这些内容不必纳入课堂讲授。此外,各校所开设的土概课程,其课时安排从 16 节到 32 节不等;短课时的情况下要讲授完本书全部内容是不可能的,而且事实上也无必要。各校可以根据具体情况确定讲授内容,其余部分安排学生自学。

正如本教材的写作主旨所一直强调的,在教育工作中,对学生能力的培养重于对书本知识的传授。因此,作者建议在使用本教材教学过程中,教师倡导学生运用无边界学习法,也就是以教材为基础,探索教材之外的专业知识。近年来,随着互联网技术的普及,所谓 e-learning(数字化学习)与专业教育相结合的混合学习的理念受到推崇,往往能获得很好的学习效果。在中国矿业大学(北京)所进行的教学实践中,"土木工程概论"课程要求学生以本教材为引导,在课外完成如下三种作业之一:(1)根据自己的兴趣,选择一个专题查阅资料,撰写一篇关于土木工程技术的报告,内容要超出教材的范围;(2)制作一个关于土木工程的建筑或结构模型;(3)自学 Sketch 动画模型制作技术,制作一个关于土木工程的建筑或结构模型;作业完成情况作为课程平时成绩的考评依据。在完成这些作业的过程中,类似检索查阅资料、动手制作模型、掌握动画制作技术等,均非课程讲授内容,但根据先进教学理念中的"任务驱动法",促使学生自学掌握这种技能。实践表明,这种作业形式很好地激发了学生的学习积极性,提高了以后专业学习阶段的热情和能力。我们热切希望使用本教材的师生,积极探索适合的教学方法,使得土木工程概论真正成为学生了解专业文化、培养专业兴趣、掌握专业知识的良好途径。

另外,本书所配教学课件及相关动画可直接与中国建筑工业出版社教材中心联系索取。电子邮件联系方式:524633479@qq.com。

作 者

2012 年 10 月

第一版前言

　　"土木工程概论"是土木工程学科的专业入门课程，其目的是使学生在开始阶段就对本专业有一个较为完整的概念性了解，启发他们的专业兴趣，从而提高对专业学习的积极性。而要学好这门课，教材的作用是非常关键的。

　　如同我们反对学龄前儿童提前开始学校教育而应该注重素质培养一样，专业入门课程不宜过多地向学生介绍专业课中将会讲授的具体专业知识。也就是说，"土木工程概论"课程不是各门专业课程的压缩版，而应该在更加宏观的背景上展示土木工程的各主要领域，它们在人类社会发展中所起的作用以及今后的发展前景，重在培养学生的全面观点和发展观点。

　　我们在规划本书的教学内容和叙述方法时是尽力根据上述认识来进行的。如果用影视镜头语言来描述，本书尽力注意做到以下几点：

　　（1）让镜头在时域中扫视

　　本书尽量展示土木工程学科的历史发展轨迹，介绍相关领域内的重大事件与相关人物，让读者以史为镜，领略土木工程学科的发展规律。作者愿意指出的是，本教材在收集史料时十分注意历史资料的严肃性。例如，闻名于世的阿房宫，一直被认为其"覆压三百余里，隔离天日……"，是土木工程的一项杰作，但本教材引用近两年考古界对阿房宫遗址的考古发掘结论，说明阿房宫尚处于规划阶段，未真正实施。对于涉及国外的发明，本教材一般直接查阅国外史料，对于史料之间相互矛盾之处，则更是多方考证得出谨慎的结论，订正了许多以讹传讹的说法。

　　（2）让镜头在空域上推拉

　　对事物的观察有宏观和细观之分。当镜头拉近时，人们看到的是细节，因此本书自然会涉及土木工程诸方面的一些具体知识；当镜头逐渐推远的时候，人们的视线更为宏观，这时本书会从经济或社会发展的角度来讨论土木工程的发展以及对环境、历史等方面的影响，甚至会牵扯隐藏在土木工程后面的有关诸如国家建设规划等方面的重大问题。

　　（3）以多视角选取镜头

　　土木工程涉及面广，涵盖建筑材料、建筑工程、公路铁路交通、矿山建设、水利工程、桥梁隧道等许多领域。正因为如此，本书在组织教学内容时就要有所为、有所不为。本书与其他教材比较，增加了诸如"中国古代建筑技术""西方古代建筑技术""古代园林与现代景观""传统建筑环境保护""建筑节能与设备"等章节，而对一般教材所单独列出的"地基与基础""防灾减灾工程""建筑施工"等章节，则将有关内容分散到其他相关章节中。此外，有关职业道德、爱国主义等方面的内容也随时穿插在有关叙述中。之所以这样安排，一方面是为了体现前面阐述的原则，避免单纯地灌输专业知识，着重对学生建筑文化、建筑历史等专业素质的培养；另一方面也是为满足现代社会对环境和可持续发展诸方面的需要，适应社会对教育的新需求。

本教材所叙述内容，附有作者收集的大量图片帮助读者理解，计有各种图片上千幅。为增强可读性、保持与时代接轨，本书尤其注意将知识的传播故事化，语言也比一般教科书略显轻松。每一章结束都附有若干思考题，帮助学生总结所学内容。

本书参考了崔京浩、刘敦桢、傅熹年、侯幼彬等（见参考文献，在此不一一列举）学者的论著，书中一些插图也引自这些著作，在此向这些论著和图片的作者表示深深的感谢！

本书在写作过程中，哈尔滨工业大学祝恩纯教授，北京交通大学杨娜教授，中国矿业大学（北京）的鞠扬教授、高全臣教授、陈忠辉教授、王小莉讲师、郑利军副教授、李晓丹副教授都提出了宝贵的意见或提供了图片资料。除了本书作者拍摄、绘制的一些图片以及注明引用出处的图片外，还承蒙中国矿业大学（北京）建筑系的研究生韩文超、本科生于跃帮助绘制了一些透视图，并制作了相关动画。本书还有很多图片来自网络上的无名作者，在此都深深地表示感谢！

本书随书光盘内容为本书所用图片，教师可根据个人需要选取，以便制作符合本校教学特色的教学课件。

本书内容已经过多年教学实践，但限于作者水平，错误在所难免，欢迎读者提出宝贵意见！本书由中国矿业大学（北京）教材出版基金资助出版，在此表示衷心感谢！

作　者

2009 年 8 月

目 录

第1章 绪 论

1.1 土木工程的内涵

土木工程是工程分科之一，指用工程材料，如土、木、砖、石、混凝土、钢材和其他金属、建筑塑料、沥青等修建房屋、道路、铁路、桥梁、隧道、运河、堤坝、港口、特种结构和市政卫生工程等的生产活动和工程技术。

这里指的生产活动和工程技术包括对上述各类工程的勘测、设计、施工、管理、装饰、维修保护等活动以及相应的工程技术。

1.2 土木工程在国民经济中的地位和作用

1.2.1 土木工程投入巨大

对于一些大型的基本建设工程，投入都非常巨大。例如京九铁路线，全长 2000 余千米，预算投入 400 亿元。而三峡工程，混凝土用量 2643 万 m^3，总库容 393 亿 m^3；年发电量 847 亿 kW 时；决算总投资超过 2000 亿元。西气东送工程和青藏铁路线建设，都是总投资超过千亿元的关系国计民生的特大工程。

1.2.2 作为国民经济的基础产业影响面广

土木工程涉及冶金、建材、机械制造等方面，其影响并带动了许多重要行业的发展。我国是建材生产大国，水泥产量占全世界产量的 50%；混凝土用量为每年 5 亿～6 亿 m^3，居世界第一；我国 2010 年钢材产量 6.27 亿 t，居世界第一，其中近三分之一用于土木工程。

土木工程属劳动密集型产业，其就业率高，是充分发挥我国人口资源优势的主要产业。建筑业劳务输出也是我国对外输出的重要方面。根据 1999 年资料，我国土木业从业人员 3400 万人，占世界土木业从业人员的 25%，目前我国土木企业在 100 多个国家和地区设有办事机构，派往国际市场土木工程人员达 30 万，承包总额数百亿美元。

由于其影响面如此之广，因此土建投资可以大幅度地拉动国民经济。政府扩大内需采取积极的财政政策，一个主要的资金投向是土建方面的基础设施，如 2008 年的北京奥运工程群，2010 年上海世博会工程群，京沪高速铁路，七纵三横的高速公路，房地产业的增长，城市化带来的大量基建项目等，都会带动当地乃至周边地区的经济发展。

1.2.3 对抗灾减灾具有不可替代性

对于自然和非自然灾害，目前人类的减灾措施基本上依赖土木工程。例如：以修建引水渠、泄洪渠、堤、坝、水库来抵抗旱灾和洪涝灾害；以锚索加固山体、砌筑挡土墙防止山体滑坡和泥石流；以防波堤、海岸护坡工程抵抗海啸、飓风；以建造更结实或者更柔性的房屋来减少地震对人类的伤害；以引水改沙、编织固沙来抑制沙漠化的蔓延；以建造地下防护工程和地下战略储藏库来减少战争对人员的杀伤和对物资破坏的影响；给核反应堆覆盖以特种混凝土防护壳来防止核泄漏等。

此外，对于灾害造成的损失，也有赖土木工程予以弥补。例如：需要借助快硬混凝土及其他相关技术抢修损毁道路桥梁以保障救灾，此外，还有开掘泄洪通道、疏导堰塞湖等。

1.3　土木工程是人类文明和历史的载体

人类为何从事土木工程？土木工程与人类文明发展之间是什么样的关系？让我们对土木工程的缘起作一个简要回顾。人类活动围绕着衣食住行和精神需求几方面来进行，这些方面都与土木工程有密切、直接的关系。

1.3.1　住

土木工程首先要解决安居问题。人类的祖先最初占据天然洞穴作为居所，以满足安全、御寒防暑的需要。这时，人类没有土木工程的概念。随着人类由渔猎生活向农耕、游牧生活过渡，土木工程出现了，首先是满足人们居住的需要。新石器文化时期的土木工程，比较有代表性的有我国北方区域仰韶文化的早期村落（图1-1、图1-2）❶。

图1-1　仰韶文化的早期村落示意

墙内竖有木柱

茅草下密排树枝起龙骨作用

d=5~6m

图1-2　属于仰韶文化的西安半坡原始部落房屋（年代距今约6300～6800年）

仰韶文化是以农业为主的文化，其村落或大或小，比较大的村落的房屋有一定的布局，周围有一条围沟，以防野兽和其他部落侵扰，村落外有墓地和窑场。村落内的房屋主要为圆形或方形两种，早期的房屋以圆形单间为多，后期以方形多间为多。房屋的墙壁是泥做的，有用草混在里面的，也有用木头做骨架的。墙的外部多被裹草后点燃烧过，来加强其坚固度和耐水性。选址一般在河流两岸经长期侵蚀而形成的阶地上，或在两河汇流处较高而平坦的地方，这里土地肥美，有利于农业、畜牧，取水和交通也很方便。由此看来，构成现代土木工程的诸多要素——城市规划、建筑、结构、建材等，在当时已经初具雏形。

伴随人类征服自然能力的提高，人类因地制宜，创造了许多新的房屋建筑形式。在民居方面，决定房屋形式的影响因素有：材料来源、气候与地质条件以及文化发展水平与发

---

❶　仰韶文化是新石器早期文化，持续时间大约在公元前5000～公元前3000年，1921年被瑞典人安特生在河南省三门峡市渑（音miǎn）池县仰韶村发现并得名，它分布在整个黄河中游从甘肃省到河南省之间的区域。目前我国已发现上千处仰韶文化的遗址。

展方向等。例如在中国北方干旱的黄土高原，劳动人民创造了窑洞这一民居形式。窑洞一般造型简洁，上部拱圆，下方端直，契合中国传统文化中"天圆地方"的思想（图1-3）。

在寒冷和森林茂密的地区，人们首选木材作为居所房屋的材料，一方面就地取材，另一方面房屋保暖性能优良，材料可加工性也好（图1-4a）。在农业发达地区，木材来源不如森林地区丰富，如果雨量充沛，木屋耐久性也显不足，因此这些区域近代民居多以石砌或砖砌墙体房屋为主（图1-4b）。

图1-3　作为黄土高原民居的窑洞

当然在某些地区人们不再采用木屋还有其他原因，例如伦敦木建筑的消失是源于鼠疫的灾难。

(a)　　　　　　　　　　　　(b)

图1-4　不同地区不同材质的民居

(a) 北欧的木结构民居；(b) 中欧的砖石结构居民

14世纪的伦敦有许多木建筑，街巷污水横流，空气弥漫着朽木的恶臭。由于教会认为猫于黑暗中眼放幽光，叫声凄厉恐怖，是魔鬼的化身，禁止居民豢养；老鼠没了天敌，繁衍迅速，成群出没于大街小巷。1348年鼠疫（也称黑死病）第一次袭击英国，此后断断续续延续了300多年，英国近三分之一的人口死于鼠疫，严重时伦敦每周死亡8000人，王室和贵族纷纷逃离城市。1666年9月10日，伦敦布丁巷内一家面包店发生火灾，火势迅速蔓延到整个城市，连烧了三天三夜，造成五分之四的市区被毁，包括87间教堂、44家公司以及13000多幢民房（图1-5）。奇特的是，之后人类百战不胜的鼠疫竟然彻底从伦敦乃至英国消失了。因此，在伦敦不再有木建筑出现。

比较中外民居我们发现，中国的传统民居更加愿意采用院落式的平面布局（图1-6a），这充分反映了传统文化对土木工程的影响。中国文化更注重家族和宗族观念，家庭以合为美，提倡数代同堂，这些思想当然对民居形式产生深刻影响。而主要分布于中国南方赣、闽、粤三省的客家民居，则呈现一村数幢甚至一村一幢的围楼群居现象（图1-6b）；自南北

图1-5　反映1666年9月10日伦敦大火的绘画

朝始直至南宋，中原居民因战乱分五次大批南下定居，南迁的人们自称"客家"以区别于本地人；由于在迁徙途中形成了密切的相互依赖关系，而且定居后需要群居以抵御当地土著的袭扰，由此采用了围楼这种具有防御功能、体现邻里和睦关系的民居形式。关于中国民居的某些文化内涵，还将在随后章节里作比较详细的介绍。

(a)　　　　　　　　　　　　　(b)

图 1-6　中国不同的院落式布局的民居

（a）中国南方的院落式民居；（b）中国南方的客家围楼

　　除了普通民居之外，古代人类在居住方面从事的土木工程，更多的是为满足帝王生前死后居住需求而修建宫殿和陵墓。

　　史料记载的中国古代著名宫殿有秦代的阿房宫、汉代未央宫、唐代大明宫等，由于中国宫殿多以木为建筑材料，现大都毁于战火，现仅存建于明代的紫禁城（现北京故宫）、沈阳故宫和拉萨布达拉宫等不多几处，在本书中，将借助史料和考古资料对中国宫殿建筑进行较为详细的介绍。

二维码1-1　凡尔赛宫

　　在西方，宫殿多以石为材料，比较著名的有伦敦白金汉宫、巴黎卢佛尔宫和凡尔赛宫、圣彼得堡冬宫和夏宫等；西方宫殿尤其注重艺术装饰性，其中尤以凡尔赛宫为甚（图 1-7）。凡尔赛宫位于巴黎城郊的西南方约 18km 的地方，原是狩猎的行宫，法王路易十四因深厌卢浮宫内的生活，于 1661 年动员了 4 万民工，历时 20 年，才建成这座别宫，所有的建筑材料都是从文艺复兴之后的意大利订制的。凡尔赛宫的美和富丽堂皇，如果不是亲眼看见是难以想象的。

在帝王陵墓方面，古代帝王们往往追求死后不朽并保持生前奢华生活，对建造其死后居所——陵寝的投入一点也不亚于宫殿。

5000 年前古埃及的法老动辄征发数十万奴隶在沙漠中建造日后存放其木乃伊的金字塔（图 1-8a）。从石料打制、运输到垒砌塔身，以当时低下的生产力建造即使今天看来也属于巨大的工程，其困难难以想象。古罗马帝国强大的国力，以

(a)　　　　　　　　(b)

图 1-7　法国凡尔赛宫

（a）凡尔赛宫建筑外景；

（b）凡尔赛宫镜厅内景

创造宏伟壮丽的建筑而著称，其皇帝陵墓当然也建造得富丽堂皇（图1-8b）。从古罗马晚期帝国接受基督教作为国教开始，整个欧洲逐渐都皈依了基督教，由于教义不提倡厚葬，西方大规模兴建帝王陵墓之风方止。

(a)   (b)

图1-8   不同的西方帝王的陵墓

（a）古埃及为安葬法老而修建的金字塔；（b）古罗马阿德亚诺皇帝陵墓（卡德斯基绘）

而在中国，除了元代因蒙古风俗提倡简葬外，传统上，一个帝王从登基即开始为自己造陵直至死亡工程才会停止。从最早的奴隶制国家建立直至最后一个封建王朝结束，漫漫数千年时间长河，帝王不绝，建陵不休。除非属于秘葬，否则陵墓一般除了地宫和封土外还建有地面的宫殿，如明十三陵和清东、西陵等。陵墓规模宏大者尤以陕西临潼秦始皇陵为甚，现今被誉为世界第八大奇迹的兵马俑只是其墓葬的一部分，庞大的封土在平原上堆积成一座山峰，远远望去蔚为壮观；据史书记载，地宫内山河湖泊俱有，以水银为湖，以鲸脂为灯，后人根据这种说法绘制了想象图（图1-9a），不过从土木工程专业角度分析，当时人类尚不能建造如图所示那样大跨度的空间，墓室空间中尚应有结构柱作为支撑。

与我国有喜马拉雅山脉相隔的印度，亦有精美的陵墓。泰姬陵被认为是世界上最优雅、最富浪漫风格的建筑之一（图1-9b）。公元1629年，莫卧儿王国皇帝沙贾汗的宠妃蒙泰吉·马哈尔在生育他们第十五个子女时难产去世。沙贾汗悲痛欲绝，决定建造一座陵墓来纪念她。泰姬陵用闪光的白色大理石建筑而成，主建筑及4座祈祷塔的塔楼建在10m高的平台上。陵墓的每一面都有33m高的拱门。《古兰经》的经文镶嵌在门廊的框上。陵墓中央覆盖着一个巨大的穹顶。工程耗尽了国库，皇帝却不知是因为睹物思人还是恋物忘人，下令在白色陵墓的旁边再建造一座黑色的以备自用，最终民心丧尽，被其子发动的政

(a)   (b)

图1-9   分属东亚和西亚的帝王陵

（a）秦始皇陵墓室想象图（来自网络）；（b）印度的泰姬陵

变推翻。其子对他的优待是：在牢狱中安排一间可看到泰姬陵的房间，老皇帝最终遥望着他的工程杰作抑郁而亡。

古代人类通过为神祇和神职人员修建高大巍峨的教堂、庙宇，满足自己在精神方面的需求。从古代人类创造原始崇拜开始，土木工程就与宗教密切关联。英格兰的巨石阵建造年代不详，鉴于当地方圆百里无大石料，再考虑到起重的艰难，其建造技术至今仍是个谜。从印第安玛雅文化遗址到埃及卢克索神庙（图1-10a），从古希腊雅典娜神庙到古罗马万神庙，许多已经消失了的宗教都通过土木工程在世上留下了自己的痕迹。

信奉基督教后的欧洲，教权一度高于王权，宗教主宰社会生活的方方面面，更是大兴修建教堂和修道院之风，一项工程动辄持续上百年，极尽奢华、追求精美（图1-10b）。巴黎圣母院、科隆大教堂等建筑举世闻名。

(a)   (b)

图1-10 宗教建筑是精细还是粗放似乎说明了宗教的兴衰

(a) 已消失宗教的殿堂：埃及卢克索神庙；(b) 基督教的杰作：奥地利梅尔克修道院

在亚洲，宗教种类众多，宗教建筑也争奇斗艳、美轮美奂。目前流行于西亚的伊斯兰教清真寺、南亚印度教和锡克教的寺庙，造工讲究、富有特色（图1-11）；它们分别采用蓝、粉、金色作为其建筑的主色彩，建筑的标志性明显。而源于南亚的佛教自从公元1世纪传入中国后，与本地文化融合，除了一些特定的塔式建筑外，其寺庙建筑形式几经演变后，与中国本土宗教道教几乎趋于同一。中国人以其文明和智慧，为人类留下了无数文化

(a)   (b)   (c)

图1-11 在西亚流行的三种不同宗教的建筑

(a) 清真寺的尖拱；(b) 印度教的寺庙；(c) 印度锡克教的金庙

与工程上的传奇。以历经千余年的悬空寺为例（图 1-12），这座栈桥式悬壁寺庙是佛寺、道观的混合建筑群。位于北岳恒山石门峪的悬崖峭壁上，顶覆危岩，下临河谷，大小近 40 余座殿宇全部由悬挑的大梁支承。登楼俯视，如临深渊，可谓世界建筑构造的奇观。涉及宗教建筑的知识在本书中将有相对详细的介绍。

图 1-12　北岳恒山悬空寺

1.3.2　衣食

土木工程还要协助人们解决吃饭穿衣的问题。

棉、粮来自农业，人类历史进入农业文明以后，解决农田灌溉、排除洪涝灾害一直是人们关注的问题。大禹治水的传说表明，中华文明的起源就有水利工程相伴随。一般采用掘井取水的方法，国力强盛时则往往从事修渠引水等大型水利工程。以举世闻名的都江堰工程为例，其建于公元前 3 世纪，位于四川成都平原西部的岷江上，是中国战国时期秦国蜀郡太守李冰及其子率众修建的一座大型水利工程，是全世界至今为止，年代最久、唯一留存、以无坝引水为特征的宏大水利工程。成都平原能够如此富饶，从根本上说，是有都江堰的原因。所以《史记》记载，都江堰建成，使成都平原"水旱从人，不知饥馑，时无荒年，天下谓之'天府'也"；从这个角度说土木工程可以改变一个区域的历史并不为过。都江堰工程不愧为文明世界的伟大杰作，是造福人民的伟大水利工程。

二维码1-2　红旗渠工程

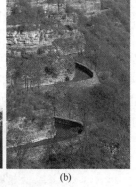

　　(a)　　　　　　　　(b)

图 1-13　河南林县红旗渠被誉为"人工天河"
（a）悬吊在悬崖上施工的民工；（b）建成通水后的渠道

进入现代，随着自然环境的恶化、人口的增加，水利工程对保证人类生存更是不可或缺。中国是水资源丰富而又极端分布不均匀的国家，中华人民共和国成立以来，为改善人民生存环境进行了大规模水利建设。从 20 世纪 60～70 年代的红旗渠（图1-13）到近年的三峡工程，工程艰苦卓绝，体现了人类在改造自然过程中不屈不挠的精神，也谱写了土木工程史上的不朽篇章。人类在这方面所做的努力也将在本书中予以介绍。

1.3.3　行

所谓逢山开路，遇水架桥，土木工程还要帮助人类解决出行的问题。

原始社会人群活动范围有限，因生活和生产的需要形成天然人行小径。当人类驯养牲畜后，逐渐利用牛、马、骆驼等乘骑或驮运，因而出现驮运道，之后方有车运。在中国古代传说中，将车轮的发明之功归于华夏文明的始祖黄帝，故称轩辕氏，可见车运对于华夏文明发展影响之重，陆地运输从此进入马路交通时代。世界上诸个文明古国，为了军事和商旅需要，道路工程方面都有辉煌的成就。

在西方，古罗马帝国有完善的道路网络，所谓"条条大路通罗马"，让我们仿佛看到罗马大军沿着大道浩浩荡荡出征，又满载战利品沿着大道凯旋的景象，交通的便利促进了帝国版图的延伸，继承了古希腊文明的古罗马文明随着罗马大道的延伸在西方广泛传播。几乎在同时代，秦始皇统一六国后，下令"车同轨"，颁行标准，广修栈道和驰道，驰道道宽约69m，路旁每隔7m左右栽种一棵青松，厚筑其外，路面以金属锤夯实❶。驰道就是当时的高速公路。至西汉又出现了横贯亚洲的丝绸之路，对东西文化交流起到巨大影响。于是中国人的音乐中有了唢呐、二胡，饮食中有了胡椒、西瓜。

有路必有桥，否则道路止于河流沟壑。最早的桥梁大约是小河边因自然倒下的树干而

图1-14 古栈道

形成的"独木桥"，或两岸藤萝纠结在一起而构成的天生"悬索桥"等；后人造桥仿效自然。桥之所以始称"梁"，也许便是因独木横梁而过的缘故。也有用石块垫起一个接一个略高出水面的石磴，供人们步步跳跃而过，这可能是后来桥墩的原型（后园林中多仿此原始桥式，称"汀步桥"、"踏步桥"）。以后随着社会生产力的发展，才逐渐产生各种各样的跨空桥梁，如拱桥、索桥等。战国时秦国构筑的沟通汉中与巴蜀的栈道，在山势险峻之处凿石成孔，插木为梁，上铺木板，旁置栏杆，桥路一体，难分彼此（图1-14）。

当一个个庞大帝国建立起来，人类的活动半径动辄数千里，陆路运输的渺小即暴露出来。秦帝国征讨岭南百越，数十万大军所需给养量巨大，而距离最近的帝国粮仓也在千里之外，南方不同于中原，山岭纵横，难以为路，如以车载或驮马运输，到达目的地时所运物资已被运输和押运者消耗殆尽。因此，水运是唯一解决问题的方法。奈何中国主要河流的基本走向都是由西向东，如何沟通南北？秦人以不可思议的智慧和观察力发现：汇入长江的湘水源头与流入珠江的漓江源头相距不过数十里，秦始皇命令史禄修筑一条运河，一举沟通了长江和珠江水系，这就是位于今广西兴安的灵渠（图1-15a）。灵渠设计科学，建造精巧。其与郑国渠、都江堰并称秦国三大杰出水

(a)　　　　　　　　　　　　(b)

图1-15 中国古代航运工程的杰作

(a) 灵渠的泄水堤堰；(b) 仍在承担航运任务的京杭大运河

---

❶ 《汉书·贾山传》曰："秦为驰道于天下，东穷燕齐，南极吴楚，江湖之上，滨海之观毕至。道广五十步，三丈而树，厚筑其外，隐以金椎，树以青松。"

利工程。至隋代，一条更伟大的运河由北至南连接了海河、黄河、淮河、长江、钱塘江五大水系。中华民族为了维持这条运河的通航付出了艰苦的努力。虽然人类最早的运河由公元前4000年的美索不达米亚人（今叙利亚至伊拉克一带）所开挖，但是，若论规模宏大，同时迄今不失效能的古运河，当之无愧地属于中国这条京杭大运河，见图1-15（b）。

当人类文明从陆地扩展到海洋，港口和码头的修建又成为土木工程涉足的新领域。工业革命之后，在陆地运输方面，人们也发现了比修筑运河更快捷经济的新方法。1825年人类第一条铁路在英国修通，此后，铁路工程又成为人类文明发展的助推器，给人们带来了新的时空观念。通过建设铁路，原来人迹罕见之处迅速得到开发。面对铁路在陆地上的强大竞争，于是运河把它的领域延伸推移到了海洋。1869年，苏伊士运河连接了地中海与红海；1914年，巴拿马运河沟通了大西洋与太平洋。巴拿马运河与美国的太平洋铁路因工程量巨大和对世界产生的巨大影响，而被当时的报纸称为"当代世界上最伟大的土木工程"。

本书将有若干章节介绍土木工程为解决人类的交通问题所做的努力和取得的各项成就。

1.4 土木工程对人类历史的干预

如上面的介绍，人类可以通过从事土木工程和其他生产活动而满足衣食住行的需求。然而，在人类历史中，衣食住行还可以通过掠夺手段获得，故人们在处理"居"之类的问题时还要考虑"安"，所谓"安居乐业"是也。于是，土木工程之所谓承载历史，不仅参与了文明的构建，还承担了保卫文明的重任，从而可以干预历史的走向。

1.4.1 冷兵器时代的作用

土木工程的英文说法是"civil engineering"，直译为"民用工程"，区别于所谓"军事工程（military engineering）"；事情的实质是，两者关系并不疏远，间接或直接地存在联系。纵观历史，但凡在征战方面强大的国家，往往在土木工程方面也都大有建树（游牧政权除外），例如秦帝国、古希腊、古罗马等；因为战争和土木工程对于参与者提出了相同的素质要求：严密的组织、周密的规划、追求高效和具有博弈性。换个角度看，城市的出现就体现了军事防御的含义❶，不可或缺地伴随有城墙和墙外壕沟。在冷兵器时代，挡墙是抵御步骑兵攻击的非常有效的防御手段。

在西方，诞生于公元前8世纪的《荷马史诗》描写了这样的故事：古希腊诸城邦联军围攻特洛伊城十年而不下，最后以木马计得入。可见3000年前城墙防御之有效。中世纪的欧洲四分五裂、战事迭起，王室和贵族们更是将自己严密包裹在一个个城堡之中寻求保护。

目前在中国发现的最早的土石防御工事是湖南澧县城头山大溪文化遗址发现的城墙❷，到奴隶制国家建立，生产力大为提高，通常环城而建的挡墙延伸到了野外，至今在山东省境内还有分隔齐鲁国境的石砌边墙遗址。

秦统一六国后，中原的战争熄止了，不同文明之间的冲突却凸显出来。华夏民族属于

---

❶ 《淮南子·原道训》曰："鲧（音 gǔn）筑城以卫君，造郭以居人，此城郭之始也。"鲧是大禹的父亲，因为能够筑墙，舜派他去治水。由于墙堵洪水不住，鲧被舜杀死。

❷ 大溪文化属于中国长江中游地区的新石器时代文化，因重庆市巫山县大溪遗址而得名，据放射性碳素断代并经校正的年代，约为公元前4400~公元前3300年，主要分布在峡江地区和两湖平原的一部分。大溪文化的发现，揭示了长江中游的一种以红陶为主并含彩陶的地区性文化遗存。

农耕文化，耕地是文明的载体，居于草原的匈奴属于游牧文化，马匹是文明的载体，一静一动，从冲突开始就确定了双方攻守的角色。面对攻方日行数百里的机动能力，守方干脆将原分属燕、赵、秦三国阻挡游牧者侵扰的零散边墙连为一体，形成了一条长达上万里的分隔不同文明的分界线，史称万里长城❶。

长城的存在，在一定程度上保证了中原地区的休养生息。清代以后乃至现代，对于长城的作用有许多质疑的议论。反对者认为：长城是被动保守、不思进取的产物，耗费巨大却效果有限；千里防守难敌一点突破，如果长城有效，为何汉以后胡骑屡次入关，甚至于会在中原出现五胡十六国？其实，这种言论过于偏颇。不妨设想如果没有长城，那么胡骑入关将由数年一入转为一年数入，一点突入变为全线侵入，中原将无片刻安宁。由于石敬瑭向契丹割让燕云十六州，北宋王朝未获长城的庇护，在与游牧民族的战争中始终处于被动的劣势即为实例。长城这项伟大的土木工程为华夏文明从萌芽走向灿烂辉煌提供了必要的安全屏障，承担着一个民族的重托，造福于中原大地达千年之久，现在已经成为中华民族不屈精神的象征。

1.4.2　热兵器时代参与博弈

到热兵器时代，土木工程更是热衷参与。火药传播到欧洲以后，传统的挡墙畏惧火炮抵近轰击，必须设法使挡墙与对方火炮保持距离，解决方法是以火炮对射。因此，一些传统的城堡演变成了厚实的、开有射孔的炮台和要塞（图1-16）。随着火炮威力的增大，一些防御工事逐渐转入了地下。

图1-16　里斯本的贝伦塔，大西洋上的要塞，于1515~1521年建造完成

依托土木工程，人们完成了热兵器战争史上的一个又一个传奇。1942年夏秋两季，整个斯大林格勒的所有房屋都是苏军的防御工事，地下水道是包抄渗透德军后方的通道。苏军依托逐屋逐墙的顽强争夺，赢得了时间和空间的相持，成为第二次世界大战的转折点。现代我国新建的高层建筑，其地下室的修建也要满足防空的要求，所谓军事与民用之间的联系可见一斑。世界上第一所专门的土木工程学校——巴黎桥梁公路学校是一所以培育军事工程师为主的工兵学校。

不仅是利用现有的土木工程，而且建造土木工程的能力也是战争参与双方博弈的重要内容，有时甚至对战争胜负产生重要影响。

朝鲜战争第二次战役，志愿军九兵团将美陆战第一师包围于朝鲜东部长津湖地区，美军为重机械化部队，在山区须依赖公路机动。志愿军穿插部队夺取了其退路上的水门桥并将桥身炸断，因认为桥已无法通行，故水门桥附近未派重兵防守，不料美军工兵迅速将桥修复。惊诧于敌修桥能力之余，志愿军不畏牺牲再次夺桥并将桥台桥身一同炸毁。依照中

---

❶　《史记·蒙恬传》载："始皇二十六年，……使蒙恬将三万众，北逐戎狄，收河南，筑长城，因地形，用险制塞，起临洮，至辽东。延袤万余里，于是渡河，据阳山，逶蛇而北。"

方理解，该桥已彻底失去修复价值（图 1-17）。但是美方土木技术能力之强再次出乎我方预料。应美工兵要求，联合国军总部在一天多的时间内于日本三菱重工焊成了六个庞大的预制钢桥架，用降落伞空投至现场，美军工兵迅速架桥完毕。志愿军有限的阻击部队伤亡过重、弹药告罄，只能看着敌机械化重兵集团通过该桥冲出了包围，美军强大的土木工程能力帮助其陆战一师摆脱了被歼的命运。

图 1-17　美军工兵查勘被炸毁的水门桥

朝鲜战争中后期，志愿军土木工程能力经过锻炼得到极大提高。1951 年 8 月始，联合国军实施所谓绞杀战略，乘朝鲜北部发生大洪水之机，以对中朝方交通枢纽实施不间断昼夜轰炸为手段，企图彻底摧毁北部的交通运输补给系统，窒息中朝前方作战力量，从而达到在谈判中迫使中朝方让步的目的。至 8 月底，被炸毁和洪水冲坏的铁路桥梁 165 座次、线路 459 处次，1200 余公里的铁路能够维持通车的仅存 290 公里。志愿军铁道兵和工兵部队在没有大型施工机械的条件下，通过在重要桥梁和地段修筑大迂回线和便线、便桥，加宽加固原有公路，构筑新的公路等手段，不仅保证了运输不间断，而且新增铁路通车里程 200 余公里（图 1-18）；至 1952 年 6 月，美空军宣布绞杀战失败。

二维码1-3　抗美援朝

(a)　　　　　　　　　　　　(b)

图 1-18　志愿军在后方实施的土木工程

（a）志愿军工兵架设隐蔽的低水桥；（b）志愿军铁道兵冒着轰炸抢修铁路

与此同时，志愿军前线部队也借助土木工程使战局改观。从 1951 年夏季第五次战役后，地面作战由运动战转变为阵地战。由于国内战争时期中国军队的传统战略是运动歼敌，不计较一城一地的得失，部队初期不适应阵地战模式。敌强大的炮火摧毁了阵地正斜面的所有野战工事，志愿军防守时无工事可以依托，造成较大伤亡，只能采取机动防御的策略，战线缓慢北移，战局发展不利于中方。后来有的志愿军部队在阵地反斜面修筑坑道坚守阵地取得成功。志愿军总部在全体部队中推广了坑道战法，在三八线附近纵深十公里范围内形成了坑道为骨干同各种野战工事相结合的支撑点式防御体系，依托坑道取得包括上甘岭战役在内的一系列防御战胜利。在坑道解决了守得住的问题后，志愿军又将坑道用于进攻作战：先由工兵在敌方前沿逐夜秘密挖掘坑道，进攻发起前步兵利用夜暗隐蔽进入，总攻时突然出洞突入敌阵避免敌炮火杀伤，这种依托土木工程的战法屡屡得手，战线逐渐向南推移。据统计，进攻野战工事阵地时期，美军平均发射 40～60 发炮弹杀伤中方一人，中方依托坑道后，美军平均发射 660 发炮弹才能杀伤一人。1952 年底，美国高层评估后认为，在中方拥有坚实的防御体系后，美方取胜已不可能，长期战争也非国力所能承受，这种认识促使美寻求迅速签署停战协定。

朝鲜战争的胜利真正奠定了中华人民共和国的大国地位，重塑了民族自信。在这一伟大历史进程中，土木工程功不可没！

当然，土木工程对战争胜负的影响不是绝对的，需要有积极进取精神的人与其有效结合才能奏效。1940 年法军坐困拥有完备地下设施的马其诺防线，直至投降，该防线几乎未射一弹，与志愿军在朝鲜的表现形成鲜明的对照。

1.5　土木工程在大国崛起之时所发挥的作用

1.5.1　围绕国家"一带一路"倡议，土木工程所扮演的角色

拉动经济有三驾马车，分别是投资、出口和消费，而基础设施建设是很好的投资领域。目前，我国除了继续在国内寻找扩大投资的合理方向，例如投资高铁、地铁等建设之外，为了保证我国经济稳定增长，我们还需要寻找新的经济增长点；于是，国家启动了宏伟的"一带一路"倡议，并主导建立了亚洲基础设施投资银行以提供资金保障。

陆上丝绸之路沿线地带多地属于经济不发达地区，要打通这一段路线，就要在这里做基建投资。投资在经济不发达的中亚地区既可以拉动我国和当地的经济发展，而且还有助于我国一些过剩产能的迁移、实现产业升级。同样，我国真诚地帮助海上丝绸之路沿线的亚非国家实现工业化，因为只有这些国家也开始富裕了，才有钱购买中国高端产品、保障我国的出口业。当然，国际市场的获得不是轻易的，其中土木工程界的贡献尤为突出。

许多在第二次世界大战后独立的亚非发展中国家，在发展本国经济的过程中，均面临基础设施落后、资金和技术缺乏等实际问题。他们出于习惯，往往首先寻求于其前殖民宗主国帮助解决这些问题。但是，西方大国往往提出许多政治、经济方面的附加条件使发展中国家难以接受。另外，西方国家的高福利政策使得他们在土木工程方面毫无优势可言。于是，中国的土建队伍就以其低廉的价格、超高的效率和优良的质量首先进入了这些亚非国家的基础设施建设领域。随着一条条中国建造的铁路、公路，一座座大楼、水坝在新兴国家拔地而起，中国的品牌和形象也开始深入当地人心。于是，中国的技术和资金也开始辐射该地区。比如，原来中国只是承担水电站的土建工程，但发电设备采用西方的。后来取得当地信任后直接总承包，中国发电设备也进入了当地市场。西方放弃了土建，又短于资金，随后就失守了技术。目前，丢失了市场的西方国家不断指责中国实行所谓"新殖民主义"，开始凭借政治、军事力量打破经济博弈的结果，在伊拉克、利比亚和苏丹达尔富尔地区均是如此。这样的因果关系，可能是西方人和中国人自己当初都不曾设想到的。

1.5.2 土木工程对国家安全所发挥的作用

第二次世界大战结束后，根据《开罗宣言》《雅尔塔协定》的规定，我国恢复对西沙、中沙、南沙群岛等有关岛屿与海域行使主权。中华人民共和国成立后相当长一段时间内，由于中国沿海的内战未结束，海空力量不能出远海驻守远离大陆的海岛。在此情况下，南沙群岛等有关岛礁逐渐被某些南海周边国家所非法占据。到 20 世纪末，南沙群岛岛礁被各方控制的数量是：越南 29 个；菲律宾 9 个；马来西亚 5 个；中国大陆 8 个。而且由于某些非法占据国地理距离上的优势，其所占据的大都是自然条件比较好的岛礁，我国所占据的则往往属于水中高地，涨潮时全被淹没或仅剩下礁石露出。随着 21 世纪到来，某些域外国家企图介入南海问题、扰乱我国发展的征兆日益凸显，且非法占据国不断加强在所占岛屿的建设——填岛、修筑小型机场和工事等加强实际控制。如果我国对南海海域长期失控，态势有可能会向更加不利于我方的方向发展。

因此，我国政府从 2014 年开始，在南沙群岛我方所控制的岛屿开始进行大规模土木工程建设。填岛方式简单高效：大型疏浚挖泥船直接用功率高达 4200kW 的绞刀，把岛礁旁边的珊瑚礁挖开，把砂土吸出，再经过管道输送喷射填岛，填岛的同时疏浚了码头航道（图 1-19），我方一年多时间土木施工的效果超出外方几十年努力之和的上百倍。截止 2016 年 6 月，不到两年时间共计填出 13km² 面积。目前面积前三名分别是我方所占据的美济岛（5.82km²，含 2700m 长机场跑道）、渚碧岛（3.95km²，含 3000m 长机场跑道）和永暑岛（2.7km²，含 3000m 长机场跑道）。我国还在所填岛屿上高效地进行了灯塔、医院、海水淡化、油库、渔船码头等民用设施建设，依托这些设施，我国海警及有关方面可以对南海海域实施有效管理，并且在安全利益受到威胁时进行有效防卫。

图 1-19 中国在南海填岛施工

从另一角度说，面对我国海军尚在成长、域外海上力量在南海占据优势的局面，我国采用了类似我中华民族先祖修长城的方式，用擅长的土木工程手段，在一年半时间里构筑了三艘不沉的航空母舰，摆脱了海上力量不足的不利局面，提前终结了某些域外势力在南海的独家霸权；节奏之迅猛、手段之简单有效都完全出乎西方国家预料，某些西方媒体评论说力量对比天平摆动的时间提前了三十年。目前，无论是非法的所谓"南海仲裁"还是某些域外海军军舰的挑衅性"巡航"，都无法撼动我国在南海凭借填岛和国防建设所获得的物理存在。正如我国外交部发言人所说：时间终将证明，谁是南海匆匆过客，谁是南海真正主人。

1.6 人类文明的新成就与现代土木工程互为依靠

土木工程是一个非常古老的行业，面对有人给予它是"夕阳产业"的评价，我们可以借助 2017 年新当选的美国总统特朗普在竞选期间的演说来予以说明。他说，我们美国的基础设施已经落后了，对比中国，我们才真正是第三世界……我要搞罗斯福新政以来最大规模的一次基础设施建设，以此拉动经济……可见，即使成为发达国家，各种原有的土建设施也需要不断改造更新，更不用说新兴领域对土木工程的依赖了。人类发明了航空，就需要建造机场和候机楼建筑；人类发明了航天，土木工程就以发射塔架予以配套；人类需要能源动力，在海上出现了钢结构的石油钻井平台，在陆地上出现了混凝土的矿井、水电站、核电站；进入信息时代，光缆、海底电缆铺设，微波发射塔建设为土木工程增添了新内容；当人类开始关注环境问题，又开始兴建污水处理厂、消化池……

二维码1-4　天眼工程

探索未来世界也需要土木工程配合，不论是上天还是入地。举一例子：目前世界最大单口径射电望远镜——500m 口径球面射电望远镜，俗称"中国天眼"，2016 年在贵州省平塘县建成（图 1-20a）。望远镜的大"锅"由四十多万块小板拼成 4450 块大三角形面板再拼装组成，总面积是 30 多个足球场大小，与之配套的是一个空前的大跨度钢索网结构，它需满足各种荷载下结构变形和位移的高要求。其项目规模之庞大、设计计算之复杂、工程施工之精准，堪称土木工程界的奇迹。另一例，中国锦屏地下实验室 2010 年建成投入使用。该实验室深藏大山之下，垂直岩石覆盖达 2400m，是目前世界上最深的地下实验室；其目的是尽可能用厚岩石遮盖屏蔽掉高能量的宇宙射线，为暗物质探索提供"干净"的环境（图 1-20b）。该地下工程的施工，需要克服许多地质和工程的疑难杂症。

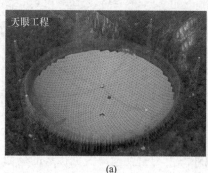
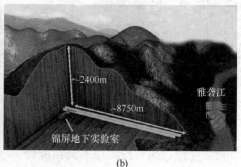

(a)   (b)

图 1-20　土木工程参与探索未知世界

随着人类文明的发展和生活水平的提高，人们意识到不仅要追求发展，更重要的是发展要具有可持续性。与之相应，人们对土木工程所提出的要求不仅仅是完成传统功能，而且要完成所赋予的新的功能。不仅仅是完成这些功能，而且是以高的效率完成这些功能。因此，土木工程要主动用高新技术来武装自己，注意采用新材料、新技术、新方法等给自己赋予新的内涵。智能建筑就是为适应时代对土木工程新的要求应运而生的产物。关于智能建筑和一些相关设备的知识，也将在本书中予以介绍。

思 考 题

（1）什么是土木工程？

（2）土木工程在人类现代社会生活中占有什么重要地位？

（3）人类为了什么目的兴建土木工程？土木工程在人类历史的发展过程中，在哪些方面发挥了重要作用？

（4）什么因素会影响住宅的形式？

（5）土木工程是一个古老的行业，其是否同时也是一个落后的"夕阳产业"？试说明之。

（6）土木工程在"一带一路"倡议中发挥什么作用？

第2章 土木工程材料

材料是构成建筑物的物质因素，其费用占工程投资的比例高达60%~70%。了解、掌握材料的基本性能、使用方法与造价，对保证工程质量、加强财务管理、厉行节约、实现资源的优化配置、达到投资最佳效益，是十分必要的。但是在本书的学习阶段，则主要学习了解材料的划分、一般功能、与土木工程有关的一般要求，以及它们的一些历史渊源。

土木工程材料的范畴可以非常宽泛，从夯土、水到金属，土木工程几乎无其不用，但是习惯上，人们还是更关注按照建筑物的使用要求，体现出具体形态和使用性能的材料。例如混凝土少不了使用水，但是人们更关注在建筑使用时体现出性能的混凝土材料，而不会把水列为建筑材料。材料依照其在建筑物上的使用性能，大体可分为：①墙体围护材料；②建筑结构材料；③建筑功能材料。

2.1 墙体围护材料

2.1.1 黏土制品

砖、瓦属于建筑用陶，中国最早的建筑陶器是陶水管（图2-1）。到西周初期又创新出了板瓦、筒瓦等。老百姓习惯上说"秦砖汉瓦"，其实，历史上是先有瓦后有砖的。中国最早的砖发现于陕西扶风云塘的西周晚期灰坑中，此类砖用于贴筑土墙表面，只起保护和装饰作用而无承重作用。砖的普遍使用在春秋战国时期，所谓"秦砖汉瓦"，是指其开始制式生产的年代。

图2-1　秦上林苑排水管道遗迹

从工艺上说，黏土砖、瓦是以黏土为主要原料，经过成型、干燥、烧制而成的墙体与屋面材料。烧制的燃料早期是柴草，现代主要用煤。黏土砖瓦制作简便，分为机制和人工制作两种，缺点是它与农争田，耗煤量也大。

砖按颜色分为红砖和青砖，它们是黏土砖坯在烧制后，在出窑时按照不同的工艺处理所分别获得的产物。如果烧制过程中持续缓慢向窑内浇水，获得的就是青砖，否则是红砖。青砖需要的处理时间长、工艺复杂，其价格是红砖的2~3倍。

由于普通黏土砖的生产耗能毁田，使用时墙体保温节能性能也不好，因此，国家规定在城市将其逐步淘汰，代之以黏土空心砖或砌块。

黏土空心砖与普通砖相比，可减轻建筑物自重约30%~35%，并能改善砖的绝热和隔声性能，在相同的热工性能要求下，用空心砖砌筑的墙体厚度可减薄半砖左右。空心砖能节省黏土原料20％～30％，节省燃料10％～20％，还有干燥焙烧时间短、烧成率高等优点。

空心砖分竖孔和水平孔两种。竖孔空心砖强度较高，多作承重墙（图2-2），故又称承重空心砖。其孔洞率一般在20％左右，水平孔空心砖的孔洞率，一般可达30％以上，自重较小，强度较低，一般用于非承重的内隔墙等。黏土质砖还有花格砖（图2-3）。花格砖用于建筑立面艺术处理，如窗格、屏风、栏杆、门厅、围墙等。

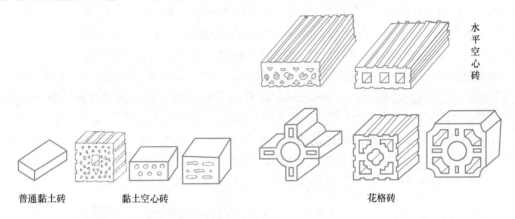

水平空心砖

普通黏土砖　　　黏土空心砖　　　　　　　　花格砖

图2-2　承重黏土砖　　　　　　　　图2-3　非承重黏土砖

黏土瓦也按颜色分为青瓦和红瓦，按形状分为平瓦、脊瓦。

琉璃瓦是在素烧的瓦坯表面涂以琉璃釉料后再经烧制而成的制品。这种瓦表面光滑，质地坚密，光彩美丽，耐久性好，但成本较高，古代只有王公贵族才能使用，现代只限于在古建筑修复、纪念性建筑及园林建筑中的亭台楼阁上使用。

2.1.2　工业废料制品

煤矸石黏土砖是在制作砖坯时掺入一定量的煤矸石，焙烧时矸石也能发出一定热量，可节约燃料，且节约黏土和堆放煤矸石的用地，因此，生产煤矸石砖是利国利民的好事。但是如果砖的运输费用过高，产品将不具有竞争力，生产煤矸石砖的砖厂应尽量靠近大量用砖的城市，故煤矸石砖厂一般只能建在产煤城市或靠近水运码头。

砌块是一种新型的墙体材料，由砂、卵石（或碎石）和水泥加水搅拌后在模具内振动加工成型，或用煤渣、煤矸石等工业废料加石灰、石膏经搅拌、轮碾、振动成型后再经蒸养而成，见图2-4。它具有如下优点：

（1）适用性强：砌块建筑体系比较灵活。砌筑方便，不论大、中、小城市及农村，均较适用。

（2）原料来源广：砌块原料可因地制宜，就地取材，对水泥要求不高，普通水泥、无熟料水泥均可使用。大中城市利用工业废料（如煤渣、矿渣等）生产砌块，可变废为宝，化害为利。

黏土砖制作不仅毁田取土，且耗煤量大。

图2-4　砌块

砌块则不然，不但不须取土、不占耕地，而且消耗废渣，可以大大节约能源。砌块制作方便，设备简单，建厂投资少，由于砌块尺寸大，用砌块砌筑工效较高。

2.1.3 新型轻质墙体

近年来应用较多的轻型墙板有泰伯板和压型钢板墙板。

泰伯板隔墙又称为钢丝网泡沫塑料水泥砂浆复合墙板。它是由 2mm 的钢丝焊接网笼为构架，中间填充泡沫塑料构成的轻质板材，见图 2-5。这种板强度高、质量轻，隔声、防腐能力强，板内可预留设备管道、电气设备等，可以用于建筑内墙。泰伯板一般厚度 70mm，抹灰后的厚度约为 100mm。当然，泰伯板墙的厚度也可以视要求加厚。泰伯板隔墙必须用配套的连接件连接固定，隔墙的拼缝处、阴阳角和门窗洞口等位置，用专用的钢丝网片补强。

彩色压型钢板是以镀锌钢板为基材，经成型机轧制，并涂敷各种耐腐蚀涂层与彩色烤漆而制成的轻型围护结构材料，见图 2-6。这种钢板具有质量轻、抗震性好、耐久性强、色彩鲜艳、易加工以及施工方便等特点。压型钢板常与保温材料复合形成夹芯板，这种夹芯板适用于做工业与民用及公共建筑的屋盖、墙板等，尤其适合快速施工的临时用房。在2003 年非典型肺炎肆虐之际，我国在极短的时间内，于北京小汤山兴建了一所隔离医院，医院房屋之屋盖和墙体所使用的就是夹有保温材料的复合压型钢板材料。

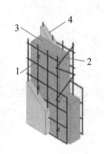
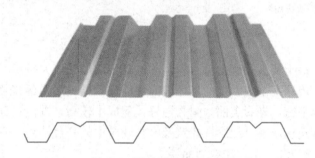

图 2-5　泰伯板构造示意　　　　图 2-6　压型钢板的形式示意
1-钢丝网；2-连接筋；
3-聚苯乙烯；4-砂浆抹灰

2.2　结　构　材　料

可以用于结构的材料范围非常广，传统的砖石砌体和木材都属于这一范畴。现代主要的结构材料是混凝土与钢材。木材主要用作装饰材料，但在结构领域依然有应用，见第 5 章内容。

2.2.1 胶凝材料及产物

能由浆体变成坚硬的固体，并能将散粒材料（如砂、石等）或块、片状材料（如砖、石块等）胶结成整体的物质，称为胶凝材料。

胶凝材料根据硬化条件可分为气硬性胶凝材料与水硬性胶凝材料。

只能在空气中硬化，并且只能在空气中保持或发展其强度的胶凝材料称为气硬性胶凝材料，如石膏、石灰等。如果胶结材料在凝结硬化过程中，不仅能在空气中凝结硬化，而且能更好地在水中硬化，称为水硬性胶凝材料。这类材料主要是水泥，它的强度主要是在水的作用下产生的。

在中国古建筑中，常用石灰作胶凝材料使用。在周朝已有石灰修筑的帝王陵墓。从周朝至南北朝时期，人们以石灰、黄土和细砂的混合物作夯土墙或土坯墙的抹面，或制作居室和墓道的地坪。据史料记载：南宋乾道六年（1170 年）在修筑和州城时，采用了糯米汁与石灰的混合物作胶凝材料；明代的南京城，其砖石城垣的重要部位也是以石灰加糯米汁作为灌浆材料。此外，在古建筑中常以血料-石灰和桐油-石灰等用作腻子。

在西方，古埃及人采用尼罗河的泥浆作为胶凝材料砌筑未经煅烧的土坯砖，在泥浆中还掺入砂子和草以增加强度和减少收缩。这种建筑物在干燥地区可保存许多年。大约在公元前 3000～公元前 2000 年间，古埃及人开始采用煅烧石膏作建筑胶凝材料，金字塔的建造就使用了煅烧石膏。与埃及人不同，古希腊人在建筑中所用胶凝材料是将石灰石经煅烧后而制得的石灰。罗马帝国继承了希腊人生产和使用石灰的传统，他们使用石灰的方法是先将石灰与砂子混合成砂浆，然后用此砂浆砌筑建筑物。之后，古罗马人还对石灰使用工艺进行改进，在石灰中不仅掺砂子，还掺磨细的火山灰。这种三组分砂浆在强度和耐水性方面较"石灰＋砂子"的二组分砂浆都有很大改善，用其砌筑的建筑不论在陆地还是在水中都较耐久。有人将这种三组分砂浆称之为"罗马砂浆"。罗马砂浆与石子混合形成所谓火山灰混凝土，罗马帝国的许多建筑都是由这种火山灰混凝土建造的。罗马砂浆传播较广，在古罗马的高卢和英吉利都曾采用之。然而，罗马帝国被摧毁之后，罗马砂浆也一度失传。此后很长时期内，砌筑材料又变为石灰加砂的二组分材料。

1774 年，英国工程师约翰·斯密顿（John Smeaton）奉命在英吉利海峡筑起一座灯塔，为过往这里的船只导航引路（图 2-7）。斯密顿感到非常为难，如果在水下用石灰砂浆砌砖，黏结强度低，长时间浸泡下，灰浆就成了稀汤；如果用石头沉入海中，石头太小经不住海浪的冲击，太大运输安放都成问题。一次，他在用石灰石煅烧石灰的时候，发现运来的石灰石颜色很黑，不符合煅烧要求，由于时间紧只能将错就错，不料由此烧出的产品胶结性能特别好。斯密顿研究了原料，系带有黏土的石灰石。于是，他将石灰石、黏土、沙子和铁渣等一起煅烧、粉碎，这样生成的混合料在水中不但没有被冲稀，反而越来越牢固。这样，他终于在英吉利海峡筑起了第一个航标灯塔。因此，人们普遍认为约翰·斯密顿是发明黏土与石灰石混合烧制水化胶凝材料的第一人。

1824 年，一个英国泥瓦匠约瑟夫·阿斯普丁（图 2-8）通过反复试验，摸索出了用石灰石与黏土混合烧制成水泥的最佳配比，其产物硬化后的颜色与英格兰岛上波特兰地方用于建筑的石头相似，被阿斯普丁命名为波特兰水泥。经过申请，阿斯普丁获得了波特兰水泥的发明专利权。波特兰水泥就是目前应用最广泛的硅酸盐水泥。

图 2-7　约翰·斯密顿和他建造的灯塔　　　　图 2-8　阿斯普丁在试验配置水泥
（图片编辑自大英博物馆资料）　　　　　　（图片来源于大英博物馆）

水泥是现代最重要的建筑材料之一，也是使用最广泛的人造胶凝材料。其或者与砂、水按照一定比例混合均匀构成砂浆，或者与砂、石子、水及其他掺合料按照一定比例混合均匀构成混凝土。目前我国是世界水泥生产第一大国，水泥产量接近世界总产量的50%，2007全年水泥产量达到14亿t。除硅酸盐水泥外，水泥按照成分还可分为火山灰水泥、矿渣水泥、硫铝酸盐水泥等。

混凝土是目前世界上使用最广泛的人造材料，全世界混凝土的年产量达到60亿t，地球人平均每人1t左右。美国的混凝土年产量达到美国人口平均2.5t；我国混凝土年产量达到我国人口平均近2t。

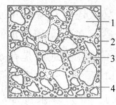

图 2-9　混凝土结构示意
1-石子；2-砂；
3-水泥浆；4-空气

普通混凝土由水泥、砂、石和水所组成。其中，砂、石起骨架作用，故称为骨料。水泥与水形成水泥浆，水泥浆包裹在骨料表面并填充其空隙。在硬化前，水泥砂浆起润滑作用，赋予混合物一定流动性，以便于施工。水泥砂浆硬化后，则将骨料胶结成一个坚实的整体，混凝土形成强度。混凝土的结构见图 2-9。

混凝土之所以为人类所青睐，除了其像石材一样耐久和能保证相当高的强度外，主要原因之一是它的可塑性，它几乎可以按照人类的要求塑造成任意形状。而要保证其可塑造性，就要求混凝土在施工阶段具有相当的流动性。

混凝土流动性就是指混凝土混合物在本身自重或施工机械振捣的作用下，能产生流动，并均匀密实地填满模板的性能。如果混凝土流动性不好，则硬化时不密实，混凝土质量不好。

混凝土拌合物经硬化后，应达到规定的强度要求。混凝土的抗拉强度比较低，通常只有抗压强度的 $1/10\sim1/8$，所以混凝土适合于承压而不适合直接承拉。一般说的混凝土强度，指的是混凝土抗压强度。

混凝土的强度由胶凝材料与水的水化反应获得。因此，水化反应的需水量与胶凝材料用量之比有一个界限值。理论上讲，超出界限值的水不参与反应，这些多余的水在混凝土中占有体积形成空隙从而影响混凝土强度，因此用水量大则混凝土强度低。但是用水量过小混凝土拌合物的流动性又不好，这时混凝土不能塑造出要求的形状不说，还充满大小孔洞，强度也大大降低。为解决这一用水多与少的矛盾，现代混凝土不再局限于水泥、砂、石和水这四种基本组成，而是掺入许多外掺料，例如掺入高效减水剂，可以在保证流动性的情况下大量减少用水量。以燃煤的副产品粉煤灰或者其他矿物细掺料替代部分水泥和砂子，一方面利用了工业废料，节约了水泥，另一方面也增加了混凝土流动性，辅之以高效减水剂，这样配制出来混凝土流动性好、强度高而且耐久性好，称之为高性能混凝土。

现代混凝土普遍由专门的商品混凝土搅拌站配制，混凝土在搅拌楼中搅拌，然后出料装入混凝土搅拌车（图 2-10）。搅拌车将混凝土运送至工地，运送过程中不断搅拌以免混凝土凝结硬化。到达工地后再由泵车将混凝土泵送到所需楼层，因此，必须保证混凝土具有卓越的流动性。

在某些场合下并不需要混凝土的流动性非常好，这样的混凝土称为干硬性混凝土。例如大体积的水坝工程中有时就采用干硬性混凝土。这时水泥水化反应不剧烈，反应产生的热量（称为水化热）少，可以减少水坝混凝土内部因水化温度不均匀而产生的裂缝。

此外，混凝土科学的发展还可以为人类提供各种特种混凝土。例如：将纤维掺入混凝土中获得抗裂性能比较好的纤维混凝土；将聚合物掺入混凝土中获得抗渗性能比较好的聚合物混凝土；将陶粒或者其他轻型骨料替代普通石子配制出来的轻骨料混凝土；可以抵抗高温的耐火混凝土；可以减少辐射剂量的防辐射混凝土等。

水泥属于无机胶凝材料，现代土木工程还常用一种有机胶凝材料——沥青，它在一定温度条件下硬化。沥青-砂-细石子三组分的沥青混凝土是上好的路面结构材料（参见第6章）。

图 2-10　商品混凝土搅拌楼及搅拌车

2.2.2　建筑钢材

建筑钢材要求有一定的强度、变形能力、可焊接能力和耐候能力。由于用量大，价格也不能太过昂贵。

在18世纪以前，由于生产工艺落后导致价格昂贵，人类除了在极个别场合，例如桥梁等之外，是很少使用钢铁作为建筑材料的。工业革命后，由于炼铁产量增加，铸铁开始成为人们可选择的建筑结构材料（参见第5章、第8章等章节）。但是铸铁固有的脆性使得对其使用有诸多限制。如果使用锻铁（红热状态下不断捶击，类似铁匠用锤打制铁具），性能有所提高，但造价高昂。

19世纪50年代，英国工程师贝塞麦注意到在设有鼓风设备的炉中熔化铁时，空气可除去铁水中的碳，炼出熟铁或低碳钢。于是，他采用风管从底部吹炼坩埚中的铁水，这样首先将铁水中的锰和硅氧化，形成褐色烟雾逸出，在这期间，铁水中的碳也被氧化成二氧化碳。二氧化碳等气体逸出钢液时反应非常剧烈，气泡逸出像火山爆发一样（这样炼出的钢被称为沸腾钢）。这样，钢水内残留的碳元素含量大为降低，整个过程约30min，而且不需要任何燃料就可以炼一炉钢。接着，他将炼钢炉从固定式结构改为可向一侧倾倒，以使炼好的钢水易于倒出，使炼钢炉成为可转动的炉，即转炉。这就是贝塞麦转炉炼钢法，参见图2-11。该法于1856年获得专利。贝塞麦法的诞生标志着早期工业革命的"铁时代"向"钢时代"的演变。不仅在冶金发展史上具有划时代的意义，也深刻地改变了土木工程的面貌。

铁水入炉

吹气冶炼

炉体转动出钢

图 2-11　贝塞麦和他的转炉炼钢法
（图片编辑自英国博物馆资料）

钢材按照成分可以分为碳钢和合金钢。碳钢按照含碳量的高低分为高碳钢、中碳钢、低碳钢。碳含量越高钢材强度越高，但是变形能力和可焊接能力就越差，因此，建筑用碳钢一般是低碳钢。合金钢中合金含量高性能就好，但会严重影响价格，故一般建筑用

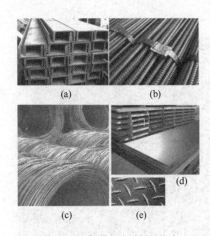

图 2-12　各种钢板材的形式

(a) 长材中的槽钢；(b) 长材中的螺纹钢；

(c) 长材中的盘条；(d) 板材；

(e) 人纹板的纹路

合金钢是低合金钢。

国际上习惯于将钢材归纳为长材、扁平材、管材和其他钢材共四大类。长材包括铁道用钢材，钢板桩（用于岩土工程），大、中、小型型钢，冷弯型钢，棒材（可作钢围栏），钢筋（用于钢筋混凝土梁柱配筋）和盘条（盘条即线材，主要用于生产钢丝、钢丝绳、螺钉、螺帽等，也用于钢筋混凝土板的配筋）；扁平材包括厚钢板、薄钢板、钢带、涂镀层钢板；钢管包括无缝钢管和焊管，参见图 2-12。

钢结构的梁和柱，可以由大、中、小型型钢，冷弯型钢或者钢管担任，也可以由厚钢板、薄钢板焊接形成。一般把截面焊成"工""口"形。

需要说明的是，钢材是唯一一种可以几乎全部回收使用的建筑材料。当被 2000℃ 高温熔化时，钢材就失去了从前的记忆，可以被制造成另一种完全不同的东西，因此其被视为不可替代的绿色建材（绿色建材的概念在本章后面介绍）。例如，从纽约世界贸易中心废墟回收上来的钢材已经用来生产新军舰的甲板。根据钢铁产业预言，到 2030 年，楼房、汽车和许多产品的制造都将使用建筑回收钢材。

2.2.3　木材

从木材的三个切面（横切面、径切面和弦切面）可看到，木材是由树皮、木质部和髓心等部分组成（图 2-13）。木质部是木材的主体。髓心在树干中心，质地松软、强度低、易腐朽、易开裂，对材质要求高的用材，不得带有髓心。在横切面上深浅相间的同心环称为年轮。年轮由春材（早材）和夏材（晚材）两部分组成。春材颜色较浅，组织疏松，材质较软。夏材颜色较深，组织致密，材质较硬。当树种相同时，年轮稠密均匀者，材质较好；夏材部分多，则强度高，表观密度大。

对木材物理力学性质影响最大的是含水率。一般我们希望含水率低于一个临界值，这样不至于影响强度和胀缩性能。

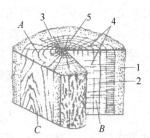

图 2-13　树干切面

A-横切面；B-径切面；

C-弦切面

1-树皮；2-木质部；

3-年轮；4-髓线；5-髓心

木材是非常明显的各向异性材料，以木材直接作结构材料要注意其力学性能的方向性。为了减小方向性和疤结对木材力学性能的影响，现代木结构主要采用胶合板制作承重结构（见第 5 章）。

2.3　各种功能材料

2.3.1　防水材料

沥青作为防水材料使用的历史已有数千年。古巴比伦修筑空中花园时，每一层都铺上浸透沥青的柳条垫，上面再铺两层砖头，再浇铸铅水，以防渗水。然后铺上肥沃的泥土，种上奇花异草。但是古罗马后这种沥青防水技术一度失传，现代大规模使用沥青则是始于19世纪。沥青与许多材料表面有良好的黏结力，它不仅能黏附在矿物材料表面上，而且能黏附在木材、钢铁等材料表面，是一种憎水性材料，几乎不溶于水，而且构造密实，是建筑工程中应用最广的一种防水材料。沥青能抵抗一般酸、碱、盐等侵蚀性液体和气体的侵蚀，故广泛应用于各种材料的防腐处理。

建筑屋面和地下室常采用防水卷材防水。

目前常用的SBS改性沥青防水卷材尤其适用于寒冷地区、结构变形频繁地区的建筑物防水。施工时不需要现场熬制沥青，而是以汽油喷灯直接烘烤卷材表面，表面沥青融化后卷材可以相互黏结或者与混凝土黏结（图2-14）。目前，沥青类防水卷材用量占防水卷材市场总量的80%左右。

橡胶塑料类防水材料的研究和使用始于20世纪50年代，我国则始用于20世纪80年代。原材料主要有氯丁橡胶、丁基橡胶、

图2-14 SBS改性沥青防水卷材及施工方式

三元乙丙橡胶、聚氯乙烯、氯磺化聚乙烯、聚异丁烯和聚氨酯等，属于弹性无胎防水卷材。这些制品具有拉伸强度高、弹性及延伸率大、黏结性、抗水性和耐候性好等特点，使用年限较长，但是价格相对于沥青卷材昂贵，其市场占有率为20%左右。这类卷材铺设施工时不需点火，以化学胶粘剂粘贴在屋面或者地下室混凝土外表面，属于冷施工。

2.3.2 保温材料

在建筑和工业中采用良好的保温技术与材料，往往能起到事半功倍的效果。统计表明，建筑中每使用一吨矿物棉绝热制品，一年可节约一当量吨石油。采用良好的绝热措施与材料，可显著降低采暖与空调能耗，改善居住环境，同时有较好的经济效益。

膨胀珍珠岩是一种常用保温材料，其来源于一种天然酸性玻璃质火山熔岩非金属矿产，包括珍珠岩、松脂岩和黑曜岩（三者只是结晶水含量不同）。由于在1000~1300℃高温条件下其体积迅速膨胀4~30倍呈米花状，见图2-15，故统称为膨胀珍珠岩。一般要求膨胀倍数大于7~10倍，用作高效保温、保冷填充材料。类似的材料还有蛭石，蛭石原矿经过高温焙烧其体积可迅速膨胀8~20倍，膨胀后的密度为130~180kg/m³，同样具有很强的保温隔热性能。我国北方地区常采用膨胀珍珠岩或膨胀蛭石作为骨料，浇筑成膨胀珍珠岩混凝土或膨胀蛭石混凝土作为屋面保温层。

矿物棉也称岩棉（图2-16），是一种优质的保温材料。1840年英国首先发现融化的矿渣喷吹后形成纤维，可以生产出矿渣棉。20世纪30年代，世界发达国家开始大规模生产和应用岩棉；1960~1980年，世界各国矿物棉发展最为迅猛；1980年以后国际上矿物棉制品的产量维持在年产量约800万t。产量不再增加的主要原因是其他保温材料如玻璃棉、泡沫塑料发展加快。

玻璃棉（图2-16）是继岩棉之后出现的一种性能优越的保温、隔热、吸声材料。生产时将熔融状态的玻璃用离心喷吹法工艺进行纤维化并喷涂热固性树脂制成的丝状材料，

再经过热固化深加工处理。它具有不燃、无毒、耐腐蚀、容重小、导热系数低、化学稳定性强、吸湿率低、憎水性好等诸多优点。该材料可制成不同密度的制品，低密度的毡，中、高密度的板和管，其保温隔热、吸声降噪效果十分显著。

图 2-15　膨胀珍珠岩

图 2-16　岩棉与玻璃棉制成的毡

2.3.3　装饰材料

装饰材料的装饰性能主要是通过材料的色彩、线形图案和质感来体现的。

装饰石材分为花岗石和大理石两大类。

天然大理石具有花纹品种繁多、色泽鲜艳、石质细腻等优点。浅色大理石的装饰效果庄重而清雅，深色大理石的装饰效果则显得华丽而高贵。但天然大理石抗风化能力较差，因此主要用于室内饰面装饰，例如墙面、地面、柱面、吧台立面与台面、服务台立面与台面、高级卫生间的洗漱台面以及造型面等，表面作磨光处理，效果见图 2-17（a）～（c）。

花岗石根据其不同的加工方法，可分为蘑菇石、烧毛板等。蘑菇石系用劈、剁、铲、凿加工成规格的石块，其中部突出表面粗糙，而四周铲平，形如蘑菇突起（图 2-17d）。烧毛板系（火烧板）用火焰喷烧花岗石表面，因矿物颗粒的膨胀系数不同产生崩落而形成起浮有致的粗饰花纹的板材（图 2-17e）。花岗石主要作外装饰用。

马赛克原义为镶嵌、镶嵌图案、镶嵌工艺，发源于古希腊。早期古希腊人的大理石马赛克最常用黑色与白色来相互搭配。到了古罗马时期，马赛克已经普及，一般民宅及公共建筑的地板、墙面都用它来装饰，显示出罗马的富裕及建筑的豪华。基督教最初传到古罗马时属于非法，教徒都是下层民众，由于受到迫害只能在地下室等通道中聚会。于是这些地下室的墙上就有了描述耶稣基督故事的玻璃马赛克壁画。后君士坦丁大帝使基督教合法化，并迁都君士坦丁堡（拜占庭），拜占庭帝国的教堂都用大量马赛克来装饰美化，使用的色彩愈来愈多。马赛克用于装饰时，由于其单颗的单位面积小，色彩种类繁多，具有无

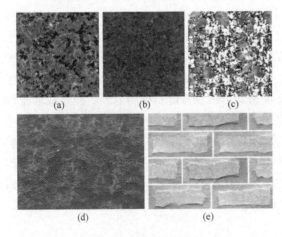
图 2-17　各种装饰石材
（a）、（b）、（c）天然大理石；（d）烧毛板；（e）蘑菇石

穷的组合方式（图 2-18），因此它能将设计师的造型和设计的灵感表现得淋漓尽致，尽情展现出其独特的艺术魅力和个性气质。

马赛克按照材质可以分为若干不同的种类，玻璃材质的马赛克按照其工艺可以分为机器单面切割、机器双面切割以及手工切割等，非玻璃材质的马赛克按照其材质可以分为陶瓷马赛克、石材马赛克、金属马赛克、夜光马赛克等。

建筑陶瓷在我国使用最早，前面介绍的琉璃瓦就可以被归为建筑陶瓷的范畴。现存世界上最早的琉璃瓦实物见于唐昭陵。从古到今建筑陶瓷一直在高级建筑物上充当装饰材料。目前建筑陶瓷主要用作内外墙面砖、铺地砖和卫生洁具，成为建筑物不可缺少的组成材料，见图 2-19。

图 2-18　马赛克组合出万千图案

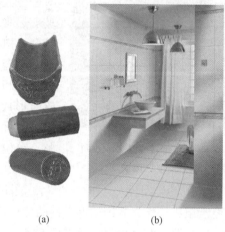

(a)　　　　　　　(b)

图 2-19　建筑陶瓷的应用

（a）琉璃瓦；（b）陶瓷墙、地砖与洁具

由于建筑陶瓷制品多用于室内建筑装饰，故对于产品辐射防护的安全性显得尤为重要。随着我国人民生活水平的不断提高，我国开始逐渐从西方发达国家引入了环保、健康建材的理念。陶瓷所使用的釉料含有微量的放射性元素，且原材料所含放射性核素的量随着产地的不同而不同，故为保护人体健康，应对产品放射性进行控制。

玻璃也可以被认为是围护材料，其最早的发明者是远在五六千年前的古埃及人，后来传至欧洲大陆。最初人们认为中国的玻璃也是从西方传入的。但 1965 年，在河南出土了一件商代青釉印纹尊，尊口有深绿厚而透明的五块玻璃釉。1975 年，在宝鸡茹家庄西周早、中期墓葬里出土了上千件琉璃管、珠，经中外科学家对古代实物的鉴定，是铅钡玻璃。与西方的钠钙玻璃不同，属于自成系统发展而来。我国古代称玻璃为璆（qiú）琳、琉璃、璧流离、药玉、水精、罐子玉等，南北朝以后，有时又称玻瓈、料器。清代才称玻璃。其发明大概是这样：我国商代工匠烧制陶瓷或冶炼青铜时，窑内温度可达 1100～1200℃，有时就会产生铅钡与硅酸化合物的烧制品，于无意中发明了中国玻璃。不过，中国古代的玻璃绚丽多彩、晶莹璀璨，但轻脆易碎，不耐高温，难以适应骤冷骤热的环境，不能用做采光之用。

在玻璃作为采光材料之前，英国人和德国人在窗上嵌油纸、涂蜡的白布甚至薄薄的云母片；俄国人则将牛膀胱的薄膜蒙在窗框上；中国人使用最多的是窗纸，还有削磨得很薄的牛角片。在11～13世纪的教堂，其窗玻璃是彩色的，但除非阳光直接照射，基本没有透光功能。直到14世纪，有一个名叫戈克莱的法国技师才发明了一种呈半透明状态的窗玻璃。

过去的玻璃制品是像吹肥皂泡那样吹制出来的，窗用平板玻璃也取自大玻璃泡在冷凝前切开展平，要求高的还要磨平，成品率低，而且这样的玻璃还存在波筋（即透射后物体图像扭曲变形），为了能够吹出曲率足够小的大玻璃泡，工人需对着吹管持续吹鼓，这样对工人健康的损害非常大。

图 2-20　皮尔金顿（左二）观看
第一批浮法玻璃
（图片来自英国博物馆资料）

1952年，英国制造商皮尔金顿（Alistair Pilking-ton）发明了所谓浮法玻璃，参见图 2-20。它是这样生产的：熔融状态的玻璃从池窑中连续流入并漂浮在相对密度大的锡液表面上，因为锡液表面平整光滑，对玻璃热胀冷缩给予最大的自由，玻璃液浮在锡液面上铺开、摊平后，冷却形成上下表面平整光滑的玻璃板，不会因热胀冷缩受限而碎裂，故称浮法生产。但玻璃冷却后须经退火、强化处理改善性能，否则在破碎时形成锋利碎片易伤人。浮法与其他成型方法比较，其优点是：没有波筋，厚度均匀，上下表面平整，单位产品的能耗低，成品率高；目前世界上的采光玻璃90％以上是浮法生产的。

油漆涂料是乳状液的总称，通常由悬浮于液体介质中的色素组成，作为装饰或保护性的涂层使用。穴居古人使用天然的油漆给后人留下了他们生活的写照，时至今日，这些天然油漆绘制的岩画仍装饰着他们曾经居住的岩石洞壁。在地中海文明圈，古埃及人、古希腊人和古罗马人都使用过这样的釉料混合物：矿物成分（铜、铁、锰的氧化物）、蛋清、植物油（种类包含亚麻、胡桃、罂粟）。在中国，在距今约7000年的浙江余姚河姆渡文化遗址中出土的朱漆木碗表明了彩漆在我国的悠久历史，见图 2-21（a）。而山西陶寺村龙山文化遗址（距今约4350～3950年）中已出现了白灰墙面上刻画的图案，这是我国已知的最古老的居室装饰。我国木制品用漆来自漆树，到战国时期，设有专官对漆器生产进行管理。《史记》记载庄子曾任管理漆园的官职❶。虽

(a)　　　　　　　　　　　(b)

图 2-21　古代油漆涂料装饰的木器
（a）河姆渡文化朱漆木碗；（b）战国早期曾侯乙墓出土彩绘漆内棺

---

❶　《史记·老子韩非列传》："庄子者，蒙人也，名周，尝为漆园吏。"

然那个时代用油漆装饰的建筑没有留存下来，但是我们仍然可以从出土的同时代木漆器推测出装饰的水平（图 2-21b）。两千多年过去，油漆光亮色彩依然。

历史上第一个有记载的油漆工厂是 1700 年由托马斯·切尔德（Thomas Child）在美国波士顿建立的。1867 年，俄亥俄州的爱瓦瑞尔（D. R. Averill）取得了美国第一个精制油漆的专利权。这一阶段，普遍使用了易挥发的稀释剂，油漆成分更加趋向于现代化学油漆了。墙壁的装饰也开始使用添加有胶粘剂的化学墙用涂料，白灰装饰不再出现在较高级的室内装饰场合。

我国普通百姓居家的墙面装饰到 20 世纪 80 年代依然普遍使用白灰。至 20 世纪 90 年代，当涂料的用户需求由低端产品向中、高端产品转变的关头，由于认识上的误区，各种声称能够复合其他功能的墙用涂料和墙纸一度纷纷出现。例如有的涂料宣传其兼有灭蚊功能，有的宣传其具有通电散热功能，可替代采暖散热片等。其实这样的涂料或者有毒性，或者对能源消耗很大，多不可取。

除了涂料之外，我国的其他建材领域也一直长期存在生产高能耗、环境高污染等问题。随着绿色建筑的观念为人们所接受，人们对材料健康、环保、节能的观念也开始予以关注。

2.4 绿 色 建 材

人类所使用的材料会对人类健康产生影响，这样的事情在历史上早有实例。古罗马帝国文明高度发达，但是当时的人们热衷于使用含铅的酒具和输水管，经过数代积累引发了普遍的慢性中毒，据有关专家认为，这是古罗马帝国最终灭亡的原因之一。

工业文明之后，人类从自然获取资源的能力大增，但同时也给自然和自身造成了许多诸如环境破坏、资源耗尽、健康受损等方面的问题。通过本章前面的介绍我们了解到，一些材料，尤其是装饰材料使用不当，很容易对人体产生伤害。在这种背景下，绿色建材的概念应运而生。

1988 年第一届国际材料科学研究会上，日本学者首次提出了"绿色材料"这一概念。在这里，绿色是大自然的本色，代表现代人类对环保的向往，代表对健康的追求。1992年，联合国在巴西里约热内卢召开了全世界环境与发展首脑会议，会议通过了保护环境、保护人类健康的《二十一世纪议程》。期间，国际学术界明确提出了绿色材料的定义：绿色材料是指在原料开采、产品制造、使用或者再循环以及废料处理等环节中对地球环境负荷最小和有利于人类健康的材料。由此，绿色建材又称生态建材、环保建材和健康建材，它是指采用清洁卫生生产技术生产的无毒害、无污染、无放射性，有利于环境保护和人体健康，安全的建筑和装饰材料。"绿色"可以归纳为八个字：环保、健康、安全、节能。

经有关专家总结，绿色建材应包括以下内容：

（1）不含或少含有害有机挥发物（如甲醛、苯、卤化物溶剂、汞及其化合物等）的涂料、复合实木地板、强化地板（复合地板）等；

（2）低放射性的花岗石、大理石、瓷砖、空心砖等；

（3）使用工业废料和建筑垃圾的墙体砌块、混凝土等；

（4）不含有害重金属元素的给水排水设备，尽量使用塑料管材、节水马桶、节水水嘴等。

绿色建材的理念为我国土木工程界所接受后，各种合理的材料标准纷纷制定出台，一些落后于时代的产品和材料生产工艺被逐渐淘汰，包括有致癌可能的石棉瓦、各种有害挥发物含量大的涂料等。

思　考　题

(1) 材料在土木工程中占有什么样的地位？土木工程材料按照性能如何分类？

(2) 你认为为何会先有瓦后有砖？黏土砖有哪些种类？砖的发展方向是什么？

(3) 你认为罗马砂浆为什么会失传？它与现代混凝土有何异同？

(4) 贝塞麦炼钢法主要解决了什么问题从而提高了材料的性能？为何铁水剧烈沸腾？铁水中的碳到哪里去了？

(5) 功能材料都有哪些分类？试按照不同分类举出若干具体材料。

(6) 绿色建材的"绿色"有何含义？

第3章 西方古代、近代的建筑与建筑技术

预备概念：

（1）构件：系统（结构）中实际存在的基本部分，如土木工程中的梁、板、柱等。

（2）结构：指事物的各个组成部分之间的有序搭配和排列；土木工程结构是承受力的体系，是各种构件的有序搭配和排列，保证各个构件共同作用，抵抗荷载。

（3）荷载：施加在结构或者构件上的各种力的作用（例如集中力、分布力等）。

（4）梁：一般承受的荷载以横向力为主，且杆件变形以弯曲为主要变形的杆状构件（图3-1a）。

（5）柱：工程结构中主要承受纵向压力、有时也同时承受横向力的杆状构件。

（6）拱：一种主要承受轴向压力并且在两端有水平推力维持平衡的曲线或折线形构件（图3-1b）。

（7）拱券：块状料（砖、石、土坯）砌成的拱状跨空砌体（图3-1c）。

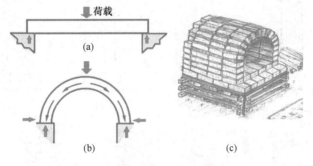

图 3-1 一些土木工程常用的概念

（a）梁；（b）拱；（c）拱券

西方早期文明的起源基本围绕地中海地区。古埃及文明建设了许多著名的土木工程，例如金字塔、狮身人面像和神庙等，但遗留下来的多为构筑物而非建筑物（构筑物指不提供内部空间供人们生产、生活的工程物，如祭坛、堤坝）。对现代西方文明产生直接影响的早期文明是古希腊和古罗马创造的文明。本章主要介绍对现代建筑依然产生深刻影响的古代、近代西方建筑风格和建筑技术。

3.1 古希腊建筑成就

3.1.1 古希腊的建筑

古希腊建筑可按其文化历史的发展分为四个时期：

（1）公元前11世纪～公元前8世纪称为荷马文化时期，除了一些考古遗迹外，其建筑今已无存。

（2）公元前8世纪～公元前5世纪称为古风文化时期，其建筑以石砌神庙为主。

（3）公元前5世纪以后的百余年，史称古典文化时期。当时的建筑风格开敞明朗，讲究艺术效果，是古典建筑达到的第一个高峰。

（4）公元前4世纪后期，希腊的古典文化随着马其顿亚历山大大帝的远征而带到了北非和西亚，史称希腊化时期。所谓希腊化建筑即希腊古典建筑风格同当地传统的结合，这时的希腊化作品大都不在希腊境内。公元前146年，古希腊为古罗马所灭。

古希腊建筑柱子、额枋和檐部的艺术处理有了成套的做法，这套做法以后被罗马人称为"柱式"。不同的柱式下，建筑面貌有很大不同。

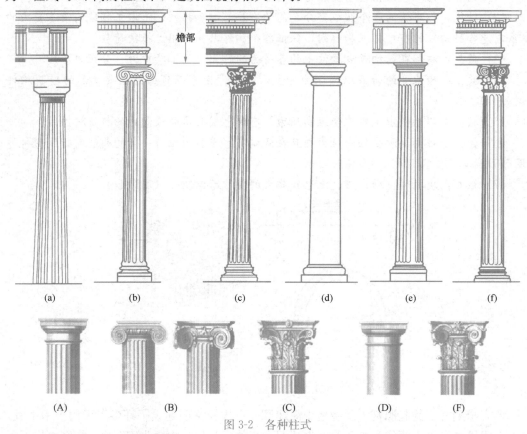

图 3-2　各种柱式

（a）多立克柱；（b）爱奥尼式柱；（c）科林斯柱；（d）塔斯干柱；（e）罗马多立克柱；（f）复合柱式

多立克柱式比例相对粗壮（1∶4～1∶6），开间比较小（1.2～1.5个柱底径）；檐部比较重（高约为柱高的1/3），柱头是简单而刚挺的倒立式圆锥台；柱身和凹槽相交成20个锋利的棱角；没有柱础；台基是三层朴素的台阶，而且中央高，四角低，微有隆起，见图 3-2（a）和图 3-3。

图 3-2 中，（A）、（B）、（C）、（D）、（F）分别是（a）、（b）、（c）、（d）、（f）的透视效果图。

爱奥尼式柱子比例相对修长（1∶9～1∶10），开间比较小（约2个柱底径）；檐部比较轻（柱高的1/5以下），参见图 3-2；柱头是精巧柔和的涡卷；棱上有一小段圆面（24个）；有复杂的柱础和多种复合的曲面线脚，见图 3-2（b）。

将两种柱式比较：爱奥尼式比较秀美华丽，比例轻快，反映着平民们的艺术趣味，流行于小亚细亚先进共和城邦里；多立克柱式粗笨，有古埃及建筑的影响，反映着贵族的艺术趣味，流行于意大利、西西里一带寡头制城邦里。

到希腊晚期还产生了第三种柱式——科林斯柱式。其柱头如满盛卷草的花篮，其余部分用爱奥尼式的，见图 3-2 (c)，科林斯柱比爱奥尼柱更加修长。

柱式在古埃及就有，但古埃及柱式不美观，没有流传使用。古希腊柱式的意义在于现代建筑依然在使用这三种柱式。如果你漫步西洋建筑林立的上海外滩，你就会发现这三种柱式及它们的演化形式充斥于各建筑的立面。

雅典卫城是古希腊建筑文明的杰作。

卫城建于城市最高处，是抵御敌人的要塞，建于公元前 5 世纪，建造工期达前后近30 年的时间，是雅典人在陡峭的山顶为自己的保护神雅典娜建造神庙所形成的建筑群（图 3-3a），是世界上最伟大的建筑成就之一。帕提农神庙是卫城的主体建筑物，始建于公元前 447 年。它距山门 80m 左右（这个山门非常有名，德国勃兰登堡门模仿它建造）。神庙属于围廊式庙宇，全用白大理石砌成，8 柱×17 柱，台基面 30.89m×69.54m，柱高10.43m，底径 1.905m。帕提农神庙代表着古希腊多立克柱式的最高成就。17 世纪，希腊处于奥斯曼帝国统治之下，威尼斯城市王国的军队为了抢占雅典，用炮火轰击驻守在雅典卫城上的守军，神庙被毁坏（图 3-3b）。19 世纪，英国驻希腊大使又偷窃了一些柱头构件运往大英博物馆，使神庙更加残破。

(a)   (b)

图 3-3　古希腊雅典卫城和万神殿（The Parthenon）帕提农神庙

古希腊剧场基本造型是利用山坡地势，观众席逐排升高，呈半圆形，并有放射形的通道。表演区是位于剧场中心一块圆形平地，后面有化妆及存放道具用的建筑物。古希腊埃比道拉斯剧场建于公元前350 年前后，是一座保存最完好的古希腊剧场（图 3-4）。神奇的是，它的建筑处理非常符合现代剧场对声学设计的要求，也许这并不完全出于巧合。

图 3-4　古希腊埃比道拉斯剧场

3.1.2　古希腊建筑技术

古希腊建筑的特点是艺术成就高于技术成就，建筑充斥着精美的雕刻品，为艺术不惜财力。比较而言，结构则显得笨重，由于基本不使用拱券，跨越空间时使用石梁和木梁。帕提农神庙的瓦屋顶就是由支撑在檐部的木横梁承担的，而构成檐部的巨大石梁由叠砌而成的石柱承担，显得厚重、保守。

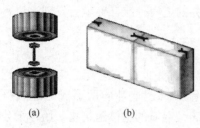

(a)　　　　(b)

图3-5　古希腊砌筑石材时的连接
(a) 柱身单元构件连接；(b) 石块间连接

古希腊大型建筑系采用石材砌筑，仅仅依靠石灰这样的胶凝材料是不可能将承重的石块黏结为砌体的。石块与石块之间需要用铁件连接。与东方的做法异曲同工，墙体有中间小两头大的燕尾铁进行石块之间的拉结（图3-5b）；雅典帕提农神庙的石柱也是由一节节的单元构件通过连接铁件连接成整体的（图3-5a）。古希腊人用这种方法在公元前3世纪砌筑了高达122m的亚历山大港的灯塔。当然，以砌体建造这样高的结构，抗震性能是一个问题，灯塔建成百年后就遭地震破坏，此后千余年又遭到两次强地震，最终于15世纪被彻底摧毁。比较而言，古埃及人砌筑的金字塔体形合理，虽然更高更古老，但是重心低有利于抗震，时至今日依然屹立。

3.2　古罗马建筑成就

3.2.1　古罗马的建筑

古罗马建筑包括罗马城的建筑和帝国版图内其他各地的建筑。

古罗马建筑根据其主导功能可分为6类：①纪念性建筑，如凯旋门、纪功碑、纪功柱等；②公共建筑，如会堂、剧场、斗兽场、图书馆等；③宗教建筑，如神庙、祭殿等；④道路工事建筑，如桥梁、道路、城堡、城墙等；⑤市政建筑，如广场、市场、法院、市政厅、排水系统、供水道等；⑥宫宅建筑，如宫殿别墅、公寓私宅等。

古罗马的建筑按其历史发展可分为三个阶段：

第一阶段（公元前8世纪～公元前2世纪）主要是向各希腊殖民城邦学习模仿希腊建筑，在石工、陶瓷构件方面颇有建树，同时在运用拱券结构方面取得突破。

第二阶段（公元前2世纪～公元前30年）是罗马共和国的盛期，期间利用战争中聚集的大量奴隶、财富与自然资源，对公共设施进行大规模的建设。掠夺希腊既有的建筑成果（例如把一些神庙柱头搬回罗马城），役使希腊工匠按照希腊柱式建造罗马的公共建筑，并发展出新的柱式——塔斯干柱式和复合柱式等❶，参见图3-2。至公元前1世纪，罗马建筑超越了希腊，达到了古典建筑的第2个高峰。

第三阶段（公元前30年～公元476年）即罗马帝国时期，从屋大维称帝到公元后180年左右是帝国的兴盛时期；这时，歌颂权力、炫耀财富，表彰功绩、娱乐成为建筑的重要任

---

❶　塔斯干柱式的柱面光圆，没有凹槽；柱础接近爱奥尼式，柱头接近多立克式。复合柱式则是采用爱奥尼式柱础，柱头由爱奥尼式和科林斯式复合而成（既有涡卷又有卷草花篮）；罗马多立克式则是塔斯干柱上开有凹槽，参见图3-2。

务。3世纪起帝国经济衰退、建筑活动也逐渐没落。以后随着帝国首都东迁拜占庭,帝国分裂为东、西罗马帝国,西罗马的建筑活动乃长期不振,直至476年,西罗马帝国灭亡为止。

庞贝城是当今保存最好的古罗马城市之一,始建于公元前4世纪,后以参与镇压斯巴达克奴隶起义的三个执政官之一的庞贝的名字命名。公元79年8月24日,维苏威火山突然爆发,岩浆和火山灰将这座拥有25000居民的商业和休养城市埋没。1748年该城被重新发现,经过多年的挖掘,形成了如今的庞贝城遗址(图3-6)。

泰塔斯凯旋门建于公元81年,是现存古罗马凯旋门中最早的实例,是由泰塔斯皇帝为自己建造的,位于斗兽场至罗曼诺广场的路上,是单券洞式凯旋门的典型,其造型比例与装饰雕刻均代表了当时最高水准的建筑技艺(图3-7a)。对照法国巴黎的雄狮凯旋门,从中仿佛能看见泰塔斯凯旋门的影子。到君士坦丁时期,凯旋门的券门增加到了三个(图3-7b)。

图 3-6　庞贝城广场入口

(a)　　　　　　　　　(b)

图 3-7　古罗马凯旋门
(a)泰塔斯凯旋门;(b)君士坦丁凯旋门

古罗马建筑尤其注重艺术性。以建于公元106~113年的古罗马图拉真纪功柱为例,它是为纪念图拉真皇帝征服达奇亚人而建。柱全高35.3m,圆柱直径3m,为塔斯干柱式。柱顶安放图拉真雕像,柱础下埋藏着图拉真夫妇的骨灰。柱身由白色大理石砌筑而成,内部有盘梯可登上柱顶。环绕全柱的长条浮雕,刻画着图拉真两次东征的150个故事,共长244m,出现在浮雕上的人物多达2500个。整个雕刻是世界上最长的战史立体画卷。浮雕在刻画人物的容貌、民族特点等方面具有丰富的历史真实性(图3-8)。据说,罗马尼亚境内的达奇亚人后代——一个牧民想见见自己的祖先,便来到罗马城。当他看到柱上所描绘的他祖先形象十分留恋,就睡在柱下,有位摄影记者发现这个人非常像浮雕中的达奇亚人,于是拍了一张照片,当地报纸就以"一个达奇亚人从图拉真柱上走下来"为标题发表了这帧照片,可见古罗马写实雕塑艺术的水平。

罗马万神庙是古罗马宗教膜拜宗教诸神的庙宇,曾是现代结构出现以前世界上跨度最大的大空

(a)　　　　　　(b)

(c)

图 3-8　图拉真纪功柱及其上浮雕
(a)纪功柱全貌;(b)环绕全柱的长条浮雕;
(c)达奇亚人在罗马士兵的驱赶下含愤离家

间建筑之一，集罗马穹隆和希腊式门廊大全。万神庙最初为一建于公元前27～公元前25年的矩形神庙，后遭火毁。公元120年哈德良皇帝在位时建了一个圆形神庙，直径43.43m，墙厚6.2m，上设半球形穹隆，为火山灰混凝土拱券结构。202年卡瑞卡拉皇帝在位时重建了矩形神庙，使之成为圆形神庙的入口，形成今天的形制（图3-9）。门廊正面有8根科林斯式柱。柱头为白色大理石，柱身为红色的花岗石，身上无槽。其山花（所谓山花是指门廊人字形屋顶的侧面及其上装饰）与柱石比例不同于古希腊建筑，属古罗马式。

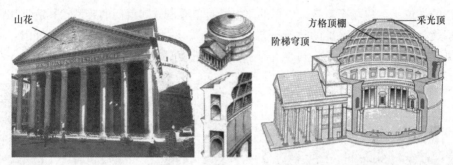

图3-9 罗马万神庙（殿）

3.2.2 古罗马建筑技术

古罗马建筑的发展得力于优良的材料。罗马附近火山灰堆积的岩层，提供了用之不尽的火山灰混凝土用料。混凝土便于塑造复杂的结构和不规则的平面和立面，不受用石块砌筑时必须遵守的构成规律的限制。混凝土表面可贴上砖石和其他材料，增加了装饰的可能性。罗马建筑区别于希腊建筑最显著的特征是其拱券结构和穹隆结构。

世界上最早的拱券是公元前4000年由古埃及人首次使用的。施工时，拱券的砖块要靠人的肩或土堆承托。后古埃及人改用泥砖先在拱券内盖一个临时的墙，在墙上砌拱券，成拱后再扒掉泥砖墙。公元前1400年，埃及人在昔伯斯城的一座谷仓内建造了古罗马时期以前世界最大的拱形结构，跨度达4m。

拱券技术为古罗马人所继承发展，成为其建筑结构的特征之一。公元前300～公元400年，古罗马用称为拱楔块的楔形石块砌成石砖拱，参见图3-10。拱楔块借压力相互紧密靠拢，拱楔块之间通常不用灰浆。建造时，每一块石头都得固定放在应用位置，直至最后一块拱顶石放好为止，拱楔块用木拱架临时支承，拱架技术发明后，拱券跨度比以前增加了10倍，可达到45m左右。

该楔形石随
拱架或垒砖
拆除而移走

图3-10 楔形石砌成的平拱

古罗马贫民居住在多层的公寓楼内，正因为大量采取了多层居住方式，虽然罗马城的面积不大，却可容纳百万人口。

古罗马公寓楼高可达6层。奥古斯都时期为整顿城市建筑混乱曾经颁布法令，规定公寓楼不得高于21m（6层），可以推断，在此之前肯定有超出这一限值的情况出现。也就是说，按照现在的标准，古罗马的公寓也达到或者接近高层结构的标准了。而公寓楼的结构形式则分前后两个阶段。最初高层公寓楼的结构形式是在木质框架里灌上碎石和罗马砂浆，从现代结构角度看，是典型的框架加填充墙结构，见图3-11。这种结构最大的好处是不用砌砖头，比较便宜；最大的坏处是不防火。公元 64 年的一场大火据说烧掉近半个罗马，与这种木质框架颇有关系。大火之后，砖结构成为公寓楼的主流，且出台的新法令规定公寓楼高不得超过 18m。

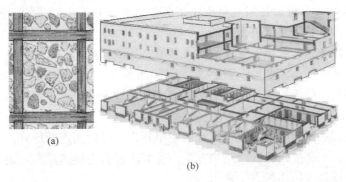

图 3-11　古罗马公寓及其木框架结构
(a) 公寓木框架；(b) 古罗马公寓

古罗马房屋的墙体有三种形式：最早的样式称为 "Opus incertum"，是混凝土表面砌上一层经过粗略磨制的石块；第二种式样称为 "Opus reticulatum"，出现于公元前 2 世纪后期，是混凝土表面砌着同样大小菱形的石子；第三种式样称为 "Opus testaceum"，公元 1 世纪中期起广泛应用，是混凝土外面砌上砖，见图 3-12。

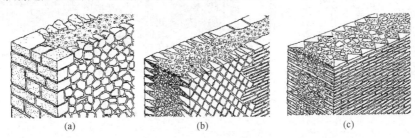

图 3-12　古罗马房屋的墙体类型（图来自国外网站）
(a) Opus incertum；(b) Opus reticulatum；(c) Opus testaceum

罗马混凝土最早出现在公元前 3 世纪，是用火山灰制成的砂浆与碎石或砖混合搅拌而成，按古代的标准强度和耐久性都很好，而且可以用在水下。浇筑混凝土墙体时，模板的木枋材在内侧，拆模时只把板材拆下，枋材留在混凝土内，见图 3-13。

古罗马人在为万神庙建造穹隆拱顶时，混凝土里的骨料不采用普通的石灰石，而用火山浮石，火山浮石里面有许多空泡，可以大大减轻房子上部的重量，这说明古罗马人最早应用了轻骨料混凝土。此外，在建造万神庙 43m 跨度的穹顶时，为了减轻自重负荷，从下到上厚度呈阶梯状逐渐变薄、重量

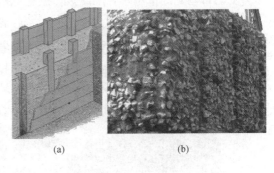

图 3-13　古罗马的混凝土墙
(a) 浇筑混凝土后只拆模板不拆枋木；
(b) 古罗马混凝土残墙依然可见枋木痕迹

逐渐减轻。壳的厚度最大约有 6m，最薄处约为 1.5m。在穹顶的顶点有个直径 9m 的圆形开口供采光，穹顶屋盖的水平推力由厚重的墙体承担，为减少工料，墙体为空心，参见图 3-9。值得一提的是，建造像万神庙这样的工程，古罗马先进的起重设备发挥了重大作用。如图 3-14 所示，这种滑轮组起重机用了两个定滑轮和一个动滑轮，据称这种起重机是公元前 3 世纪古希腊阿基米德发明的。

古罗马大斗兽场是迄今依然存在的重要古罗马建筑遗迹之一，这里也集中体现了古罗马建筑技术的成就（图 3-15）：工程浩大，组织结构复杂。监禁野兽和角斗士的监室在地下，设有升降梯和由绞盘控制开启的出入口。地基原址是一个人工湖，地基柔软；为保证结构整体性，其基础铺设了厚重的混凝土；而为提高基础的强度和刚度，这个位置的混凝土所采用的骨料都是坚硬的火山石。观众席用坚石砌筑的柱廊逐渐抬升，柱廊用混凝土浇筑的筒形拱覆盖。在这里，为减轻结构重量，混凝土骨料为轻质浮石，说明古罗马人在选择材料方面已经具备了初步的力学概念。

图 3-14　古罗马起重设备　　　　　图 3-15　罗马大斗兽场

（图引自 Harold Whetstone Johnston
所著《The Private Life of the Romans》）

3.3　拜占庭建筑（4～15 世纪）

3.3.1　拜占庭建筑风格

罗马帝国到 3 世纪时奢靡腐败，已是危机重重，君士坦丁大帝不满于罗马的风气，决定在东方的拜占庭（今土耳其伊斯坦布尔）建立新首都，也称第二罗马，后被命名为君士坦丁堡（图 3-16）。公元 330 年的迁都拉开了东、西罗马帝国分裂的序幕，也奏响了基督教后来分裂为天主教和东正教的序曲。公元 395 年帝国彻底分裂后，西罗马帝国在 476 年被北方日耳曼蛮族所灭（这一年成为区分上古史与中古史的分界线）；而在东方，东罗马帝国（也称拜占庭帝国）持续了一千一百多年，是名副其实

图 3-16　古代艺术家描绘的君士坦丁堡之面貌 的千秋帝国。拜占庭建筑按国家发展可分为三

个阶段：

（1）前期：即兴盛时期（4～6世纪），主要是按古罗马城的样子来建设君士坦丁堡。在6世纪出现了规模宏大的以一个穹隆为中心的圣索菲亚大教堂（图3-17）。

教堂外观   教堂内部

图3-17　圣索菲亚大教堂

（2）中期：7～12世纪，由于外敌相继入侵，国土缩小，建筑减少，规模也大不如前。其特点是占地少而向高度方向发展，中央大穹隆没有了，改为几个小穹隆群，并着重于装饰（图3-18）。

图3-18　拜占庭建筑

（3）后期：13～15世纪，连年战争使拜占庭帝国大受损失。这时建筑既不多，也没有什么新创造，后来在土耳其入主后大多破损无存。

圣索菲亚大教堂是世界建筑之瑰宝，平面采用了希腊式十字架的造型（所谓希腊十字是指十字的纵横两个方向长度相等，区别于纵向长于横向的拉丁十字）。中央大穹隆之下，券柱之间，密排着40座窗洞，这是教堂内唯一的自然光源，光线射入时形成幻影，使人感到大穹隆犹如飘浮在空中（图3-17）。公元532年，查士丁尼大帝投入1万名工人，并花费六年光阴将圣索菲亚大教堂装饰得金碧辉煌、穷极奢丽，装饰材料一律使用彩色大理石和斑石马赛克，构成白、紫、蓝、黄、粉红、绿、红、黑等颜色的图案。

圣索菲亚大教堂在17世纪圣彼得大教堂完成前，一直是世界上最大的教堂。1453年奥斯曼帝国穆罕默德二世苏丹在君士坦丁堡城陷后命令将圣索菲亚大教堂改为清真寺，20世纪20年代奥斯曼帝国灭亡，新生的土耳其共和国改圣索菲亚大教堂为国家博物馆。图3-17中那具有伊斯兰风格的四个高大祈祷尖塔留下了它曾经作为清真寺的见证。

拜占庭建筑特征：

（1）屋顶造型，普遍使用"穹窿顶"。

（2）整体造型中心突出。那体量既高又大的圆穹顶，往往成为整座建筑的构图中心。

（3）在色彩的使用上，既注意变化，又注意统一，使建筑内部空间与外部立面显得灿烂夺目。

二维码3-1　拜占庭建筑

3.3.2　拜占庭建筑技术

罗马时期的半圆形穹顶是建在圆平面上的，修建起来比较容易处理；而如果在一个方形平面上建造半圆形穹顶，则要保证建筑内部墙面的平滑会困难很多；拜占庭人在建造圣索菲亚大教堂以及随后的建筑时解决了这个问题。他们为了在原来厅堂式教堂的方形中厅上加上穹窿，创造了通过帆角拱或内角拱作为过渡的方法达到了目的，见图3-19。帆角拱顾名思义像张满了风的风帆，从方形平面的四角发券，平滑过渡到圆形平面，参见图3-19（a）。内角拱则是跨越方形平面内角的两边起拱，这样平面从四边形过渡成八边形，八边形比四边形更接近圆形，更容易进行圆滑处理。另外，拜占庭建筑基本不使用混凝土，其穹顶是依靠砖石砌筑形成的。

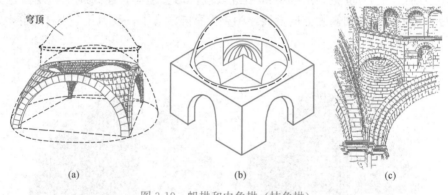

穹顶

(a)　　　　　　　　(b)　　　　　　　　(c)

图3-19　帆拱和内角拱（抹角拱）

（a）帆角拱；（b）内角拱；（c）内角拱细部

3.4　西欧中世纪建筑（4～15世纪）

3.4.1　西欧中世纪建筑

从西罗马帝国衰败、灭亡到15世纪资本主义萌芽的欧洲封建时期被称为中世纪。在这千余年期间，东方的拜占庭建筑风格如前所述，历经了前、中、后三个发展阶段；而在西欧，建筑风格也分为三个阶段，分别是早期基督教建筑、罗马风建筑和哥特式建筑。

早期基督教建筑是指在分裂后的西罗马帝国与西罗马帝国灭亡之后长达三百余年的西欧封建混战时期（4～9世纪）的建筑；这期间，西欧经济凋敝，建筑规模和建造技术大退步，例如大跨度拱券技术一度在西欧失传。图3-20所示圣彼得

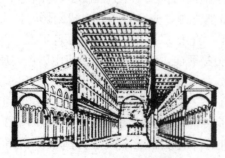

图3-20　早期基督教建筑

（梵蒂冈圣彼得老教堂透视）

老教堂建于公元 333 年，该教堂在 15 世纪因建设现在的圣彼得大教堂而拆毁。这时的基督教堂，形制上仿照古罗马时期的巴西利卡（即长方形会堂），截面呈"山"字形，中间部分宽且高，叫中厅；两翼的部分窄且矮，叫侧廊。这种建筑在世上留存的遗迹不多、影响不大。

9～12 世纪，西欧正式进入封建社会，西欧大部分地区一度统一，生产力有所恢复，开始模仿古罗马建筑大修教堂与修道院。这些建筑在中厅拱顶结构形式上与古罗马建筑风格有些相似，故被后人称为罗马风建筑或罗曼建筑，参见图 3-21。

图 3-21 罗马风建筑实例与常见的拉丁十字平面形式

罗马风建筑特点：

（1）平面大都采用拉丁十字，甚至更为复杂。

（2）立面上首次出现高塔。

（3）墙面积远大于门窗面积，整体建筑具有敦实感，因窗面小，采光不足。

（4）中厅继承了古罗马的半圆筒形拱券取代了早期基督教堂的木屋顶；十字形平面交汇处采用交叉拱处理。

发展到罗马风晚期，半圆筒形拱演变成为尖顶拱，而且出现了肋（Rib），形成了肋骨拱（也称骨架券），骨架券逐渐代替了厚拱顶，参见图 3-22。

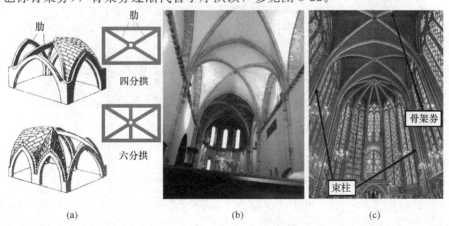

图 3-22 骨架券（肋骨拱）结构的出现与使用
（a）骨架券透视及肋的平面投影；（b）晚期罗马风建筑内部；（c）哥特式建筑内部

到了 12 世纪，西欧出现了被后人称之为哥特式的建筑。哥特建筑风格完全脱离了古罗马穹隆和半圆筒形拱屋顶的影响，因为这个时期，东方的伊斯兰教清真寺和东正教拜占庭建筑广泛采用了穹顶形式，于是在西欧天主教廷的眼里，穹顶成为异教徒的象征，故这一时期的天主教堂彻底摒弃穹顶，以尖顶、飞扶壁（fly buttress）、大窗面花空棂等为其特点，参见图3-23。

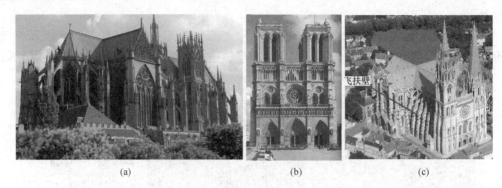

图 3-23　哥特式教堂建筑
(a) 哥特建筑的尖顶、飞扶壁、大窗面花空棂；(b) 巴黎圣母院；(c) 德国夏东大教堂

飞扶壁就是改革后的中厅拱支撑体系。哥特建筑把原来的半拱扶壁改为集中布置在肋根部，称飞扶壁；哥特建筑平面一般为拉丁十字形。

室内采光是否通透，往往成为区分罗马风建筑与哥特式建筑的重要标准之一，参见图3-22和图3-24。而所谓花空棂就是窗户表面由窗格划分出的美丽图案，材质有石质也有金属窗棂。圆形呈放射状的窗被称为"玫瑰窗"，细长的则被称为"柳叶窗"，参见图3-22～图3-24。窗玻璃为不透明但能透光的彩色玻璃，以红、蓝二色为主，蓝色象征天国，红色象征基督的鲜血。

图 3-24　哥特建筑的花空棂（注意区分玫瑰窗和柳叶窗）

3.4.2　中世纪建筑技术

中世纪建筑技术的进步主要体现在建筑中厅的屋顶结构体系的进化。

在早期基督教建筑时期，由于战争毁灭了古罗马文明，古罗马时期的中厅拱券技术也在西欧一度失传。拱券只是用于建筑侧廊。对于图3-20所示中厅屋顶，如果直接采用拱券，由于缺乏支撑手段，拱券巨大的支座水平推力会把单薄的墙体推倒。因此采用木折梁，等于回到了古希腊的做法，虽然中厅墙体上没有了拱券的侧推力，但这样厅内的视觉效果就差多了，所以说这期间建筑技术是低于古罗马时期的。

到了罗马风时期，中厅屋顶技术有了进展。先是中厅屋顶变成了简单的半圆形桶形拱，对十字形平面，屋顶则为半圆形交叉拱顶，参见图 3-25。罗马风建筑之所以窗小墙厚，就是因为需要厚重的墙体去抵御中厅筒形拱顶的水平推力 T_1。另一方面，在侧廊也采用拱券，图 3-25 右图左侧阴影所示，该拱券也有水平支座推力 T_2，这样，高大的中厅 A 墙上的推力从 T_1 变为 T_1-T_2，而因为侧廊拱券跨度小，B 墙体上的推力 $T_2<T_1$，推力就这样被缓解了；此外，图 3-25b 右侧阴影所示半拱扶壁墙也起到平衡中厅拱推力 T_1 的作用；这些措施从技术上保证了罗马风建筑的中厅得以抬升。

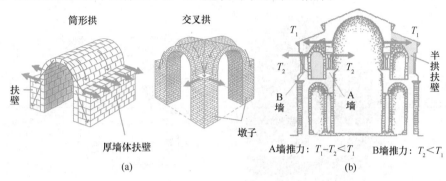

图 3-25　罗马风建筑筒形拱及扶壁体系

到罗马风后期，出现了肋骨拱，"肋"这种加强措施，提高了拱的承重能力。其基本单元是在一个正方形或矩形平面四角的柱子上做双圆心石拱券（双圆心形成尖拱），四边和对角线上各一道，屋面石板架在券上，形成拱顶，见图 3-26。采用这种方式，可以在不同跨度上作出矢高相同的券，拱顶重量轻，交线分明，减少了券脚的推力，简化了施工。由于在正方形的对角线上形成的交叉拱如同十字，且将屋面分为四个部分，故称十字拱或四分拱。后来，十字拱又发展成由三个筒拱交叉得到的"六分拱"，再后来又演化出复杂的扇形拱顶和星形拱顶。

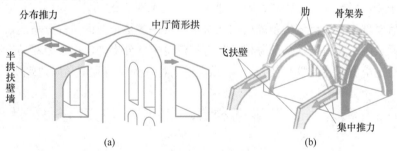

图 3-26　筒形拱与骨架券扶壁形式的变化

一种新的建筑风格往往是逐渐演变形成，而不是突兀出现的；从罗马风变为哥特式建筑也是这样。从图 3-26（a）可见，筒形拱支座的水平推力是分布力，半拱扶壁墙提供的也是分布反推力；而如果中厅拱顶变为骨架券，拱肋部的水平推力是集中力形式，半拱扶壁也就可以转变为单薄的飞扶壁提供集中反推力。飞扶壁这种轻巧的结构，让中厅侧面开设大窗成为可能。当骨拱刚出现的时候，建筑的采光还没有随之立刻变革，这是因为支撑体系并没有立刻转变为轻巧的飞扶壁。所以，这个建筑的风格依然归于罗马风。当有人把支撑体系

二维码3-2　哥特式建筑

41

改为飞扶壁，并把侧廊屋顶降低，中厅侧墙面开设大窗后，参见图 3-27，建筑面貌为之彻底一变，可归为不一样的风格了。比较图 3-26 和图 3-27 罗马风和哥特式建筑截面，虽然两者的中厅屋顶都是拱顶，但一个是厚的全砖砌筒形拱顶，一个是轻薄的肋骨拱，不仅内部视觉效果不同，而且哥特式的坡顶由木屋架形成，重量的减轻使得中厅跨度增大了，结构上进了一大步；这也几乎是西方古典建筑在结构方面达到的最高水平。此后，古典风格建筑虽然还有各种演化，但结构上再无大的建树，直到现代建筑结构出现。

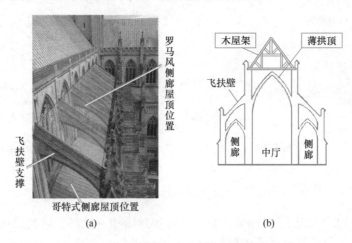

图 3-27　哥特式教堂中厅与侧廊的屋顶
（a）罗马风与哥特式侧廊屋顶位置比较；（b）一般哥特式教堂剖面示意

许多人误以为哥特风格的主要特征是尖顶高塔，这种认识在"哥特建筑风格"这个词刚出现的时候确实是这样的。"哥特"是参加覆灭西罗马帝国的日耳曼"蛮族"之一；15 世纪，文艺复兴运动反对封建神权，提倡复活古罗马文化，认为中世纪尖顶高塔的建筑风格像蛮族部落的帐篷，轻蔑地称之为"哥特"建筑，以表示对它的否定。到了 19 世纪初期，有的学者研究后发现，在中世纪尖顶高塔的建筑中，有许多是企图模仿古罗马建筑、包含古罗马建筑风格元素的；于是把这一部分建筑从哥特建筑中划分出来，称之为罗马风建筑（比较有名的代表有比萨斜塔建筑群）。因此，尖顶高塔的特征为哥特和罗马风建筑所共有。

3.5　文艺复兴、巴洛克和古典主义建筑（15～18 世纪）

3.5.1　文艺复兴与对建筑的影响

公元 1453 年 5 月 28 日，有 1123 年历史的东罗马帝国首都君士坦丁堡被土耳其人攻陷，被认为是近代世界史的开幕。其原因是：①这导致了由东方向西方输送香料的通道被切断，迫使西方要寻找一条新的绕过欧亚大陆的东西贸易通道，发现新大陆的航海开始了；②引发了巨大的军事变革，土耳其在攻城中对新式大炮的使用，标志战争逐渐向热兵器战争过渡；③君士坦丁堡的陷落，使得保存古希腊和古罗马文明达一千年之久的东罗马帝国的教士和知识分子纷纷避难于西方，他们把原始的经典和传承又带回了发祥地意大利半岛，冲击中世纪以来西方宗教黑暗，为方兴未艾的文艺复兴起了助燃、催化的作用。

如果说前两项因素对世界的影响在当时尚需要人们通过时间来认识，第三个因素则立刻在建筑界产生了新气象，诞生了文艺复兴建筑。

基于对中世纪神权至上的批判和对人道主义的肯定，期望复兴被遗忘的古希腊、古罗马的古典文化和人文秩序，扬弃一切仅为宗教奉献的观念，文艺复兴时期的建筑师们希望借助古典的比例来重新塑造理想中古典社会的建筑，推崇基本的几何体，如方形、三角形、立方体、球体、圆柱体等，进而由这些形体倍数关系的增减创造出理想的比例；大量采用古罗马的建筑主题、高低拱券、壁柱、窗子、穹顶、塔楼等，不同高度使用不同的柱式，建筑物底层多采用粗琢的石料。

14~15世纪是意大利文艺复兴建筑发展的早期，其活动地点主要在佛罗伦萨。佛罗伦萨主教堂（圣玛丽亚大教堂）的穹顶（图3-28）是文艺复兴建筑的开山之作。

(a)   (b)

图3-28　佛罗伦萨主教堂的建设是文艺复兴建筑开始的标志（图来自国外网站）
(a) 佛罗伦萨圣玛丽娅大教堂（1296~1434年）；(b) 其穹隆建于1420~1434年

佛罗伦萨主教堂始建于13世纪末，此后百余年时间里经过多人修建，虽然主体完成了，但是正殿的顶盖始终悬而未决，1420年通过设计竞赛的方式选用了原为金匠的伯鲁乃列斯基的方案，其设计的顶盖，综合了古罗马形式和哥特式结构并加以创新，创造出新的穹顶结构。该穹隆内径42m，高30余米，底座是一个高12m的八角形鼓座，这种做法来自拜占庭。伯鲁乃列斯基解决了如下问题：穹顶直径几乎与罗马万神庙相当，但高度却

二维码3-3　文艺
复兴建筑

大为增加；意大利木材奇缺，无法搭建满堂红的脚手架，且古罗马混凝土的配方在当时的意大利已经失传，于是他采用砖砌穹顶，穹顶中包含几条粗大的肋骨作为结构骨架。伯鲁乃列斯基还创造了一台新式的起重设备，比罗马起重机体积小，穹顶开始建造时搭在底座侧边，随穹顶高度增加起重设备变换位置。材料通过穿过鼓座侧窗的坡道运进内脚手架平台，再由起重机提升，见图3-28b。通过这一系列处理方式，伯鲁乃列斯基在西欧再次向世人展示了久违的穹顶结构。

15世纪末~16世纪上半叶，文艺复兴建筑的中心也从佛罗伦萨转移到了罗马。活跃在这一时期的建筑大师有米开朗琪罗、拉斐尔、伯拉孟特等（图3-29），代表作有罗马的圣彼得大教堂、卡比多广场、法尔尼斯府邸等。

图3-30为米开朗琪罗于15世纪末设计的档案馆。科林斯式的巨柱贯穿了两层楼，而

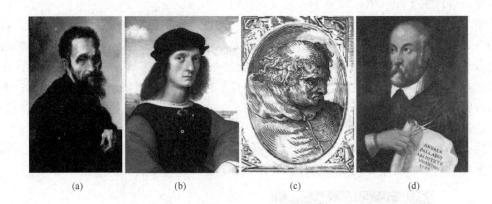

图 3-29　文艺复兴时期的著名建筑师们
(a) 米开朗琪罗；(b) 拉斐尔；(c) 伯拉孟特；(d) 帕拉第奥

图 3-30　档案馆

每层楼都还保留着属于自己的柱子。在以前是没人在一栋建筑里安排两种柱子的。

16世纪中、末叶是意大利文艺复兴建筑的晚期。帕拉第奥是这一时期最具代表性的建筑大师，维琴察的圆厅别墅（图 3-31）和巴西利卡❶（图 3-32）是其代表作。从圆厅别墅的四个方向，都能看到希腊的门廊和罗马的穹顶。

文艺复兴时期的建筑技术与中世纪比较改进不大，其中值得一提的是，有的穹顶开始用铸铁的铁箍来平衡水平推力，这使得平衡推力的构件尺寸大为减小。圣彼得大教堂的穹顶就是如此处理；其铁箍在地震作用下数次开裂，又数次加固。

图 3-31　维琴察的圆厅别墅

图 3-32　维琴察的巴西利卡

3.5.2　巴洛克建筑的产生与特征

巴洛克建筑诞生于17世纪的罗马。从文艺复兴晚期建筑作品我们可以看到一种趋势：建筑师作为一种职业存在之后，其作品需要体现出与众不同，并彰显个性，这也迎合了耶

---

❶ 巴西利卡是古罗马时期就有的建筑形式，即长方形会堂。

稣教会追求非现实、充满幻觉的神秘意境的需求。因此出现一种建筑流派，其特点是运用矫揉的手法（如断檐、波浪形墙面、重叠柱等）以及透视深远的壁画、姿势夸张的雕像，使建筑在透视和光影的作用下产生强烈的艺术效果；追求豪华的内部装饰和动势与起伏的形态；将建筑、雕塑、绘画融为一体。因为这时期的建筑突破了古典的、文艺复兴的"常规"，所以被称为"巴洛克"（Baroque）式建筑，原意是畸形的珍珠。巴洛克建筑外形自由、追求动态，喜好富丽的装饰和雕刻、

图 3-33　罗马特列维喷泉

强烈的色彩，常用穿插的曲面和椭圆形空间（图3-33、图 3-34）。

在 17 世纪，天主教会的世界观已经世俗化了，追求财富和享乐，教皇本人就声称不仅需要神佑，也需要美。所以，巴洛克教堂的风格是炫耀财富，大量使用昂贵的材料，充满赏心悦目的装饰。

二维码3-4　巴洛克建筑

巴洛克建筑的一个很好的实例是梵蒂冈与圣彼得大教堂配套的圣彼得广场（图3-35）。广场的两边，成弧形地组成巨大而彼此联结的柱廊（塔斯干柱式，每排四根巨柱）。柱廊共有柱子 284 根，在每根柱上边塑有雕像，共计 165 尊雕像。柱与柱之间，相互掩映，人进入这条柱廊会感受到复杂的明暗效果。艺术感染力使人犹如置身天国；两边的弧形柱廊犹如教皇伸出的两只手，把所有参加弥撒的信徒拥入自己仁慈的怀抱，使这种巴洛克建筑风格能够更好地服务于宗教。

图 3-34　巴洛克室内装饰

图 3-35　梵蒂冈圣彼得广场的柱廊

从上述介绍可以看出，在巴洛克建筑中，各种结构元素如柱子、拱券等，往往处于装饰的从属地位，其出现的原因（或者说出现的频率）往往是缘于装饰的需要。发展到后期，有些巴洛克建筑过分追求华贵，甚至到了繁琐堆砌的地步，见图 3-36。

与巴洛克风格相对应，在欧洲还有一种建筑流派在流行，即所谓古典主义建筑。前者

图 3-36　巴洛克室内室外的装饰

代表封建势力和耶稣教会，除意大利外，流行于西班牙和德国，后者代表着新兴的资产阶级的唯理主义，流行于法国、英国。

3.5.3　古典主义建筑及倡导者

古典主义建筑始于 17 世纪刚建立了统一中央集权制度的法国。法王为强调绝对君权，其倡导的建筑排斥民族传统与地方特点，崇尚古罗马的柱式并严格恪守其规范。平面与立面强调轴线对称和突出中心，建筑造型以规则的几何形体强调端庄与宏伟。古典主义发展的初期曾经一度强烈反对巴洛克过分强调装饰的风格，但是发展到全盛时期的古典主义免不了受到巴洛克风格的影响，毕竟君王和贵族也爱奢华、好炫耀，其倡导的建筑风格中，装饰也开始吸取巴洛克的艺术理念和手法。

古典主义建筑风格对房屋和园林建筑都有影响。图 3-37 是路易十四的财政大臣富凯的府邸及园林，其落成之日广邀宾朋，前来祝贺的国王也被其精美豪华惊呆了，开始对富凯的生财之道产生了怀疑。富凯为挽回国王欢心，在财力上对凡尔赛宫的兴建大加支持，但后来依然被国王免职拘禁。

古典主义建筑的正立面沿长度方向往往由墙面的凹凸构成，竖向线条划分为若干段，一般是两侧和中央突出；沿高度方向往往分为三段，楼层或阁楼各算一段（图 3-37、图 3-38）。

图3-37　古典主义建筑——富凯府邸及园林　　　　　图 3-38　古典主义建筑——凡尔赛宫

古典主义建筑风格为欧洲各先后走向君主制的国家所大力推崇。如果说巴洛克继承了文艺复兴更富创造力的一面的话，古典主义则继承了文艺复兴更文雅、更传统的一面。

古典主义建筑的代表作有法国卢佛尔宫东廊、凡尔赛宫，俄罗斯彼得堡冬宫（包含巴洛克风格）等。也有人广义地把文艺复兴、巴洛克、古典主义三者统称为文艺复兴建筑。

3.6 古典复兴建筑、浪漫主义建筑与折中主义建筑

3.6.1 古典复兴建筑与古典主义建筑的区别

古典复兴建筑是 18 世纪 60 年代～19 世纪流行于欧美一些国家的建筑流派，也称为新古典主义建筑。

到 18 世纪中叶，随着罗马古城一个个被发掘，人们发现学院派的古典主义教条与真正的古典作品大不相同。稍晚一些时候对古希腊遗迹的研究发现，古希腊建筑同古罗马建筑也存在巨大差异，例如此时才发现，古希腊没有穹顶建筑。这个时期的建筑理论突破了教条主义一百年的统治，把真正科学的理性精神带进了建筑领域。所谓理性精神就是不仅仅采用以希腊-罗马柱式、拱穹及其几何学比例来建构建筑体系，而且从建筑的实用功能、结构理性、空间类型、社会秩序、价值体系等方面进行新的探索，开拓了建筑学的新视野；古典主义与理性主义相结合，于是产生了新古典主义，即古典复兴建筑风格。

与古典主义建筑主要是府邸、王宫有所区别，采用古典复兴建筑风格的主要是国会、法院、银行、交易所、博物馆、剧院等公共建筑和一些纪念性建筑，风格有罗马和希腊之分。

法国是古典复兴建筑活动的中心，主要代表作品有巴黎万神庙（也称先贤祠，建于 1755～1792 年，图 3-39a）、雄师凯旋门（建于 1808～1836 年）、马德兰教堂（建于 1806～1842 年，图 3-39b）等，都是罗马复兴的作品。

(a)   (b)

图 3-39 法国的古典复兴建筑
(a) 巴黎先贤祠（万神庙）；(b) 巴黎军功庙（马德兰教堂）

英国在 18 世纪下半叶兴起了罗马复兴的潮流，代表作品有英格兰银行（图 3-40a，1788～1835 年）；19 世纪又兴起了希腊复兴建筑，代表作品有伦敦的不列颠博物馆（图 3-40b，1823～1829 年）、爱丁堡大学校舍（建于 1825～1829 年）等。

(a)　　　　　　　　　　　　　　　　(b)

图 3-40　英国的古典复兴建筑

(a) 英格兰银行；(b) 不列颠博物馆

德国主要是希腊复兴式，代表作品有柏林宫廷剧院（1818～1821 年）、阿尔塔斯博物馆（1824～1828 年）、勃兰登堡门、德国国会大厦（1894 年）等，参见图 3-41。

(a)　　　　　　　　　　　　　　　　(b)

图 3-41　德国的古典复兴建筑

(a) 勃兰登堡门；(b) 德国国会大厦

美国独立后，古典复兴建筑也盛极一时。林肯纪念堂是希腊复兴式，模仿帕提农神庙和勃兰登堡门的形式；国会大厦是罗马复兴式，模仿巴黎先贤祠而建，参见图 3-42。

(a)　　　　　　　　　　　　　　　　(b)

图 3-42　美国的古典复兴建筑

(a) 美国林肯纪念堂；(b) 美国国会大厦

3.6.2　浪漫主义建筑的产生和特点

如同时装的风格在时空中交错，建筑风格也会轮转。

18～19世纪的工业革命不仅带来了生产的大发展，同时也带来了城市的杂乱拥挤、贫民窟滋生、环境恶化等恶果。于是社会上出现了一批乌托邦社会主义者，他们回避现实，向往中世纪的世界观，崇尚中世纪传统的文化艺术，要求发扬个性自由，提倡自然天性，同时用中世纪艺术反对资本主义制度下用机器制造出来的工艺品，并用它来和古典艺术相抗衡。

有人对将崇尚中世纪的世界观与个性自由、自然天性联系在一起感到不解，黑暗的中世纪有何浪漫可言？可以这样认为，任何事物都有两个方面；对一些目睹了大卫·科波菲尔所遭受苦难的人来说，堂吉诃德追求的生活方式要自由得多。

浪漫主义始于18世纪下半叶的英国，早期模仿中世纪的寨堡或哥特风格；中期浪漫主义常常以哥特风格出现，所以又称哥特复兴（Gothic Revival），它不仅用于教堂，也出现在一般世俗性建筑中，最著名的作品是英国议会大厦（1836～1868年，见图3-43）和德国新天鹅堡（图3-44）。

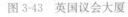

图 3-43　英国议会大厦　　　　　　　　　　　图 3-44　德国新天鹅堡

此外，英国斯塔夫斯的圣吉尔斯教堂（1841～1846年）与伦敦的圣吉尔斯教堂（1842～1844年），以及曼彻斯特市政厅（1868～1877年）也都是哥特复兴式建筑。

3.6.3　古典的尾声——折中

折中主义建筑是19世纪上半叶～20世纪初，在欧美一些国家流行的一种建筑风格。其特点是：任意模仿各种建筑风格，或自由组合各种建筑形式，不讲求固定的法式，只讲求比例均衡，注重纯形式美。

折中主义建筑的著名实例是在巴黎市区蒙玛特高地建造的圣心大教堂（图3-45），其为罗马风、拜占庭与哥特式相结合的风格，由著名的建筑师阿巴蒂荷马设计，1876年动工，1919年建成。四个小穹顶中间托出一个高达100m的大穹顶，在4个小穹顶的簇拥下，显得格外稳健挺拔。折中主义建筑的另一个著名实例是巴黎歌剧院，模仿晚期巴洛克风格而建，见图3-46。此外，19世纪后半叶，巴黎进行了大规模城市改造，临街道的建筑也大都采用折中主义风格，参见本书第13章的内容。

二维码3-5　折中主义建筑

图 3-45　巴黎圣心大教堂

图 3-46　巴黎歌剧院

　　随着钢铁、混凝土等材料大举进入土木建筑结构，各种现代建筑风格纷纷登场，它们终将在世界建筑界占据主角的位置。

思　考　题

　　（1）古希腊建筑技术的主要特点是什么？有什么建筑要素我们现在依然经常采用？

　　（2）古罗马建筑技术的主要特点是什么？什么要素对以后的建筑结构影响比较大？

　　（3）拜占庭建筑的主要特征是什么？

　　（4）中世纪的建筑技术有何发展？

　　（5）文艺复兴对建筑有何影响？文艺复兴建筑有何特征？古典主义建筑和巴洛克建筑与它有什么关系？

　　（6）古典复兴建筑与古典主义建筑大致有哪些区别？

　　（7）什么是浪漫主义建筑？有何代表作品？为何给中世纪世界观冠以"浪漫主义"的头衔？

　　（8）什么是折中主义建筑？有何代表作品？

第4章　中国古代建筑技术与文化

预备概念：

框架结构是指由梁和柱相连接构成的承重体系，即由梁和柱组成框架共同抵抗使用过程中出现的水平荷载和竖向荷载，框架中的各构件一般都要受弯曲。读者可自行搜索框架的图像或参见图4-34。

中华民族在5000年的悠久历史中，创造了光辉灿烂的建筑技术和文化，中国建筑在世界的东方独树一帜，它和欧洲建筑、伊斯兰建筑并称世界三大建筑体系。以中国为中心，以汉式建筑为主，辐射日本、朝鲜、蒙古和越南等国，形成了所谓的"泛东亚建筑风格"，在人类的文明史上写下了光辉的篇章。

4.1　中国古代建筑的特点与组成要素

4.1.1　中国古代建筑的特点

（1）使用木材作为主要结构材料。

（2）保持构架制原则：建筑物上部荷载均经由梁架、立柱传递至基础。墙壁只起围护、分隔的作用，不承受荷载，有"墙倒屋不塌"之妙。

（3）创造斗栱结构形式：用纵横相叠的短木和斗形方木相叠而成的向外挑悬的斗栱。

（4）实行单体建筑标准化。

中国古代建筑结构体系由三个基本要素——台基、柱梁、屋顶构成，各部分之间有一定的比例。还有一种观点把斗栱也列为中国古代建筑结构体系组成要素之一。

建筑台基分为两类：普通台基、须弥座台基（图4-1）。须弥座台基房屋等级高于普通台基房屋。须弥座台基又可分单层、双层、三层。须弥座层数越多，房屋等级越高，例如天坛祈年殿、紫禁城太和殿的台基是等级最高的三层须弥座台基。

建筑的柱梁体系应用较多的主要有两类：抬梁式构架和穿斗式构架。

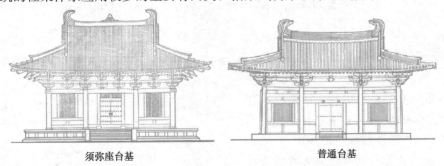

须弥座台基　　　　　　　　　　　普通台基

图4-1　不同台基的建筑

（图编辑自：侯幼彬，李婉贞．中国古代建筑历史图说．

北京：中国建筑工业出版社，2002）

二维码4-1 中国
古代建筑木结构

图4-2 抬梁式构架透视及剖面示意

抬梁式可以用于房屋进深较大的情况，而且房屋开间受限制少，因此，一般宫殿、庙宇都采用之。从图4-2可见，屋顶横梁层层抬升，最下面的梁最长，受力也最大，往往需要较大尺寸的木料，这是抬梁式的缺点，但由于梁跨度大、柱子少，可取得较大室内空间，故一般民居也乐于采用。构架横梁上架设檩条，图示屋顶有七根檩条，称七檩抬梁构架，如此类推还有九檩、十一檩等。房屋进深越大，则檩条数越多。一般民居由于进深有限，往往采用五檩或者七檩抬梁构架。抬梁式民居多用于北方地区。

所谓穿斗式构架原称作穿兜架，后简化为"穿逗架"或"穿斗架"。穿斗式构架的特点是沿房屋的进深方向按檩数立一排柱，不用梁；每柱上架一檩，檩上布椽，屋面荷载直接由檩传至柱。每排柱子靠穿透柱身的穿枋横向贯穿起来，成一榀构架。每两榀构架之间使用斗枋和纤子连接起来，形成一间房间的空间构架。斗枋用在檐柱柱头之间，形如抬梁构架中的阑额；纤子用在内柱之间。斗枋、纤子往往兼作房屋阁楼的龙骨。穿斗式构架主要用在南方，见图4-3（a）。

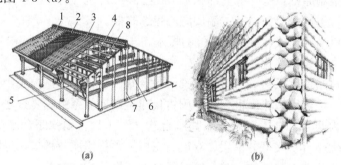

图4-3 穿斗式与井干式房屋透视示意
1-瓦；2-竹篾编织物；3-椽；4-檩；5-斗枋；6-穿枋；7-柱；8-纤子

还有一种井幹（干，音hán）式木构架，是用天然圆木或方形、矩形、六角形断面的木料，层层累叠，构成房屋的壁体，它在商代墓葬就已出现，后主要用在林区，见图4-3b。西方也有这种结构。

4.1.2 中国建筑独特的屋顶

中国建筑的大屋顶被西方人称誉为中国建筑的冠冕。屋顶大多数是定型的式样，主要有硬山、悬山、歇山、庑殿、攒尖、卷棚、盔顶、盝顶等（图4-4）。盔顶是蒙

硬山　悬山　歇山　庑殿

盝顶　卷棚　重檐　盔顶

三角攒尖　四角攒尖　八角攒尖　圆攒尖

图4-4 各种屋顶形式
（摹自：刘敦桢.中国古代建筑史.
北京：中国建筑工业出版社，1980）

古风格的屋顶，随元代统治传入中原地区，现在使用较少。卷棚主要用在园林和商业用房，这种顶屋面双坡，没有明显的正脊，即前后坡相接处不用脊而砌成弧形曲面（图4-5）。

二维码4-2　中国建筑的屋顶

(a)　　　　　　　　(b)　　　　　　　　(c)

图4-5　各种屋顶实例

(a) 卷棚屋顶；(b) 硬山屋顶；(c) 悬山屋顶

根据山墙与屋顶的关系，建筑划分出不同等级。硬山屋顶侧面完全被山墙封闭（图4-5）。这种建筑建造难度小于其他几种，是北方普通劳动人民常用作居家的建筑模式。悬山屋顶长度大于房屋长度，屋顶悬挑出山墙（图4-5），比较适合于南方多雨地区房屋。歇山屋顶的山墙高度止于屋檐高度，屋顶正视图上有斜角，当屋顶侧面的斜坡屋面上升到一定高度后转以垂直角度上升封顶，参见图4-1建筑。庑殿屋顶则以四个斜坡屋面封顶并有水平屋脊线。

攒尖主要用在亭，也可被认为是庑殿的特例用在非常正式崇高的场合，例如紫禁城中的中和殿（图4-6左建筑）是四角攒尖顶。

屋顶等级划分原则是：硬山等级最低，悬山高于硬山，歇山高于悬山，庑殿等级最高，一般用于皇宫、庙宇中最主要的大殿。如果采用重檐则建筑的等级加高，例如紫禁城保和殿（图4-6右建筑）是重檐歇山顶。天坛祈年殿是三重檐圆攒尖屋顶建于三层须弥座台基上，是建筑的最高等级（图4-7a）。除了上述屋顶之

图4-6　紫禁城中的中和殿和保和殿

外，还有复合式屋顶，例如紫禁城角楼是三重檐歇山与攒尖复合屋顶（图4-7b）。

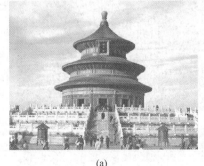

(a)　　　　　　　　　　(b)

图4-7　两座宫殿屋顶的等级式样

(a) 天坛祈年殿；(b) 复合式屋顶——紫禁城角楼

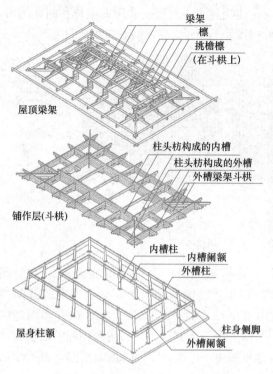

4.1.3 独特的斗栱

斗栱是中国古代建筑独特的构件。斗栱在宋代以前也称为铺作，原来斗栱只在柱子顶才有，后在柱间补充添加作为装饰，故称补间铺作。图4-8表示了唐代梁架、斗栱与柱之间的关系；斗栱一般置于柱头和额枋（又称阑头，俗称看枋，位于两檐柱之间，用于承托斗栱）、屋面之间，纵横交错层叠，逐层向外挑出（图4-8），用来支撑荷载梁架、挑出屋檐，兼具装饰作用。在没有斗栱之前，屋顶檐口下需要有一排柱支撑，出现斗栱后屋檐可以大幅度外挑，导致中国古代建筑的立面发生了非常大的变化。唐代斗栱高度在建筑立面高度中所占的比例非常大，后历朝逐渐减小，但是斗栱数量增多。

在斗栱中，方形木块叫斗，弓形短木叫栱，斜置长木叫昂，总称斗栱。斗栱历经不同朝代，走过了由简到繁的不同发展阶段，其形式繁多。图4-9（a）、（c）表现的是宋代形式，而图4-9（b）则是唐代

图 4-8 唐山西五台县佛光寺大殿构架分解示意
（摹自：傅熹年.中国科学技术史（建筑卷）.
北京：科学出版社，2008）

形式。演变到明清两代时斗栱装饰意义大于承载意义。读者可以对比图4-8与图4-37，看到唐代与明清斗栱层的不同作用。只有宫殿、寺庙及其他高级建筑才允许安装斗栱。与斗栱一同使用的装饰物还有额枋、雀替等（图4-9d）。

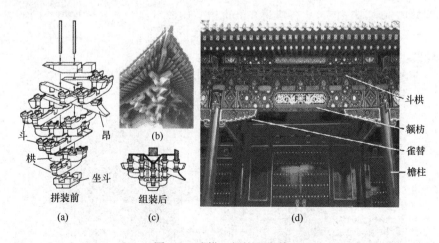

图 4-9 斗栱、额枋和雀替

柱间是否有斗栱，以及有多少斗栱，对建筑立面效果有一定影响。柱间设斗栱的作法唐代就有，明清时期结构意义上的斗栱消失了，柱间装饰用的斗栱进一步增多。

4.2　中国古代建筑成就

4.2.1　远古的建筑

在距今约六七千年前的河姆渡文化时期，中国已经出现了早期的干阑式建筑。干阑式是一种下部架空的结构。它具有通风、防潮、防盗、防兽等优点，对于气候炎热、潮湿多雨的地区非常适用。从图4-10（a）可见，其上部结构已经呈现穿斗式构架的雏形，房屋由木框架结构作支承骨架，当时的框架木骨架是一层建筑多层框，以小的框间距保证对席棚抹泥（或编织枝条抹泥）墙体的支撑作用。从建筑基础的角度来说，桩基础的形式也已经出现了。

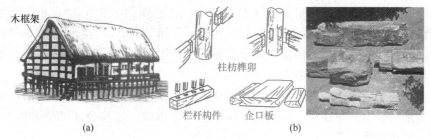

图4-10　河姆渡遗址干阑式民居复原及卯榫连接图
(a) 干阑式民居复原图；(b) 当时的木榫卯连接

对于木结构构件的相互连接，在河姆渡文化遗址发现，当时已经采用榫卯技术了，见图4-10（b），但是当时木加工还比较粗糙，可以肯定仅仅依靠榫卯连接不够紧密牢固，还可能伴随有其他连接方式，例如绑扎等。

在中国北方地区，原始人类为躲避冬季的严寒，已经懂得掘地求暖。在仰韶文化的半坡遗址，发现有大量室内低于室外800mm左右的浅地穴住宅。其前端开一浅斜坡为入口，以内柱为主骨架，承托着四壁斜搭向中间的木杆件，构成四坡或者攒尖屋顶，其上抹草泥为屋面。这是室内无直壁的窝棚式住房，见图4-11。此外，半坡时期还有圆形直壁房屋，见第1章图1-2。按照古代文献的记载，当时不同地区，冬季与夏季，因避兽虫、防寒和避暑的需要分别构筑不同种类的住处❶。

图4-11　半坡矩形住房复原图
（刘敦桢．中国古代建筑史．
北京：中国建筑工业出版社，1980）

中国建筑一向以木为结构。由于受材料尺度和力学性能的限制，与西方石结构相比，单体建筑的体量不能太大，体形不能很复杂。为了表达宫殿的尊崇壮丽，古代中国就发展了群

---

❶　《韩非子·五蠹（音 dù）》："上古之世，人民少而禽兽众，人民不胜禽兽虫蛇，有圣人作，构木为巢，以避群害。"《孟子·滕文公》："下者为巢，上者为营窟。"因此有推测，巢居是低洼潮湿而多虫蛇的地区采用过的一种原始居住方式，地势高亢地区则营造穴居。而《礼记》"昔者先王未有宫室，冬则居营窟，夏则居橧（音 zēng）巢"，可见"巢者与穴居"也因寒暑而异。

体构图的概念：建筑群向横向生长，通过多样化的院落方式，把群中的各构图因素有机组织起来，以各单体的烘托对比、庭院的流通变化、庭院空间和建筑实体的虚实互映，来达到量的壮丽和形的丰富，从而渲染出强烈的气氛，给人以深刻感受。而西方建筑则更强调竖向的延伸、单体的突兀变化，重视室内空间的充分发展，这些都是中西建筑艺术的重大差别。

夏代宫殿以围廊围成院落，位于河南偃师西南的二里头宫殿建筑遗址一号宫殿庭院（图 4-12）呈缺角横长方形，东西 108m、南北 100m，东北部折进一角，已应用夯土技术。庭院北部正中为一座略高起的 11.4m×30.4m 长方形台基，其四周有檐柱洞，可复原为面阔八间、进深三间的大型殿堂建筑。殿顶应是最为尊贵的重檐庑殿顶。《考工记》和《韩非子》都记载先商宫殿是"茅茨土阶"，遗址也未发现瓦件，故夏代宫殿顶应覆以茅草。

商代建筑分不同时期，商代历史约 600 年，曾迁都五次。1999 年发掘的洹北商城遗址属于中商时期宫殿，其 1 号宫殿基址 173m×90m，总面积 1.6 万 m²，是迄今为止我国发现的规模最大、保存最完整的商代宫殿。宫殿呈"回"字形，当属已发现最早的四合院布局。中间为开阔的庭院，四周建房，庭院是商王召集大臣等人开大会的地方。史书上记载，商王聚众庭院，多时可达万人。

商代较大的建筑主体用木骨泥墙为承重墙，四周或前后檐另在夯土基中栽植檐柱。在商代后期遗址的较小的建筑中，还出现了坯砌的承重山墙，建筑台基以草泥制土坯砌筑，版筑墙体也很常见❶。

洹北商城遗址宫殿墙壁相当厚，一般 1~1.2m，使用草和泥混合制成的土坯这种类似早期砖的建筑材料，并以白灰涂抹墙壁。房屋使用苇束为骨的抹泥屋顶。南部是 38 m×10.5m 的门庭，门庭有两个完整的通道，通道两侧各有方形壁柱、墙柱。引人注目的是，门道并不在宫墙的正中，说明当时人们居中对称的观念还不太强。而安阳殷墟属于晚商时期宫殿，这个时候的中国建筑尚没有斗栱，屋顶的外檐不是向外悬挑的，而由一圈檐柱支撑（图 4-13）。

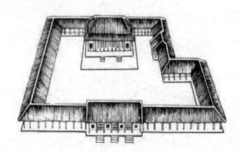

图 4-12　夏代二里头宫殿一号庭院复原示意　　　图 4-13　殷墟遗址仿晚商风格复原的建筑
（钱正坤．世界建筑风格史．

上海：上海交通大学出版社，2005）

周代建筑历经巨大变革。西周时期，统治者制定了比较成熟的建筑等级制度。《礼记》对利用建筑从数量和体量来区别尊卑提出了具体的办法：天子的宗庙拥有七座殿堂，诸侯五座，大夫三座，士一座；天子的殿堂台基可以高九尺，诸侯七尺，大夫五尺，士三尺；

---

❶　在欲砌筑的墙两面横施夹板为模板，用夹棍固定后填土夯筑，夯至与夹板上缘平齐后，向前移动夹板，称为一版。沿长度夯毕，移至上层夯筑，直到墙体完成。

天子和诸侯的宫城可以建造上有城楼的"台门"等。《礼记》还第一次从理论上高度概括了建筑群的中轴对称布局对于烘托尊贵地位的重要，提出"中正无邪，礼之质也"的看法。先周时期岐山宫殿（图 4-14）遵循这些原则，呈四合院形式，规整对称，中轴线上的主体建筑具有统率全局的作用。到了春秋战国时期，经济、文化空前繁荣，阡陌纵横，城市林立，各国诸侯纷纷打破周代礼制的羁绊，建筑庞大的都城，"高台榭，美宫室"遍及天下。所谓台榭即堆土为高台，在台上建造的建筑称榭（图 4-15）。

图 4-14　先周岐山宗庙遗址复原图

（傅熹年．中国科学技术史（建筑卷）．

北京：科学出版社，2008）

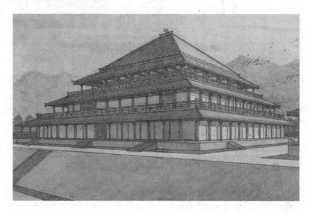

图 4-15　战国中山王陵台榭建筑复原图

（图来自网络）

西周中期已出现了面积达 280m²，最大面阔 5.6m，全部为瓦屋顶的大型木框架房屋，内含木柱的夯土墙只起保持稳定和围护作用。至此，中国古代建筑中使用抬梁木构架特点已初步形成。抬梁木构架按照现代结构体系划分，可以归为框架结构。墙体只起围护和分隔使用空间的作用而不起承重作用，这与现代框架结构的外围护墙和填充墙所发挥的作用是一样的。此外，在出土的东周墓漆画上，建筑立面已经看见有简单的斗栱。

4.2.2　秦汉的辉煌和南北朝的转变

秦汉时期是中国古代建筑的第一次高潮，有几座著名的宫殿，如秦咸阳宫和阿房宫、汉长安的未央宫和建章宫等。据《史记》对阿房宫前殿建筑群的记载，其规模宏大，约 8 万 m²，唐代诗人杜牧在《阿房宫赋》中更描述其"覆压三百余里，隔离天日……"。后人普遍接受这样一种说法，认为规模宏大的阿房宫被项羽焚毁。进入 21 世纪，对阿房宫遗址的考古发掘表明，被项羽焚毁的当为咸阳宫，阿房宫实际未建成❶。

汉代习惯成对地在宫殿、祠庙和陵墓前建一种表示威仪等第的装饰性建筑（图 4-16）。因左右分列，中间形成缺口，故称阙（古代"阙""缺"通用）。它的雏形是古代墙门豁口两侧的观，用以观望院外动静，类似雕楼；后演变成门外侧的威仪性建筑，防御功能逐渐

---

❶　《史记·秦始皇本纪》："乃营建朝宫渭南上林苑中，先作前殿阿房，东西五百步，南北五十丈，上可以坐万人，下可以建五丈旗，周驰阁道，自殿下直抵南山。表南山之巅以为阙。"秦代一步约合六尺，三百步为一里，秦一尺约合 0.23m。如此算来，被称为阿房的宫前殿东西大概宽 690m，南北进深约 115m，占地面积 8 万 m²。2003 年现场考古发掘，阿房宫现场有台基而未发现秦代瓦，也未发现大规模火烧痕迹。《史记·项羽本纪》："烧秦宫室，火三月不灭。"在这里也未提火烧阿房宫，因此，阿房宫应当仅仅处于规划设计阶段。

减弱。虽然文献记载西周时已有阙，现存最早的遗物是汉代的。

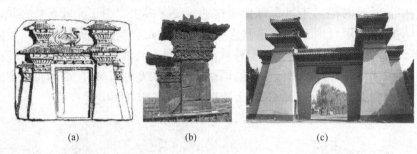

图 4-16　汉阙的形式

(a) 汉石刻像上的双阙；(b) 汉留存下来的单阙；(c) 现代仿建的汉阙

　　文献所记未央宫西跨城作飞阁通建章宫，可见当时宫殿多为台榭形制，故须以阁道相连属，甚至城内外也以飞阁相往来。西汉末叶，台榭建筑渐次减少，楼阁建筑开始兴起。留存的石刻像、陶屋和石屋表明：此时的建筑已具有庑殿、歇山、悬山和攒尖 4 种屋顶形式。庑殿正脊短，屋面、屋脊和檐口平直，屋顶正脊中央常饰有凤凰。由以上这些，便形成了汉代建筑古朴简洁，但又不乏朝气的形象。汉代歇山顶已初具雏形，为追求屋檐出挑距离，斗栱有了发展。

　　西汉平帝元始四年（公元 4 年）建造了"明堂辟雍"，它是一座建筑两种含义的名称，是中国古代最高等级的皇家礼制建筑之一。夏商时有过宫殿和祭祀功能合一的建筑，夏称"世室"，商称"重屋"，西周称"明堂"，是帝王颁布政令，接受朝觐和祭祀天地诸神以及祖先的场所。辟雍是外面环绕水的建筑，性质是儒者纪念堂，是帝王讲演礼教的地方。王莽当政后将这两种建筑合二为一，成为统一的明堂辟雍（图 4-17），代表了当时建筑技术的高峰。

　　魏晋南北朝时期是中国建筑风格发生重大转变的阶段。中原士族南下，北方少数民族进入中原，出现民族的大融合，佛教得到空前发展，这些都对建筑艺术产生了重大影响，石窟中甚至出现了波斯式狮子柱头和希腊爱奥尼式柱头，见图 4-18。建筑屋顶愈发多样，歇山屋顶已经常见；斗栱比汉代更复杂；屋脊已有生起曲线，屋角也已有起翘；柱有直柱、鼓形柱和八角柱等。南北朝时期的木建筑目前在我国已无留存，但日本则尚留有同时

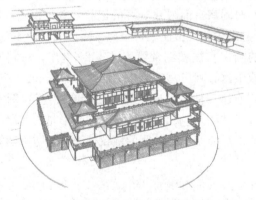

图 4-17　根据文献记载复原的汉明堂辟雍图

（侯幼彬，李婉贞 . 中国古代建筑历史图说 .

北京：中国建筑工业出版社，2002）

图 4-18　石窟中的波斯式狮子柱头和
古希腊爱奥尼式柱头

期同风格的建筑法隆寺（图4-19）。魏晋时期楼阁式建筑相当普遍，平面多为方形，还出现了我国古代最高建筑——永宁寺塔。

4.2.3 隋唐的灿烂与宋代的发展

隋唐时期是中国古代建筑的第二个高潮。隋代建筑追求雄伟壮丽的风格，国都大兴城规划严谨，分区合理，其规模在当时为世界城市之最，历史记载只用了十个月新都大兴城就建成了。可见在技术上隋代建筑取得了很大进步，木构件的标准化程度极高。

图4-19 日本法隆寺是中国南北朝风格建筑

唐初吸取隋亡国教训，注重养民，崇尚简朴，兴建宫室甚至以草为顶。经过贞观之治，唐朝成为当时世界上最富强的国家。至开元、天宝年间，其建筑形成了一种独具特色的"盛唐风格"，建筑艺术达到了巅峰。唐高宗时在长安修建大明宫，大明宫规模很大，遗址范围即相当于明、清紫禁城总面积3倍多。大明宫主殿含元殿建在高出南面地面10m以上的高岗上；含元殿东西侧各有廊十一间，其通

图4-20 唐大明宫含元殿（图来自网络）

向翔鸾、栖凤二阁。二阁作三重子母阙的形式。含元殿在"凹"形平面上组合大殿高阁，相互呼应，轮廓起伏，体量巨大，建筑群总宽约200m，气势宏大，大朝会时数万人列于殿下广场，大殿居高临下，气势伟丽，开朗而辉煌，极富精神震慑力，反映大唐气魄（图4-20）。历朝都以建明堂为国家盛典，然而自汉后各朝均未能兴建。明堂的形制一直没有定论，儒生为如何建设长期争论不休，武则天力排众议，决定在洛阳宫拆除正殿建立这样的明堂：方300尺（88m），高294尺（86m），三层。下层为平面正方形，中层为十二边形，上层为二十四边形。中、上层均为圆顶，上层顶上立铁凤，高一丈（2.94m）。以后又在明堂之北隋大业殿处建高五层的天堂，以贮巨大的佛像。明堂、天堂是唐代所建最高大的木构建筑，充分显示了唐代极盛期建筑的高度水平（图4-21）。明堂、天堂的建造，一改宫中主殿为单层的传统，极大地改变了洛阳宫的面貌和立体轮廓。

唐建筑单体内质外美，非常强调整体的和谐与真实，造型浑厚质朴，多采用凹曲屋面，屋角起翘十分柔和大度，再加上唐式建筑斗栱与柱比例甚大（其具有结构与装饰的双重作用，与清代斗栱不同），更使它的结构之美显现得淋漓尽致，可以用"雄浑壮丽"四字来概括（图4-1、图4-21），具有可贵的独创精神，堪称中国建筑艺术的发展高峰！安史之乱以后，中晚唐建筑少了盛唐建筑的雄浑之气，多了些柔美装饰之风。随着高足家具的普及，晚唐的建筑比例也因之产生了一些变化。

五代十国时期由于地方割据，交通、人员阻隔，其建筑的地方差异性逐渐扩大，但是总体来说延续了晚唐的建筑风格。

宋代是一个文弱而文雅的朝代，其建筑风格欠缺了唐代的雄浑、阳刚之美，却创造出

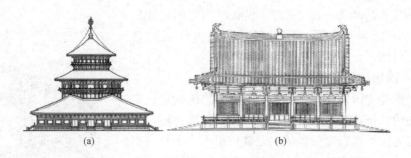

图 4-21　唐代建筑及雄浑风格

（傅熹年. 中国古代建筑史（第二卷）. 北京：中国建筑工业出版社，2001）

（a）唐洛阳宫明堂复原图；（b）仿初唐风格的青龙寺空海纪念堂

了一种阴柔之美，建筑造型更加多样。此外，宋代的建筑技术、施工管理等也取得了进步，出现了《木经》《营造法式》等关于建筑营造的专门书籍。连年外患，宋代无力营建大型宫殿建筑，而且受理学思想影响，整个民族的文化心态转向"内敛"。宋代宫城是在州级子城的基础上扩张而成，仅 2.5km 周长，东京汴梁也较唐长安小许多。

房屋脊柱与檐柱之间的柱称为金柱，此时出现了被人称之为移柱法、减柱法的木构架制作处理方法，即庙堂建筑常将若干金柱移位（图 4-22），或减少部分金柱，以获取建筑室内大空间。与宋代同时期的辽、金时期的庙宇建筑常用此种做法。

4.2.4　元、明、清的革新

元代各民族文化交流和工艺美术带来新的因素，使中国建筑呈现出若干新趋势。此时期大胆运用减柱、移柱法和圆木、弯料，富含任意自由奔放的性格。但由于木料本身的性质所限，加之没有科学的计算方法，减柱、移柱往往是失败的，后来不得不用额外的柱加固。官式建筑斗栱的作用进一步减弱，斗栱比例渐小；此外，由于蒙古族的传统，在元朝的皇宫中出现了若干盝顶殿。

明代木构架与之前的模式有所改变，斗栱由粗大的结构层变为一种装饰，装饰斗栱用料变小而排列越来越丛密。这些都使明代建筑的面貌产生了与以前各代建筑的明显差异（图 4-23）。

图 4-22　辽代开善寺的移柱处理

图 4-23　明代建筑

明初定都南京，南京宫殿的建筑风格是在南宋以来江浙地方建筑的基础上，按照宫殿官署要求加以规范化、庄重化而形成。元朝覆灭时，北京大内旧宫未遭破坏，后来被改成朱棣的燕王府，永乐十四年明成祖朱棣从南京迁都北京，就将旧宫全部拆除，再按照南京宫殿的模式重建新宫，但是建筑尺度比南京宫殿放大许多。由于采用标准制作方法，仅四年就完工，这就是今天我们所见到的北京紫禁城。

明代砖的使用量空前，以前的城墙大都仅在门楼、转角处外包墙砖，其余地方均外露夯土。县以上城市城墙整体均外包墙砖是在明代才有的事，明代还出现了以砖为主体结构的地面建筑——无梁殿。

图 4-24　清代国子监辟雍大殿

清代二百余年间全国人口剧增，官私的建筑总量比此前任何朝代都要多许多，但此时木材的积蓄又日渐稀少，因此迫使建筑业作出相应调整，不再追求巨大的出檐、柔和的屋顶曲线、雄大的斗栱、粗壮的柱身等结构美和构造美，柱子比唐代纤细，斗栱高度在建筑中占的比例减小，斗栱数量增加，更着眼于建筑组合、形体变化及细部装饰等方面的美学形式，见图4-24。这一时期更关注木材以外的建筑材料，砖瓦的供应量明显增加，一般质量较好的民居大部改用砖材作围护材料，以砖石承重或砖木混合结构形式的建筑较明代增多。装饰材料的供应范围更加扩大，如各类硬木、雕刻用木、铜件、金箔、纸张、纱绸、玉石、油漆、琉璃、瓷器等皆用来美化建筑物，清中叶以后还引进了西方玻璃制品。

清代大型建筑的内檐构架基本上摆脱了斗栱的束缚，使梁柱直接榫接，形成整体框架，提高了建筑物的刚度，柱子纤细（图 4-24）。清代建造了一大批楼阁式建筑，就是按照这种新的框架方式，如承德普宁寺大乘阁、北京颐和园佛香阁、雍和宫万福阁等。清代大建筑的梁柱衬料多改用帮拼方式，以小木料攒聚成大材料，胶结后外周以铁箍加固，表面覆以麻灰油饰，完全不露痕迹。帮拼法不仅节约了巨材，而且为分段施工的多层楼阁创造了条件。

清代为笼络蒙古贵族，推崇藏传佛教，风格独特的藏传佛教建筑在这一时期兴盛。这些佛寺造型多样，打破了原有寺庙建筑传统单一的程式化处理，创造了丰富多彩的建筑形式，以北京雍和宫和承德兴建的一批藏传佛教寺庙为代表。

4.3　中国古代城镇

4.3.1　定址与城市的内外轮廓

城市选址是城市建设的第一步。选址主张选择依山傍水的地形，以免受旱涝之害，节省开渠引水和筑堤防涝的费用❶。风水也是选址要素，称为"相土尝水"。

水为生命、生活之源，也有利于交通，这是古代建城的必备条件，这在"风水"中称为得其"水脉"。水源不足，经过人工改造也要获得，如汉长安开掘郑渠，隋、唐修运渠

---

❶　《管子》："凡立国都，非于大山之下，必于广川之上，高毋近旱而水用足，下毋近水而沟防省。"

以及元疏掘通惠河与南北大运河等，有"风水"上的讲究，也是解决城市交通，努力扩大漕运区域的需要。古长安城，汉唐时有"八水绕长安"之说，唐之后由于自然条件变化、水源匮乏，长安不再具备作为首都的条件。而北京因水资源充沛，具备定都条件，金以后元明清均以此为都❶。

城市规划与建设，要完成"城"的防御功能与"市"的贸易功能。防御就要有城墙，不同的城墙把城市分为内城外郭，内城为宫城，即所谓"筑城以卫君，造郭以守民"。手工业作坊集中分布在宫城周围。市民有明确的居住区域，市场有固定的位置，这种格局到宋代才被打破。

中国古代城市，特别是都城和地方行政中心需要按照一定制度进行规划和建设。西周时期，城的大小因受封者的等级而异，城内道路的宽度、城墙的高度和建筑物的颜色都有等级区分❷。"天圆地方"说、"天人感应"的思想和阴阳五行学说又奠定了中国古代"方形城市"的思想基础（图4-25）。上述这些城市规划的原则，维护传统的社会等级和宗教礼法，表现出王（皇）权至上理念。

时代发展到东周这一被孔子称为"礼崩乐坏"的时期，群雄逐鹿，王权不再神圣，《考工记》的一些原则无人遵守，各个城市的规划布局无章可循。汉都长安是在楚汉相争的战争状态下先建宫室，后百姓房屋按照"里坊"在外郭建设形成，城市轮廓谈不上明确的规划。东汉首都洛阳的建设也大抵如此。

从曹魏邺城开始，中国古代城市规划又开始有明确的意图，有整体综合的观念。曹魏邺城以主要干道和宫殿建筑群形成中轴线来布置城市（图4-26），这对以后中国城市的布局影响较大。

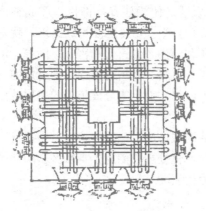

图4-25　古《三礼图》描绘的王城

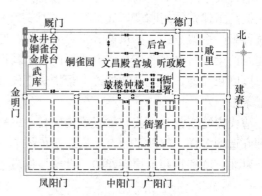

图4-26　曹魏邺城城市布局

（摹自：刘敦桢．中国古代建筑史．
北京：中国建筑工业出版社，1980）

与儒家学说同时并存的还有以管子和老子为代表的自然观，强调"因天材，就地利，故城郭不必中规矩，道路不必中准绳"的自然至上理念。东晋建康城湖泊众多，其城市格局就表现出利用自然而不完全循规蹈矩的风格。

隋大兴—唐长安城由城市规划家宇文恺于公元582年进行规划，之后按规划建设。城市平面为矩形，采取严格的中轴线对称、封闭式棋盘形布局（图4-27），影响深远及于日本、朝鲜等国的都城建设。唐洛阳城布局也非常规整。在唐代及唐以前的居民居住区按照里坊制建设。唐长安主街道宽155m，其余主干道也宽100余米，坊间街宽40～60m，城市东西长9721m，南北宽8652m，是世界上最大的古代都市[1]。

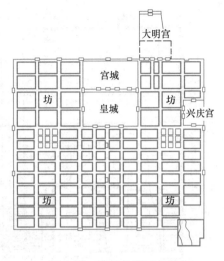

图4-27　唐都长安城布局
（摹自：刘敦桢. 中国古代建筑史.
北京：中国建筑工业出版社，1980）

4.3.2　城市面貌的衍变

里坊制是封建统治者为方便统治劳动人民而设置的居住管理制度，以一块块面积相等的方形或矩形用地作为百姓居住单元，这一封闭的方格用地就是"里"或"坊"（图4-26、图4-27），每一坊居住成百上千户百姓。贵族豪门的住宅则可以占十六分之一甚至一坊之地，例如唐太平公主府占长安兴道坊半坊之地。

早期的里坊制管理非常严格，除皇族显贵和寺院外，居民一律不准沿街开门。除了贵族豪门的高大门房和坊门外，街边基本都是高大的土墙，缺少变化。傍晚街鼓一停，居民不得上街行走，夜间坊门还要关闭。居民贸易要到专门的"市"。

街巷式居住源于商业的发展。宋初依然采用严格的里坊制，但北宋中期里坊与市融合，可以沿街设店，形成繁华的商业街。北宋著名画家张择端的名画《清明上河图》描绘了里坊制废除后宋京汴梁的街巷制生活，见图4-28。街巷制体系构成了中国封建社会后期的城市结构形态。

图4-28　清明上河图反映的街巷制生活

---

[1] 据李约瑟《中国科学技术史》介绍，世界古代城市以面积计算的排名依次为：1. 唐长安（84.1km²），2. 明清北京（60.6km²），3. 元大都（49.0km²），4. 隋唐洛阳（45.0km²），5. 汉长安（35.82km²），6. 巴格达（30.44km²），7. 罗马（13.68km²），8. 拜占庭（11.99km²），9. 汉魏洛阳（9.58km²），10. 中世伦敦（1.35km²）。但近年考古发掘，北魏洛阳外郭面积53.4km²，应居第三位。

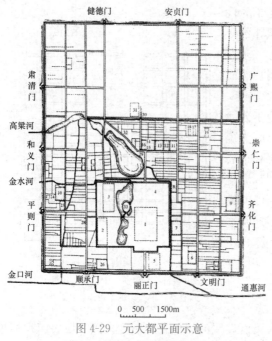

元大都采用古代理想都城的规划思想，因地制宜，由城市规划家刘秉忠主持规划，布局严整对称，南北轴线与东西轴线相交于城市的几何中心（图4-29）。明代《永乐大典》中收录的元末熊梦祥所著《析津志》中说，"大都街制，自南以至于北谓之经，自东至西谓之纬。大街二十四步阔（一步约合1.54m），小街十二步阔，三百八十四火巷，二十九衖（xiàng）通"。衖通出自蒙古语，即是今天所说的"胡同"。

明代的北京城是在元大都基础上建成的，废弃了元大都的北城，增加了南城。清代时，明代都城被完整地保留下来，旗人尽占内城，汉民被迁往南城。这时的城市街巷中，全城道路分干道和胡同两类，干道宽约25m，胡同6～7m。胡同一般是东西向，前后两条胡同

图 4-29　元大都平面示意

（摹自：刘敦桢．中国古代建筑史．北京：中国建筑工业出版社，1980）

间距约50步，在两胡同的地段上再划分住宅基地，参见图4-30。

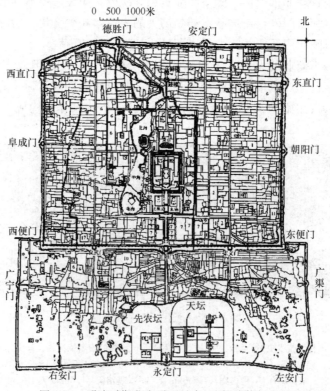

图 4-30　明清时期北京平面示意（图源同图4-29）

4.3.3　城镇、建筑与风水

风水对城镇、村落规划的影响非常大，对城镇村落的选址原则可归纳为：背山面水、山龙昂秀、水龙环抱、明堂宽大、水口收藏等几方面。所谓山龙、水龙就是指山脉与水系的形势；明堂是指城基、村基所在的空间；水口是指城头（村头）、城尾（村尾）水流出入口。根据这些原则，山区村落多选择枕山、环水、面屏的环境；平原地区以水为龙，村落往往采取背水、面街的布局。据《元史·地理志》对北京地理形势的描述是："右拥太行，左挹（yì）沧海，枕居庸，奠朔方。"可见北京非常符合上述风水原则，这也是元世祖忽必烈在金中都附近建元大都的原因之一。

到了明代，风水之说愈盛，认为体量高大的建筑物如塔、阁、殿等的设置能弥补地形的缺陷，使城市、村镇所在的气、势都能得到改善。例如：明正德年间江西瑞州知府邝潘认为瑞州人才众多而登科第者少，他亲自踏勘地形后认定是府学的风水有问题：府学前面，西侧有府城西城门耸立于旁，东侧却虚无一物，造成左右不平衡；府学后面又受到粮仓的挤压，后地不宽宏。于是下令迁走仓库，在府学东侧建造一座楼阁名为进贤楼。他和同僚们商议后认为府学正南无"具瞻"（即对景，参见第11章对景的解释），不利文运昌盛，而且府学正对南郊的石鼓岭山形平秃，致使文士"多晦"，因而决定在岭上建造一座十几层的文峰塔，并把市河和锦河开挖联通。这是一个为改善城市风水而大兴土木的典型实例。类似的用文峰塔、文昌阁等建筑来改变城市风水的做法很普遍。图4-31为始建于明代正德年间、位于浙江台州巾山双峰上的文峰双塔，据《台州府志》的记载：因巾山

图 4-31　台州文峰塔

的两峰系台州风水之地，自从峰上建起了双塔，"故台多父子兄弟连登甲第者"。

4.4　古代建筑技术的发展

4.4.1　木结构体系

木构件的连接是木结构整体工作的保障。除了榫卯和销钉连接外，在周代以后出于装饰的考虑，还用青铜制的"釭"进行连接。因当时将铜称为金，故称为"金釭"。这些釭上通常有精美的纹饰，具有很强的装饰性。目前已发现用于房屋最早的"釭"是公元前770年秦襄公时期，秦人用150mm×150mm的方材和青铜制"金釭"做成的木框架建筑房屋，参见图4-32（a）。随着木加工工具的进步，榫卯越来越精细。到宋代，官方颁布的《营造法式》❶介绍了许多种木榫卯连接形式，参见图4-32（b）。

---

❶　《营造法式》为宋代李诫撰写，共三十四卷，内容可分为四类：一是北宋以前的经史群书中有关建筑工程技术方面的史料，共两卷。二是建筑行业中不同工种的技术规范和操作规程，包括大木作、小木作、石作、壕寨、彩画作、雕作、旋作、锯作、竹作、瓦作、砖作、泥作和窑作制度，共十三卷。三是总结编制出各工种的用工及用料定额标准，共十五卷。四是各种制作图样一百九十三幅，共六卷。该书是现存最早、最系统的建筑技术专著。

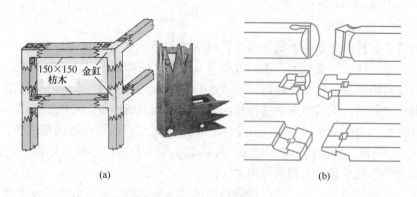

(a)   (b)

图 4-32　木结构连接方式

（a）周代木框架金钉连接方式；（b）《营造法式》中部分卯榫连接方式

　　木构架在建筑上很好地完成了形成坡屋顶的任务（图 4-33a），但在力学上未能像现代桁架那样利用斜腹杆受力。这样，下面的横梁受到很大的弯矩，对横梁构件要求比较高。在北魏后也发现有屋架用斜杆件的情况，例如图 4-33（b）所示人字抄手屋架，但是从现代的角度看，受力也都不甚合理。

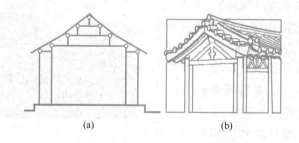

(a)   (b)

图 4-33　中国屋顶的梁架系统

（a）抬梁式梁架受力系统；（b）北魏洞窟中人字抄手屋架

　　木构架的传力途径是：屋面载荷→檩条→横梁和斗栱→立柱。现代框架结构的传力途径是：楼板载荷→次梁→主梁→框架柱。两者比较非常相似（图 4-34），木构架形成了框架或者排架结构。

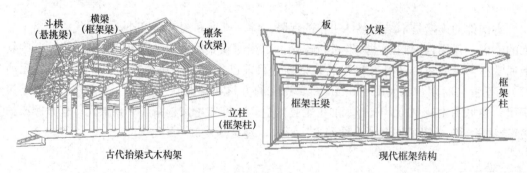

古代抬梁式木构架　　　　　　　　　现代框架结构

图 4-34　抬梁结构体系与现代框架的比较

（左图摹自：侯幼彬．中国建筑美学．哈尔滨：黑龙江科学技术出版社，1997）

《营造法式》提供了木构架的多种模式。在辽、金之后，一些庙宇建筑常对平面上的柱网布置进行调整，涉及柱子的移动和删减，其构架也相应地要进行某些处理（图4-35）。

重檐屋顶木构架模式参见图4-36。

图 4-35　柱网变动时构架处理示意
（摹自：傅熹年. 中国科学技术史（建筑卷）.
北京：科学出版社，2008）

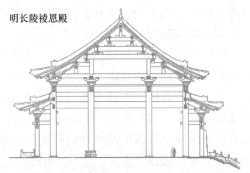

明长陵祾恩殿

图 4-36　重檐屋顶殿堂的木构架处理示意
（摹自：梁思成. 图像中国建筑史.
北京：中国建筑工业出版社，1991）

明代木构架技术在强化整体结构性能、简化施工和斗栱装饰化三个方面有所发展。用贯通上下楼层的柱子构成整体式框架，柱与柱之间增加了联系构件的随梁枋，改善了殿阁建筑结构的整体性；结构上突出了梁、柱、檩的直接结合，减少了斗栱这个中间层次的结构作用。这不仅简化了结构，还节省了大量木材，从而达到了以更少的材料取得更大建筑空间的效果，参见图 4-37。虽然这种做法在北宋就曾经出现过，但是普遍采用之是在明代。

木悬臂梁的锚固问题在中国古代得到了巧妙解决。战国时期沟通汉中与巴蜀的古栈道，就采用在石崖壁上凿出方孔，插入方木后形成悬臂梁来完成承重功能。恒山悬空寺也采用悬臂梁承重（图 4-17 中梁下还有类似支柱的撑木，事实上这些细长的支撑木在结构上不起作用）。对于古人如何保证木悬臂梁牢牢嵌固于石孔内而不会使梁晃动，现代人不甚了解。

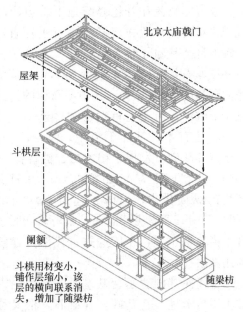

北京太庙戟门

屋架

斗栱层

阑额

斗栱用材变小，
铺作层缩小，该
层的横向联系消
失，增加了随梁枋

随梁枋

图 4-37　明代殿堂构架分解示意
（摹自：傅熹年. 中国科学技术史（建筑卷）.
北京：科学出版社，2008）

直到 20 世纪末期，人们对悬空寺进行维修时，惊诧于木梁不能从石孔中拔出，将古木梁破坏后才发现了这个秘密。原来古人是在木梁插入端预制一楔形槽，槽内顶入一楔形

石孔

悬臂梁

石壁

图 4-38　悬臂木梁的嵌锚固

木，当悬臂梁被打入石孔时，楔形木也顶入楔形槽内，使石孔内的木梁产生膨胀挤紧石壁，于是牢牢嵌固于孔内，见图 4-38。这种做法的原理类似于现代的膨胀螺栓，但是却诞生于千年以前，使我们深深感叹

于古人的智慧。

木材的拼合技术也始于古代，在清代粗大木材日渐稀少的情况下，木材黏合使用也日臻成熟。一些木柱用小尺寸材料拼合，由牛筋熬制的有机胶黏接后，再用金属箍箍成一个整体的柱子，外表用腻子和油漆装饰，从外观上看不出拼合痕迹（参见图5-32）。

4.4.2　古代的地基与基础

中国古代地基，长期沿用夯土、桩基处理。由于房屋结构以梁柱结构为主，基础中最重要的是柱基础，墙体由于不承重，一般直接置于台基基础上。

夯土是提高地基承载力的最简单的措施。泥土中的空隙经过夯的动作之后被压缩，土体变得更结实。考古发现，我国最早在龙山文化时期已运用夯土的技术，表明我国古代劳动人民很早就对建筑地基处理的重要性有所认识。西汉修筑未央宫时对地基土处理的方式除了夯土外，还将土在夯实前以大锅翻炒，杀灭各种虫卵和草籽。古代重要建筑与墓室夯土加固时，往往还掺加石灰和糯米汁等胶凝材料。

台基基础往往由多层夯实层组成，具体做法留存的文献记载并不多。20 世纪 90 年代，故宫博物院在开挖修缮地下管道沟的过程中，对明代宫殿建筑基础进行了探查，三大殿下台基基础分层如图 4-39 (a) 所示。最下一层卵石层距离台基表面 9.17m，基坑边缘向台基边缘扩张 7m。其中卵石层的做法不见于记载，是历史上首次发现；至于三大殿下是否还有木桩基尚不清楚。但在西华门、慈宁宫等基础下发现了柏木桩。桩直径 20～23cm，纵横间距为 45cm 和 35cm，木桩上有密集的纵横排木，以防止建筑不均匀沉降（图 4-39b）。西安唐荐福寺小雁塔修缮时也发现纵横地基木梁，相信这是古代重大建筑的通用做法。

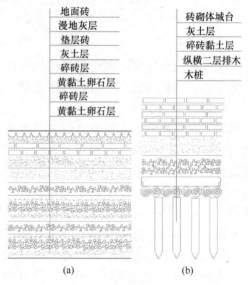

图 4-39　紫禁城建筑台基基础示例

(a) 紫禁城三大殿台基基础局部；
(b) 紫禁城西华门墩台基础

古代柱基础置于台基基础上。中国古代柱主要为木柱，其基础称柱础石，俗又称磉（音 sǎng）盘，此外它还有其他名称❶。它是承受屋柱压力的垫基石，凡是木架结构的房屋，可谓柱柱皆有，缺一不可。古代人为使落地屋柱不潮湿腐烂，在柱脚上添上一块石墩，就使柱脚与地坪隔离，起到绝对的防潮作用；同时，又加强柱基的承压力（图 4-40）。安阳殷墟发现的石础，其上已有雕刻。春秋末期还有以铜为柱础的记载。❷

桩基础是一种古老的基础形式，早在 7000～8000 年前的新石器时代，人们为了防止

---

❶　宋《营造法式》第三卷："柱础，其名有六，一曰础，二曰礩（zhì），三曰舄（xì），四曰踬（zhì），五曰碱（zhú），六曰磩，今谓之石碇。"

❷　战国策："智伯攻赵襄子，襄子之晋阳，谓张孟谈曰：'吾城郭完，仓廪实，铜少耐何？'孟谈曰：'臣闻董安于之治晋阳，公之室皆以黄铜为柱础，请发而用之，则有余铜矣'。"

猛兽侵犯，曾在湖泊和沼泽地里栽木桩筑平台来修建居住点。在浙江省河姆渡原始社会居住的遗址中发现了中国最早的桩基。到宋代，桩基技术已经比较成熟。在《营造法式》中载有临水筑基一节。从北宋一直保存到现在的上海龙华镇龙华塔（建于北宋太平兴国二年，977 年）和山西太原市晋祠圣母殿（建于北宋天圣年间，1023～1031 年），都是采用桩基的古建筑。清代《工部工程做法》一书更是对桩基的选料、布置和施工方法等方面都作了具体规定。

图 4-40 古代柱础

4.4.3 中国古代高层结构

古代高层建筑除了宫殿中的楼宇，主要是佛寺内的塔。最早的塔都是木结构，然而，早期木结构采用卯榫连接很难保证严丝合缝，加之不重视柱与柱之间的横向连接布置，当结构为多、高层时结构侧向位移很大，需要采取措施提高结构的侧向刚度。

北魏洛阳永宁寺塔高达 130 余米❶，是中国古代第一高楼。其提高塔身侧向刚度的措施是建造 20m×20m 的实体塔心柱，该塔心柱系夯土加木柱构成，见图 4-41。因为这种做法与唐以后的做法相去甚远，故难为后人所识，那个巨大的残存夯土塔心柱长期被盗墓贼视为帝王墓的封土，掘了数十个盗洞，直至现代考古才确认是永宁寺塔遗址。塔心柱内木柱承受竖向荷载，夯土实体承受侧向荷载。根据近年考古挖掘，底层塔心柱外围以 124 根 0.5m×0.5m 的木柱分作五圈排列，组成方形柱网。方柱之下皆垫以 1.2m×1.2m、厚 0.6m 的柱础石。按照现代结构的眼光，该结构平面上有些类似现代的框架—筒体结构，只不过这个所谓的“筒体”是实心的。永宁寺塔在建成 18 年之后毁于雷电引发的大火，百米高楼烈焰如炬，以当时的技术能力无法扑救，寺内僧人望之顿足嚎哭，其中三人奋而投火殉塔，场面蔚为惨烈。这也是古代木结构高楼常遇之噩运。

图 4-41 北魏洛阳永宁寺塔
(a) 塔平面；(b) 遗址现场；(c) 复原图（来自网络）

---

❶ 关于永宁寺塔的高度，北魏杨衒之撰著的《洛阳伽蓝记》称：“举高九十丈，上有金刹，身高十丈，合去地一千尺。”北魏郦道元撰著的《水经注》云：“浮图下基方十九丈，自露盘下至地四十九丈。”《魏书释老传》则说：“永宁寺浮图九层，高四十余丈。”近年参考考古发掘资料，认为《水经注》所记塔高四十九丈是相对可靠的数据，如取北魏前尺折合今 27.9cm 计算，四十九丈当折 136.71m。如此之高的佛塔曾是何等壮观，难怪当年“离京百里已遥见之”。建造这样高的木塔，在中国建筑史上是绝无仅有、空前绝后的，即使在今天只使用土木等自然材料重建亦绝非易事，那么，对 1500 年前的建筑工程技术而言，不能不说是一个奇迹。

从北魏开始，就出现了砖塔形式。到唐代，佛塔大都采用砖石砌筑外墙，内部搭建木框架作为楼层，例如西安大雁塔就是如此。五代十国后，又出现外墙和塔心柱都是石砌的佛塔，塔心柱先是实心的，后演变为空心的，例如虎丘塔（图4-42）。这说明古人已经从直觉上意识到，刚度主要与布置在距离中性轴较远的材料有关，与靠近中性轴的材料关系不大。更多详细内容在砖石结构一节介绍。

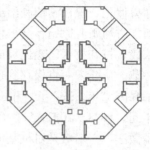

图4-42　虎丘云岩寺塔平面

改进高层木结构抗侧移能力的努力也一直在进行并取得了进展。辽代建筑应县木塔时，人们已经不再如永宁寺塔那样利用实体塔心柱提高侧向刚度了，而是通过斗栱等构件加强木结构整体性，见图4-43。应县木塔各层上下柱不直接贯通，而是上层柱插在下层柱头的斗栱中（称为"叉柱造"），这是唐宋时期建筑结构的重要特征。柱子之间砌筑有厚实的墙体，这些墙体能作为剪力墙发挥作用。尤为有意义的是，在暗层中如现代钢框架一般设有斜撑（剪刀撑），大大强化了构架对水平冲击波反复作用的抵抗能力，增加了构架的侧向刚度；木塔平面是规则的正八角形，利于抵抗地震波产生的扭曲力；立柱侧脚、平面逐层缩小，有效地降低了塔的重心，并使整体结构重心向内倾斜，增强了塔的稳定性。

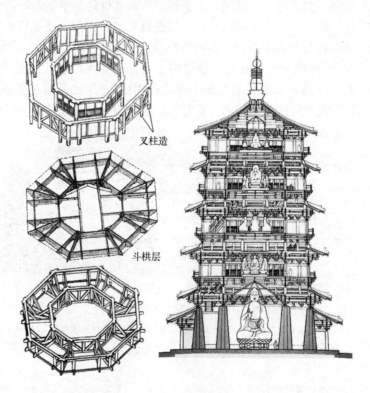

叉柱造

斗栱层

图4-43　应县木塔结构及剖视图

（傅熹年. 中国科学技术史（建筑卷）. 北京：科学出版社，2008.
刘敦桢. 中国古代建筑史. 北京：中国建筑工业出版社，1980）

4.4.4 古代砖石承重结构

砖石承重结构在中国最早用于墓室，在河南洛阳发掘的战国时期墓室结构中，发现了板梁式空心砖。除了板砖拼成矩形截面的墓室形式外，还有用两斜砖相抵构成三角拱和以三块空心砖两斜置一平置斗合成盝顶墓室的做法，参见图4-44。这种墓室到西汉出现已经比较多了。在圆形拱顶之前，还出现过折形拱的墓室形式。

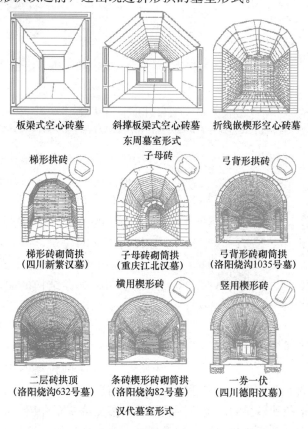

图 4-44　古代墓室拱券

(摹自：傅熹年. 中国科学技术史（建筑卷）. 北京：科学出版社，2008)

拱券的砌筑材料有石材和砖材，后来渐渐出现了筒形拱或拱壳穹隆的墓室（可参见第9章）。石拱券自地下转用到地上，首先是用在桥梁上（见第8章），而砖拱券在地面上则经历了一个漫长的过程。最初只用在砖塔及某些建筑的门、窗、壁龛上，或作为塔层间的楼面承托结构，一般规模、跨度都不大。大跨度的砖拱券，用在城门洞、桥涵以及建筑的承重结构，多出现在明朝以后。到明代，一些有皇家背景的佛寺，感觉用木结构建筑保存佛经不够安全，创造了砖砌拱券结构的无梁殿建筑，见图4-45；其主体结构由砖拱券构成，室内空间为一大型砖拱，前后在垂直方向再砌出若干小砖拱券作为门或窗用，外部出檐、斗栱、檩枋等均以砖石仿照木构件式样制作，上面覆以瓦屋面。较早实例以明代南京灵谷寺无梁殿为代表；北京紫禁城旁边保存皇家档案的皇史宬，也是很著名的无梁殿实例。

砖拱券砌筑方式有用立砖砌筑的单层拱券、双层拱券和多层拱券，又常常在每层拱券上加砌卧砖，宋代称这层砖石为"缴背"，清代则称"伏"；以后，这种券和伏交替的砌筑

(a)   (b)

图 4-45　全砖结构——无梁殿

（a）五台山显通寺无梁殿外观；（b）南京灵谷寺无梁殿内部

(a)   (b)

图 4-46　砖拱券之券和伏交替的砌筑方法

（a）一券一伏实例；（b）三券三伏实例

方法成了砖、石拱券结构普遍采用的砌筑方式。根据砖拱券跨度与荷载的大小，决定砌筑券和伏的层数，见图 4-46。明清时期，使用券与伏的数量，成为建筑等级的标志之一，如最高等级的建筑，可以用到五券五伏的形式，个别工程中也有用七券七伏的。

早期砖拱券结构的曲率比较平缓，后来变成一个标准的半圆形券。明代以后，用高跨比大于 0.5 的拱已经比较常见。清代《工部工程做法》中规定的发券形式的高跨比为 0.55。这种比例较高的拱券形式，不仅受力更为合理，而且视觉上也十分舒展和适宜，是结构与造型艺术结合的恰当例证。

砖石连接方式是各种各样的。砌筑用胶结材料参见第 2 章介绍。而一些石拱券，有时则以铁件协助连接石块，例如赵州桥石拱券就采用燕尾铁连接。这种连接方式是在需要连接的两个石块之间凿出燕尾状石槽，再在一对石槽中塞入与石槽同样形状与尺寸、中间小两头大的燕尾铁（图 4-47）；燕尾铁连接件可以承受拉力，在除石拱券之外的其他石材砌筑工程中也常采用，例如承受水冲击力的石砌水坝。此外，中国古代还有一种高级砌筑工艺称为"磨砖对缝"，在对砌筑墙体美观要求较高时采用。所谓"磨砖对缝"即将毛砖砍、磨成边直角正的长方形等，砌筑成墙

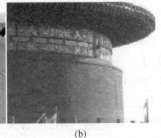

(a)   (b)

图 4-47　高级砌筑工艺

（a）燕尾铁连接的石材砌筑；（b）磨砖对缝墙面

时，砖与砖之间干摆后灌浆（糯米浆加鸡蛋清、牛血等）黏结，墙面不挂灰、不涂红，整个墙面光滑平整，严丝合缝。

4.4.5 砖石佛塔

中国古代佛塔起源于印度"窣（音 sū）堵波"，在公元 1 世纪佛教传入我国以前，甚至没有"塔"字。当梵文的 stupa 与巴利文 Thupo 传入我国时，曾被音译为"佛图""浮图""浮屠"等。

印度窣堵波是一种半球状的坟堆，上面以方箱形的祭坛和层层伞盖组成坟顶（图 4-48），早在释迦牟尼以前就已存在。因释迦牟尼遗骨分葬在多座窣堵波中，故窣堵波就具有了宗教纪念意义。亦被意译为"方坟""圆冢"，直到隋唐时，翻译家才创造出了"塔"字沿用至今。佛教在公元前 2 年传入中国内地时，中国的木结构建筑体系已经形成，汉武帝时就已建造过迎候仙人的"重楼"，当时人们又常以神仙的概念来理解佛，所以，佛塔从很早起就开始了以传统重楼为基础的中国化过程。

我国的佛塔两汉南北朝时以木塔为主（木塔见前面介绍），现存最早的砖塔是北魏正光四年（公元 523 年）建于河南登封的嵩岳寺塔，见图 4-49。其平面是少见的十二边形，塔高 39.5m，底层直径 12.6m，壁厚 3.3m，中间是一个 5m 直径的空腔。它也是最早的密檐塔。

(a)　　　　　　　　(b)

图 4-48　印度窣堵波　　　　　图 4-49　河南登封的嵩岳寺塔

砖石塔一般由地宫、基座、塔身、塔刹（塔顶伞盖）组成。登塔眺望是我国佛塔的功能之一。塔的层数为单数，所谓救人一命，胜造七级浮屠，就是指七层塔。

唐宋时，砖石塔得到了发展。砖塔按类型可分为楼阁式塔、密檐塔、喇嘛塔、金刚宝座塔、宝箧（qiè）印塔等，见图 4-50。

隋唐多层砖塔平面一般是正方形。有一种是砌出各层柱、额、门窗、斗栱、屋檐的楼阁形塔，如西安慈恩寺大雁塔；另一种是其上重叠多层塔檐的密檐塔，如西安荐福寺小雁塔。这两种都是方形、只有外壁的空腔型塔，内部架设木楼层，差别主要在外形。楼阁式塔仿多层木塔的形式，体形端庄；密檐塔只有底层有较高的塔身，之后塔檐层层密布，呈抛物线形上收，曲线秀美流畅，见图 4-50。古代将墙面垒砖（石）凹入凸出称为"涩浪"，阶梯状"涩浪"称为"叠涩"（图 4-49b）。砖石塔的屋檐往往挑出叠涩砌成，而且向内挑出叠涩承木楼板。荐福寺小雁塔奇特之处在于自内壁挑出斜行向上的叠涩，作为绕内壁向上的楼梯，这种做法中国仅见此一例。

到五代时，在江南吴越国境内出现一种平面呈八角的楼阁式塔。其与唐代楼阁形塔显

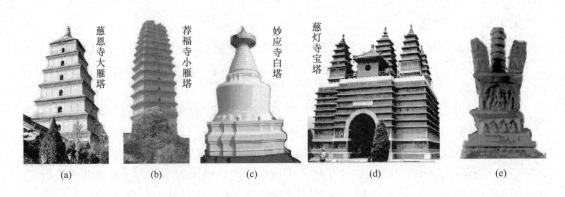

图 4-50　各种佛塔形式

(a) 楼阁式塔；(b) 密檐塔；(c) 覆钵状塔 (喇嘛塔)；(d) 金刚宝座塔；(e) 宝箧印塔

著不同之处除平面八角形外，内部不再是空腔。塔心内部有两种处理方法：其一中心为柱墩，四周为砖砌筒壁，两者间以砖叠涩或斗栱出挑相连构成一层层楼板，同时在塔壁之外挑出平座，供登塔者观览。塔内楼梯作旋心式或穿心式。其二塔有内外两环塔壁，内环围成塔心室，外环与内环间为回廊。廊中布置登塔阶梯。楼板用砖发券做成。例如江苏苏州云岩寺虎丘塔 (图 4-42)、苏州报恩寺塔、杭州六和塔。这几座塔皆为八角形平面楼阁式塔。

宝箧印塔模仿印度塔的式样，是中国古塔中的一种特殊形式，见图 4-50。又因它是受古印度孔雀王朝国王阿育王造塔故事的启发而建造的，也叫阿育王塔。它体量较小，只有单层。

到元代，来自西藏的活佛八思巴被忽必烈尊为国师，藏传佛教深深影响汉地，一种形状更接近印度窣堵波的覆钵状塔 (又称喇嘛塔) 出现在中原地区。如始建于元代的北京妙应寺白塔，该塔高 51m，为通体洁白砖石结构，是尼泊尔的工艺师阿尼哥所设计的。

图 4-51　南传佛教的笋塔

明代出现了一种特殊的塔形，是仿印度菩提伽耶金刚宝座塔 (佛成道的地方) 而设计的金刚宝座塔。即在一长方形的高台上建立五座正方形的密檐塔，见图 4-50。

上述几种塔的形式，是沿丝绸之路传入我国的大乘佛教 (称北传佛教) 所构成的形式。在我国云南少数民族地区，盛行由东南亚地区传入的小乘佛教 (也称南传佛教)，该地区流行一种笋塔，呈塔林状，塔林由大小 9 座白塔组成，这 9 座塔均建在圆形基座上，中间为主塔，雄伟挺拔。其余小塔分列八角，形似莲花，宛似群星拱月，壮丽奇特，见图 4-51。

4.5　中国古代建筑装饰

4.5.1　建筑三雕

中国建筑三雕是对木雕、砖雕、石雕的统称。三雕构成了中国建筑装饰许多丰富多彩的内容。

建筑木雕源于何时，一直没有定论，但据史料记载，战国时期的建筑就有"丹楹刻桷"的常规做法，可见其历史之久远。宋代《营造法式》中记载了关于建筑木雕的详细做法和图样，说明在五代两宋时期，建筑木雕的发展已相当成熟。至明清两代，木雕技艺相当高超，建筑木雕向立体化方向发展，见图4-52。从表现形式来分，有镂空雕刻、浮雕、浅雕、立体圆雕和镂空贴花雕刻。

图4-52　民间建筑木雕

建筑砖雕分为砖门楼、影壁，墀（chí）头、墙饰，砖塔、牌坊等。有人把瓦当、脊兽也归入砖雕范畴。

中国古代的砖在烧制时往往印有纹饰。在秦都咸阳宫殿建筑遗址，以及陕西临潼、凤翔等地发现众多的秦代砖，除铺地青砖为素面、字纹外，大多数砖面饰有太阳纹、米格纹、小方格纹、平行线纹等，唐以后砖压印纹饰逐渐被砖雕墙面替代（图4-53）。

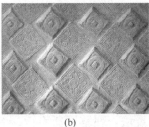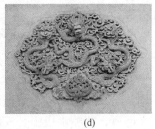

(a)　　　　　　　　　(b)　　　　　　　　　(c)　　　　　　　　　(d)

图4-53　各种建筑砖雕

(a) 秦宫地砖，刻有"海内皆臣，岁登成熟，道毋饥人"字样；(b) 秦砖上的纹饰；

(c) 唐安阳修定寺塔墙面砖雕；(d) 颐和园的砖雕大影壁

瓦当上纹饰更是丰富。瓦当即筒瓦之头，主要起保护屋檐不被风雨侵蚀的作用，同时又富有装饰效果，使建筑更加绚丽辉煌（图4-54）。瓦当有着强烈的、不同时代的艺术风格。秦代瓦当，绝大多数为圆形带纹饰，纹样主要有动物纹、植物纹和云纹三种。汉代瓦当，除常见的云纹瓦当外，大量的则是文字瓦当，反映当时统治者的意识和愿望，如"千秋万岁""汉并天下""万寿无疆""长乐未央""大吉祥富贵宜侯王"等。这些文字瓦当，字体有小篆、鸟虫篆、隶书、真书等，表现出独特的中国文字之美。

脊兽是中国古建筑的屋脊上装饰的造型精美的神兽形象，它们按类别分为"仙人"、跑兽、垂兽及鸱（chī）吻，合称"脊兽"。

所谓仙人是一个骑鸡的小人。据说指姜子牙的妻弟，在周分封诸侯时企图借姜谋取高位被姜劝阻，谓其能力有限，向前走很危险。故仙人被置于屋脊最前方，寓指前临深渊，不可不谨慎（图4-55）。

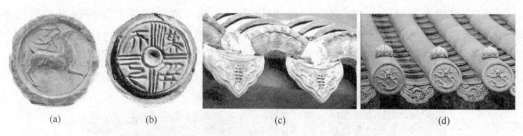

图 4-54　秦、汉瓦当以及明、清民间瓦当与皇家瓦当
（a）秦鹿纹瓦当；（b）汉并天下瓦当；（c）民间瓦当；（d）皇家瓦当

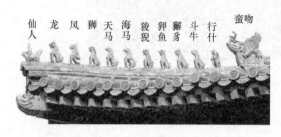

图 4-55　太和殿的跑兽、垂兽、仙人

跑兽最多有 10 个，分布在房屋两端的垂脊上，见图 4-55。这些跑兽的设置有不同的寓意。龙是皇权的象征；凤是鸟中之王，是吉瑞之象，比喻有圣德之人；狮子代表勇猛威严，群兽慑服；天马、海马是吉祥的化身，能通天入海，畅达四方；狻猊（suān ní），是传说中能食虎豹的猛兽；狎（xiá）鱼是海中异兽，传说是驾云降雨，灭火防灾的能手；獬豸（xiè zhì）是古代传说中的一种独角异兽，能辨曲直，寓意公平清明；斗牛也称蚪牛，是龙的一种，可除祸灭灾；行（háng）什是带着翅膀的猴面人像，是压尾兽。

垂兽单指蛮吻，也叫嘲吻，传说它好高骛远，喜欢登高眺望，所以把它放在跑兽的上端，见图 4-55。

古建筑正脊两端，以嘴咬屋脊的兽头，称为鸱吻，见图 4-56。传说龙生九子，各个不同，是龙与九样灵兽繁衍的混血儿，鸱吻和前面提到的狻猊、蛮吻都在其中。据称鸱吻住在南海，能喷水成雨。汉武帝时依据术士的说法，在宫殿正脊两端装饰鸱吻寓意镇火，后沿袭成制。鸱吻的背上插有一把短剑，相传是晋代名道士许逊之物，插在鸱吻背上以防逃跑，使其永远喷水镇火。另据说妖魔鬼怪最怕许逊这把扇形剑，放在鸱吻上还有避邪之意。明清鸱吻的形式大多如图 4-56 所示。

佛教里奇数表示清白，故屋脊上装饰的跑兽大多是奇数。明清时期，全国除皇宫太和殿的跑兽用 10 个外，其他建筑上都用奇数，数目因建筑的等级而相应增减。北京天安门、曲阜孔庙大成殿、承德外八庙大雄宝殿等有 9 个跑兽。在州县的建筑中，带有龙、凤的很少，数目一般都在 5 个以下。

建筑石雕最常见的表现物当属石狮。佛教传入中国后，因佛经对狮子的崇拜，故其也被国人视为高贵的"灵兽"，初为印度传入雕刻石狮子的艺术所雕造，并且多陈列于墓前，称之为"辟邪"。石狮与建筑物相伴作为官衬威势的象征，则始于宋代。在宫殿、府第、衙门的大门旁，几乎都有一对石狮子或铜狮子，甚至在门楣、檐角、门枕石和石栏杆等建筑部位，都雕刻着姿态各异的石狮子作装饰，既显示了封建君主和官僚的"尊贵"和"威严"，又烘托出建筑物的雄伟。到明代，普通人家也可装饰石狮子。作为石雕刻表现素材的还有龙凤、貔貅或其他灵兽、花草、历史或宗教故事等（图 4-57）。

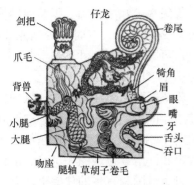

图 4-56　明清流行的鸱吻形式

（摹自：侯幼彬，李婉贞. 中国古代
建筑历史图说. 北京：中国建筑工
业出版社，2002）

图 4-57　建筑石雕刻之石犼、石狮、石莲座

关于建筑雕刻表现的各种灵兽，源自各种民间传说。在古代中国，工匠的文化程度普遍不高，一些传说在他们的口口相传中，灵兽的名称和典故也出现有不同的表述❶。

4.5.2　鲜艳的图案与天花板

彩绘是中国传统建筑装饰重要的组成部分。注重色彩表现是中国古代建筑的特点之一，根据有关资料记载："夏后氏尚黑""殷人尚白""周人尚赤"。早在殷商时期已经开创了装饰壁画的先例。《礼记》中记载周朝宫殿建筑物设色"楹（yíng）天子丹、诸侯黑、大夫苍、士黈（音 tǒu）"。木构件上的彩画原是为木结构防潮、防腐、防蛀，后突出其装饰性，宋以后彩画已成为宫殿不可缺少的装饰艺术。彩绘按建筑等级分为以下三种：

（1）和玺彩画：是彩绘形式中最为高级、最为尊贵的，主要用于宫殿、坛庙等大型建筑物的主殿。梁枋上的各个部位用"ΣΣ"线条分开，主要线条全部沥粉贴金，看起来非常华贵。和玺彩绘根据描绘内容分为"金龙和玺（图 4-58a）""龙凤和玺""龙草和玺"三种。❷

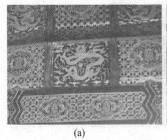
(a)

(b)

(c)

二维码4-3　建筑彩绘

图 4-58　建筑彩绘

（a）等级最高的金龙和玺；（b）锦纹和龙纹旋子彩画；（c）苏式历史故事彩画

---

❶　按照明李东阳《怀麓堂集》的说法是："龙生九子不成龙，各有所好。囚牛：平生好音乐，今胡琴头上刻兽是其遗像。睚眦：平生好杀，金刀柄上龙吞口是其遗像。嘲风：平生好险，今殿角走兽是其遗像。蒲牢：平生好鸣，今钟上兽钮是其遗像。狻猊：平生好坐，今佛座狮子是其遗像。霸下：平生好负重，今碑座兽是其遗像。狴犴：平生好讼，今狱门上狮子头是其遗像。负屃：平生好文，今碑两旁文龙是其遗像。螭吻：平生好吞，今殿脊兽头是其遗像。"

❷　清代彩画中的龙分为真龙和夔龙。真龙的身体有清晰的头、腿、爪、尾、鳞等纹饰。夔龙的身体不是写实的龙身，而是由卷草形状构成抽象的龙纹饰，也叫草龙。龙草合玺的龙是草龙。

图 4-59 八角形藻井及其上彩绘

（2）旋子彩画：等级次于和玺彩画。因画面用简化形式的涡卷瓣旋花，故称旋子；有时也可画龙凤，两边用"ΣΣ"框起，可贴金粉，也可不贴金粉。一般用于次要宫殿或寺庙中（图 4-58b）。

（3）苏式彩画：苏式彩画原为江南苏杭地区的民间传统做法，在清乾隆年间传到北方，故名为"苏式彩画"。彩画内容多以各式锦纹图案为主要题材，也画民间传说、历史故事和江南景色（图 4-58c）。清代规定，苏式彩绘用在皇家范围和官吏的住宅上，至于庶民百姓的住宅，只准许漆门窗，不许施以彩绘。

藻井是中国传统建筑中天花板上的一种装饰，在传统观念上藻井是一种具有神圣意义的象征。只能在宗教或帝王建筑中应用，一般都在寺庙佛座上或宫殿的宝座上方，是平顶的凹进部分，有方格形、六角形、八角形或圆形，上有雕刻或彩绘。之所以称"井"，除了形状相似外，还含有五行以水克火，预防火灾之义（图 4-59）。

4.6　中国传统民居

中国民居主要有木构架庭院式住宅和"四水归堂"式住宅两种形式，此外还有分布在中国中西部的河南、山西、陕西、甘肃、青海等黄土层较厚的地区的窑洞，赣闽粤地区的客家围楼，西南少数民族地区的竹木干阑式住宅（上层住人，下层养牲畜，见图 4-60a），青藏高原的碉房（因其用土或石砌筑，形似碉堡，故称碉房。碉房一般为 2~3 层。底层养牲畜，楼上住人，见图 4-60b），蒙古高原上的蒙古包。

二维码4-4　民居形式（一）

二维码4-5　民居形式（二）

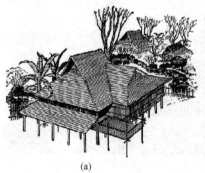

(a)

(b)

图 4-60　边疆少数民族地区的部分民居

（a）西南少数民族地区的竹木干阑式住宅；（b）藏族碉房（图片来自清华大学建筑学院资料室）

"四水归堂"式住宅是中国南部地区的住宅，见图 4-61。其平面布局同北方的"四合院"大体一致，只是一般布置紧凑，院落占地面积较小，以适应当地人口密度较高、要求少占农田的特点。因为远离政治中心，对房屋规制的要求不同于北方地区，故住宅的大门多开在院落的中轴线上，迎面正房为大厅，厅多敞口；院子较小，称为天井，仅作排水和采光之用。天井内，雨天屋顶内侧坡的雨水从四面流入天井，所以这种住宅布局俗称"四水归堂"，有"肥水不流外人田"的寓意。后面几进院的房子多为楼房，天井更深、更小些。屋顶铺小青瓦，室内多以石板铺地，以适合江南温湿的气候。

木构架庭院式住宅是中国传统住宅的最主要形式，北京四合院是其代表。

图 4-61　"四水归堂"式住宅之天井

北京四合院一般都分内、外院，有三个以上内院的是大四合院，为府邸、官衙用房，习惯上称作"大宅门"；中型四合院有两个内院，可称为宅子；小四合院只有一个内院。四合院一般是一户一住，但也有多户合住一座四合院的情况，称为"大杂院"。

图 4-62　北京小四合院的院落布局

小四合院如图 4-62 所示。院内最重要的房间就是正房。祖宗牌位及堂屋设在正房的中间，它在全宅中所处地位最高；长、宽、高尺度上也都大于其他房间。正房的开间一般为三间，中间为祖堂，东侧往往住祖父母，西侧住父母，体现尊左的习俗。东厢房住长子、三子；西厢房住次子、四子。正房两侧大都再建耳房，耳房比正房尺度稍小，耳房前面正对的是东西厢房的北山墙，两者之间恰好形成一对小院子，称为跨院。文人一般将书房设在耳房。正房后面的一排房屋叫做后罩房，一般是女儿及女佣所居住的地方。院子最南端的一排门朝北的房间，被称为倒座房。倒座房最东为私塾，依次为门房或男仆居室、大门、会客间，最西边是厕所。前院和内院用垂花门和院墙相隔。外人来访可以引到前院的南房会客室，而内院则是自家人生活起居的地方，外人和自家的男仆一般不得随便出入。所谓"大门不出，二门不迈"之"二门"即指垂花门。之所以称为垂花门，是因为门前有两根不落地的垂莲柱（图 4-63a）。

影壁又称为照壁，其可遮挡大门外人们直视院内的视线。按风水学说法，建影壁可使气流绕影壁而行，聚气则不散，另外可起挡住冲煞杀气的作用。

图 4-63　垂花门
（a）门正面；（b）门背面

自古中国院落的大门位置和建造形式有严格等级规范，不可僭越，这也是所谓门第观念的由来。北京四合院住宅的大门，从建筑形式上可分为两类：一类是由一间或若干间房屋构成的屋宇式大门；另一类是在院墙合陇处开门洞装门扇形成的墙垣式门。设屋宇式大门的住宅，一般是有官阶地位或经济实力的社会中上层阶级；设墙垣式大门的住宅则多为社会下层普通百姓居住。

屋宇大门分王府大门、广亮大门、金柱大门、蛮子门和如意门五等（图 4-64）。除王府大门外，其他大门都不能位于院中央，而是位于宅院的东南角，参见图 4-62；这点与远离政治中心的南方"四水归堂"式民居有所不同。

所谓王府大门，为皇亲贵族所使用，大门坐落在贵族宅院中轴线上，宏伟气派，通常有五间三启门和三间一启门两等。清顺治九年规定亲王府正门广五间，启门三……每门金钉六十有三……世子府门钉减亲王九分之二，贝勒府规定为正门五间，启门一。到晚清时，许多亲王府大门都是正门三间，见图 4-64。

广亮大门仅次于王府大门，占据一间房的位置，见图 4-64。其有较高的台基，门口比较宽大敞亮，门扉开在门厅的中柱（屋脊下的柱子）之间，大门檐柱之下安装雀替、三幅云一类既有装饰功用，又代表主人品级地位的饰件，门口有上马石。

把门扇设置在门房金柱的位置上，叫做金柱大门（房子最外侧的柱子是檐柱，支持屋脊的叫中柱，位于檐柱和中柱之间的便是金柱），见图 4-64。这种大门的过道是门外浅门内深。一般它的规制与广亮大门很接近，虽不及广亮大门深邃庄严，仍不失官宦门第的气派。

蛮子门的门框和门扇装在檐柱的位置上，见图 4-64。这样门的气势显然要比广亮大门和金柱大门降低。之所以称为蛮子门，源于元代把人分为四等，依次为蒙古人、色目人（西域人及藏人）、北方汉民、南方汉民；南方汉人最后才臣服元朝的统治，因此等级最低，被蔑称为南蛮。生活在北京地区的南方人政治地位低，但是往往经济实力强，其宅院门的式样后被人称为蛮子门。

如意门的门口也设在外檐柱间，它是在蛮子门的基础上，将大门开间正面全部用砖墙遮挡，只留出两门扇，门口比较窄小，这样显得大门等级更低，见图 4-64。在如意门的门楣与两侧砖墙交角处，常做出如意形状的花饰，以寓意吉祥如意，故取名"如意门"。如意门里居住的一般是无实际官职，但却生活殷实富裕的士民阶层。清代一般旗人往往居住在如意门宅院里。

除上述数种屋宇式大门外，在民宅中常采用墙垣式门。墙垣式门最普遍、最常见的形式是小门楼形式，见图 4-64。虽然模仿屋宇式门，但开间和进深都达不到一间房屋的要求。

中国建筑讲一个势、一个组合的概念，它不是一个单体。梁思成有一个比喻：看西方

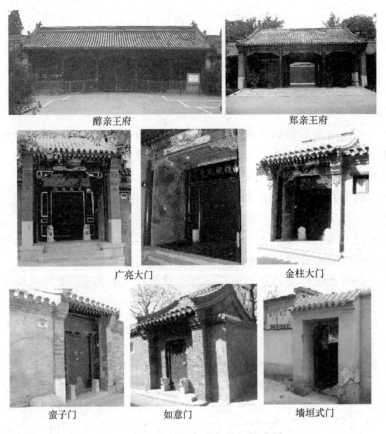

醇亲王府   郑亲王府

广亮大门   金柱大门

蛮子门   如意门   墙垣式门

图 4-64 北京四合院各种门的式样

建筑就像看油画，站在一个距离刚好去观赏它，看中国建筑就像是看卷轴画，徐徐展开，逐渐展开才能看全面。远看院落，近看斗栱、砖雕、彩绘等。中国的建筑艺术观念最强调的不是"美"，而是"巧"，比如巧夺天工、小巧玲珑、鬼斧神工、独具匠心、妙若天成等。中国人的建筑艺术审美趣味，在于创作上的精妙和灵巧。

思　考　题

(1) 中国古代建筑的特点是什么？有何组成要素？房屋的柱梁体系有何分类？

(2) 中国古代房屋有哪些屋顶形式？各用于什么场合？其等级如何划分？

(3) 中国古代各时期的建筑、结构各有什么特点？斗栱在其中发挥什么作用？

(4) 中国古代城市选址一般考虑什么因素？依据什么理论对城市进行规划？什么是里坊制？何时消失？

(5) 中国古代怎样处理建筑的基础？什么时候有了拱券结构，拱券的等级如何划分？

(6) 中国古代高层结构都有什么样的结构形式？

(7) 中国古代佛塔如何分类？塔在风水学说中有何作用？

(8) 中国古代建筑都有什么装饰形式？等级上有何讲究？

(9) 中国古代民居有哪些种类形式？南北方住宅有何不同？

(10) 试叙述北京小四合院的组成。院门在中国传统文化中有何讲究？

第5章 现代建筑结构与建筑技术

预备概念:

(1) 应力:承受荷载的材料或构件,其体内传递的力称为内力,其单位面积上所承受的内力的大小称为应力(压应力作用在表面,物理学上称压强;而在力学上,作用在表面及体内,单位同压强称应力,应力既可以是压应力,也可以是拉应力)。

(2) 强度:材料所能承受不至破坏的最大应力。

(3) 塑性:一种力学现象。举例说一个承重限值5kg的弹簧秤,如果它悬挂了6kg的物体,卸载后指针不再归零,也就是出现了不可恢复的变形,这种现象力学上称为塑性,能恢复的那部分变形称弹性变形,不能恢复的变形称为塑性变形。

(4) 松弛:如果上述弹簧秤拉长至某一指示刻度(例如4kg)长期保持不变,卸载后指针也不再归零(例如指示为1kg),这说明到最后阶段,弹簧内拉力只剩下3kg。这种材料在长期保持固定的变形以后,其内力随时间增加而减少的现象,力学上称为松弛。塑性和松弛现象不限于弹簧,任何材料在不同程度上都存在。现实生活中绷紧的晾衣钢丝,长期晾晒后绷紧程度会下降就是钢丝松弛的一个实例。

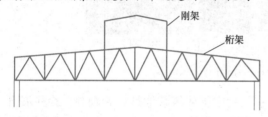

图5-1 屋架及附属天窗对应的力学概念

(5) 徐变:混凝土长期受压后,不可恢复的塑性变形随着时间增长而不断增长,导致卸载后材料长度变短的现象,在混凝土材料学中被称为徐变。

图5-1所示的现代屋架结构,在力学上被称为桁架。桁架虽然本身受弯,桁架内的杆件却只受拉力或者压力,不受弯曲。

屋架上的天窗部分,在结构上是框架结构,框架结构在力学上被称为刚架,刚架的杆件一般要承受弯曲。可以这样简单地认识刚架与桁架:桁架是由杆件组合成一系列三角形形成的结构,刚架则是由杆件组合成系列多边形形成的。

图5-1所示的屋架,各个杆件都在一个平面内,受力传力也都在一个平面内进行,这样的结构称为平面结构。相对于平面结构,还有一种空间结构,它的传力方向是三维的,这种结构的受力方式更加合理,往往能够获得比平面结构更大的无支撑跨度。举例说,一个拱是平面结构,一个穹顶(或一个蛋壳)就是空间结构。如果一个拱结构中间损坏了,由于传力途径消失了,结构就破坏了;而一个穹顶即使在顶部有一个窟窿(例如罗马万神庙或一个顶部磕了一个洞的蛋壳),因为是多向传力,结构依然工作。

建筑是由建筑材料构成的,但这种构成不是随意的,为满足建筑使用功能,往往需要为建筑在平面、高度上提供内部空间;因此,松散的建筑材料必须先形成板、梁、柱——构件;再由板、梁、柱构件按照一定规则组成构件体系——结构;结构是承担荷载、构成建筑内部空间的骨架,是确保建筑安全的屏障。

结构按照其材料区分,主要可以分为木结构、钢(金属)结构、砖石(砌体)结构、混凝土结构等；按照跨越空间时的受力状况区分，又可以分为壳体（穹隆）结构、拱券结构、梁式结构、悬挑结构、框架结构等；按照建筑高度，又可以区分为单层、多层和高层结构。本章主要沿着历史介绍各种结构的发展脉络，中间穿插材料、高度、受力等不同视角。结构如果没有基础则成为无根之木，因此本章还将介绍结构的地基基础施工技术。

5.1 19世纪房屋结构的发展

5.1.1 金属结构建筑的崛起

土木工程在结构上取得革命性突破，往往在于新材料的应用。近现代结构工程的开启，可以归于金属材料首次成为房屋结构主体材料，改变了西方世界长期以砖石为主结构材料的面貌。

水晶宫与铸铁结构的建设是世界结构工程界的一个里程碑事件。

1849年，当时的英国经过工业革命，国力大增，拥有从亚洲到美洲、大洋洲广袤的殖民地，军事上击败了欧洲的拿破仑法国和东方的清帝国，成为世界上头号强国。为展示其进步和繁荣，倡议举行一个文明世界的万国博览会"The Great Exhibition of the Works of Industry of All Nations"，即现在的世界博览会。

为筹备博览会，英国于1850年7月宣布成立一个建筑委员会，开始征集博览会建筑设计方案，共有254个设计方案应征，这些方案大多沿用传统的砖石拱结构，外表庞大而室内狭小，均无法满足博览会要求。官方无奈地从中认可了其中一个方案，也被指连其所需的1500万块砖石也无法赶制，世博会似乎要流产了。眼看"山穷水尽"之时，一个名为约瑟夫·帕克斯顿的园艺师却带来了"柳暗花明"，他曾经受莲叶背面有粗壮的径脉呈环形纵横交错的启发，用铁栏和木制拱肋为结构，用玻璃作为墙和屋面，为女王搭建了一个新颖的温室。他根据建造这种植物温室的原理，提出了一个全铸铁结构的展馆设计方案，见图5-2。从图5-2c可见，水晶宫结构沿用拱结构形式，其铸铁主肋有点类似哥特教堂的六分拱，但拱顶非尖拱顶而是半圆形拱顶，并增加有一条脊肋。

(a)　　　　　　　　　　(b)　　　　　　　(c)

图5-2　水晶宫设计者与展馆内外观

(a) 水晶宫的外观；(b) 约瑟夫·帕克斯顿（1803～1865年）；(c) 水晶宫的内观

委员会认为，该方案结构骨架采用铸铁构件拼装而成，建筑结构新颖、简洁明快、建筑构件可以工厂预制，建成后的建筑本身就是工业文明的绝佳展示，施工快捷、布展面积大、基础荷载小、成本低廉，因而被委员会采纳。

展览馆建于伦敦海德公园内，建筑宽约124m，长约564m，共5跨，高3层，建筑面积约7.4万 m² 相当于梵蒂冈彼得大教堂的4倍，大部分为铸铁结构，全部支柱的截面积只占总建筑面积的1‰，共用去铁柱3300根，铁梁2300根，玻璃9.3万 m²，9个月全部完工，成为当时世界上最大的单体建筑。外墙和屋面均为玻璃，整个建筑通体透明，宽敞明亮，故被誉为"水晶宫"。

1851年5月1日伦敦世界博览会开幕，来自世界各地的前后600万参观者都赞扬金属架玻璃形成的广阔透明空间，不辨内外，目极天际以及莫测远近的气氛。这种特色是任何传统建筑所达不到的境界，无人不欣赏这一奇观。水晶宫在新材料和新技术的运用上达到了一个新高度，实现了形式与结构、形式与功能的统一，向人们预示了一种新的建筑美学质量，其特点就是轻、光、透、薄，开辟了建筑形式的新纪元。有人描写在水晶宫里的感觉如同"仲夏夜之梦"，清朝官员张德彝在参观后曾形容说："一片晶莹，精彩炫目，高华名贵，璀璨可观。"相信是贴切精当的描写！

约瑟夫·帕克斯顿因为水晶宫设计而被女王册封为爵士。分析帕克斯顿成功的原因，应该说，维多利亚时代英国雄厚的工业实力为其方案的实现提供了基础，1850年，英国的钢铁年产量达到了250万 t，以往全铸铁的结构只用在为实现大跨度而不得不用铁的桥梁，现在终于开始大规模应用在房屋结构上了。另外，传统的建筑师习惯于自己的职业经验，往往在不知不觉中因循守旧，对新事物反应迟钝，从这个角度说，帕克斯顿在建筑业上的外行恰恰帮了他的忙。

水晶宫几乎成为永久建筑。1852年，其被移至肯特郡的塞登哈姆重新组装，1866年历经一次火灾后修复，1936年再次失火后彻底被毁。历经水晶宫的成功后，铸铁结构此后一发不可收拾，在欧洲被广泛用于火车站等需要较大公共空间的建筑。

桁架出现在19世纪初，当时在房屋建筑中以木桁架作为屋盖承重结构，木桁架各杆件之间采用铁连接板加销钉连接，参见图5-3（a）。由于承载力非常充裕，这时桁架尚没有形成系统的模式，甚至形式上与标准的桁架也有差距，参见图5-3（b）。应该说，是在桥梁领域中，桁架首先出现了一些固定模式和计算理论（见第8章）。而在房屋结构领域，固定模式出现得相对较晚，精确计算似乎也不那么迫切。早期屋架受压杆为铸铁，受拉杆

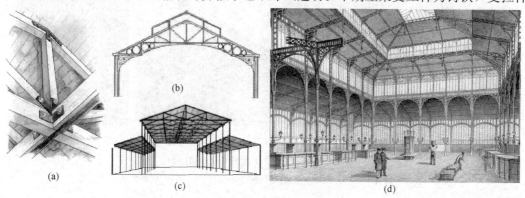

图 5-3 19世纪的铸铁结构

（a）桁架形式的木屋架；（b）铸铁屋架；（c）厂房熟铁桁架；（d）铸铁结构房屋

为锻铁。后来在工业厂房中，出现了锻铁的平面桁架，参见图5-3（c）。这样房屋跨度可以达到三四十米。

铸铁结构尤其在新兴的工业国家美国找到了发展空间。19世纪中叶以后，密西西比河沿岸地区出现了许多如图5-3（d）所示的铸铁仓库、作坊、厂房。到19世纪70年代，在美国还诞生了建筑上的所谓"芝加哥学派"和结构上的高层铁框架。

芝加哥学派与铁框架高层结构的出现时机与芝加哥的一场大火有密切关系。而这场大火的蔓延又与遍及芝加哥的铸铁房屋有关。

19世纪以前，芝加哥是美国中西部的一个小镇，得益于西部开发并位于东、西交通要道，其在19世纪后期急速发展，人口达百万。经济的兴旺发达、人口的快速膨胀刺激了建筑业的发展。就在这种背景下，芝加哥1871年发生了一场火灾；在此之前，在人们的观念中，普遍认为铸铁结构是耐火的结构形式，不料在这场大火起后，构筑房屋结构的铸铁居然在可燃物持续燃烧下熔化了，铁水横流之处引发火势蔓延，结果烧了约10km² 的城区，毁掉了全市三分之一的建筑，参见图5-4。此后，芝加哥房屋需大于供的矛盾进一步突出。

图5-4　火灾后的芝加哥呼唤快速重建技术

美国自从1776年建国以后，在建筑上长期没有自己的风格，往往是欧洲大陆上流行什么，他们就仿效什么。铸铁结构出现后，其施工快捷的特点非常迎合经济暴发户的口味，所以铸铁结构很快遍及美国城乡。芝加哥大火后城市重建需要简单快速的结构形式，于是，铁（或钢）框架、箱式结构的高层商业建筑在芝加哥集中出现了，见图5-5。由此，美国在建筑上终于有了自己的风格——"芝加哥学派"。他们是一个主要从事高层商业建筑设计的建筑师和建筑工程师的群体。由于当时争速度、重时效、尽量扩大利润是压倒一切的宗旨，传统的学院派建筑观念被暂时搁置和淡化了。这使得楼房的立面大为净化和简化。为了增加室内的光线和通风，出现了宽度大于高度的横向窗子，被称为"芝加哥窗"。高层、铁框架、横向大窗、简单的立面成为"芝加哥学派"的建筑特点。"芝加哥学

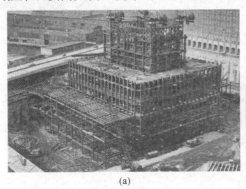

（a）　　　　　　　　　　　　　　（b）

图5-5　19世纪下半叶铁框架在美国大行其道

（a）在施工的铁框架结构；（b）世界第一座铁框架——芝加哥家庭保险公司大楼，原为十层，后两层系加层

图 5-6　芝加哥学派代表作——
C.P.S百货公司大楼

派"中最著名的建筑师是路易斯·亨利·沙利文，其代表作是芝加哥C.P.S百货公司大楼（图 5-6）。

在结构上，铁框架的立柱有时采用铸铁圆管，有时采用锻铁拼合成方管，而梁一般由锻铁制作。这些构件用角钢、螺栓、铆钉进行连接。框架本身足以承担重量，外墙已无承重功能；铁框架便于搭建，外面敷上石料或混凝土，一层楼就完成了。铁框架的承载能力能保证楼房层数超过10层甚至更高。

"芝加哥学派"积极采用新材料、新结构、新技术，创造了具有新风格、新样式的新建筑。由于当时大多数美国人认为它们缺少历史传统，缺少文化，没有深度，没有分量，不登大雅之堂，只是在特殊地点和时间为解燃眉之急的权宜之计。这个建筑学派十余年间便烟消云散了。但是铁框架的结构形式却由此长盛不衰。

应该说高层铁框架此时出现，是三起事件共同作用达成的结果：第一是钢铁产量大幅增长；第二是芝加哥大火；第三是蒸汽升降机的发明。没有升降机和以后的电梯，高层建筑既不可能大量建造，也不可能供人们日常使用。

升降机的发明者，美国人奥提斯在 1853 年的世博会上首次向人们展示了他的发明。其关键技术在于有一套安全装置，见图 5-7；如果牵引箱笼上下的吊绳断裂，箱笼两侧带齿的导轨及制动装置会自动将箱笼卡死。这种安全装置取得了用户的信任，1856 年起，奥提斯开始获得产品订单，若干年后，他的升降机公司搭上了芝加哥学派的顺风车。时至今日，奥提斯依然是世界知名电梯品牌。

在英、美书写建筑结构新历史时，欧洲大陆上骄傲的法国人是不会让英、美专美的。他们要在高度和跨度上均创造奇迹，建造了埃菲尔铁塔和巴黎世博会机械馆。

埃菲尔铁塔虽然不属于房屋范畴，但是其在结构上的地位如此重要，是世界建筑史上具有划时代意义的伟大建筑，因此在此介绍。

图 5-7　奥提斯和他的升降机
（a）带有齿导轨和自动制动器的升降机箱笼；
（b）埃利萨·奥提斯

1884 年法国政府为了庆祝 1789 年法国大革命 100 周年，决定举办世界工业博览会并兴建一座纪念建筑。当时参加这一建筑设计竞赛的方案有 700 多个。评委最后评定：法国埃菲尔公司设计的铁塔完全符合要求。

埃菲尔公司的老板亚历山大·古斯塔夫·埃菲尔是从事金属建筑研究和建造的著名工程师。1876 年美国建国百周年时法国政府赠送的礼物——纽约自由女神像，其中的金属骨架就是埃菲尔的杰作。当法国大革命百年纪念物竞赛征稿时，埃菲尔本人忙于一座金属铁路桥的事物，将竞标之事委托下属，其公司里两位年轻人拿出了一个创意方案——铁塔。起初该方案埃菲尔本人并不看好，但由于没有其他更好的替代品，只能以之提交评委会，不料被一举选中。埃菲尔与两位年轻人达成协议，以博览会所付工程款的百分之一作为交换条件，换取两位年轻人创意的署名权，此后的设计由埃菲尔完成，见图 5-8（b）。

(a)　　　　　　　　　　　(b)

图 5-8　埃菲尔铁塔及其设计者

(a) 亚历山大·古斯塔夫·埃菲尔（1832～1923 年）；(b) 即将竣工的埃菲尔铁塔

埃菲尔为铁塔安装提供了 1700 多张施工图，还为生产厂家提供了 3000 多张加工图。铁塔于 1887 年 11 月 26 日动工，于 1889 年 3 月 31 日竣工，历时 21 个月。塔原高 300m，1959 年在塔顶增设天线后增至 320.7m。除了 4 座塔墩是石砌的外（图 5-9a），塔身全为钢铁结构，重达 7000 多吨。整个铁塔的大小钢铁构件共有 18038 件，全靠 250 万只铆钉

(a)　　　　　　　　　　　(b)

(c)　　　　　　　　　　　(d)

图 5-9　埃菲尔铁塔施工过程

(a) 铁塔的基础；(b) 倾斜的巨大塔腿；(c) 巨大的钢桁架梁；(d) 施工中的铁塔与支撑脚手架

铆成一体。铁塔底部有 4 条向外撑开的塔腿，在地面上形成每边长 100m 的正方形。塔腿分别由石砌墩座支起（图 5-9b），地下有混凝土基础。整个塔身自下而上逐渐收缩，形成优美的轮廓线。在距地面 57、115、276m 处分别设置平台。平台由巨大的钢桁架梁支撑（图 5-9c），自底部到塔顶的步梯共有 1710 踏步。建塔时安装了以蒸汽为动力的升降机，后改为可容 50～100 人的大电梯。步入平台，整个巴黎尽收眼底。天气晴朗时，从第三层平台上可以远眺 80km 以外的自然风光。埃菲尔铁塔成为继埃及金字塔之后人类完成的最高建筑，落成之日，埃菲尔骄傲地向世人宣称，世界上只有法国的国旗具有 300m 高的旗杆。

1889 年的巴黎世界工业博览会除了埃菲尔铁塔之外，还向人们展示了建筑结构上的另一项杰作——博览会机械馆钢拱架结构。

巴黎世博会机械馆运用当时最先进的结构和施工技术，采用钢制三铰拱，跨度达到 115m，堪称跨度方面的大跃进！陈列馆共有 20 榀这样的钢拱，形成宽 115m、长 420m、内部毫无阻挡的庞大室内空间，见图 5-10。钢制三铰拱最大截面高 3.5m，宽 0.75m，而这些庞然大物越接近地面越窄，在与地面相接处几乎缩小为一点，每点集中压力有 120t，陈列馆的墙和屋面大部分是玻璃，继伦敦水晶宫之后又一次造出了使人惊异的建筑内部空间。这座陈列馆由维克托·康泰明（Victor Contamin，1840～1893 年）等三名工程师设计。在使用 30 年后，该陈列馆于 1920 年被拆除。

图 5-10 1889 年巴黎世博会机械馆
（a）施工中的机械馆三铰拱架；（b）拱架的铰支座；（c）建成后的巴黎世博会机械馆

5.1.2 钢筋混凝土结构的诞生

19 世纪土木工程界的另一项革命性突破是钢筋混凝土结构的诞生和发展应用。

钢筋混凝土是其中埋置有钢筋或钢丝网的混凝土结构。1824 年水泥发明后,人们发现水泥混凝土承受压力的能力非常高,而抗拉、抗裂能力非常差。第一个试图用钢铁材料改善混凝土性能的是法国花卉商莫尼尔(Joseph Monier)。1849 年,他开始用水泥覆盖钢丝网制造水盆和花盆;但因为对力学知识的缺乏,他最初是把钢丝网放在截面的中央,没有让钢丝处于抗拉的合理位置,后来他对错误的做法进行了改进。1867 年他在巴黎展览会上展示了他的改进做法并取得在混凝土内放上纵横铁条的专利权;铁条承受张力而混凝土则承受压力。这一方法一直沿用至今。

莫尼尔等人的钢筋混凝土在用于结构时是以梁、板等构件形式制作,然后再组装使用的。

1890 年,一个早先的石匠、后来自学成才的法国土木工程师法兰克斯·亨尼比克阐述了箍筋对抗剪的有效作用,并发明了以他名字命名的钢筋混凝土系统:绑扎箍筋与纵向钢筋一体的钢筋笼,将原来各自单独的板、梁、柱构件浇筑成整体,钢筋在混凝土内随受拉侧上下的改变而弯起改变位置,见图 5-11;这事实上诞生了最早的钢筋混凝土整浇框架结构。

亨尼比克系统的梁柱不是呈直角相交,而是呈斜角做加腋处理。图 5-12 是巴黎地区一处较早的亨尼比克系统房屋,从图可见,当时的框架柱间距很小,楼层数也有限。

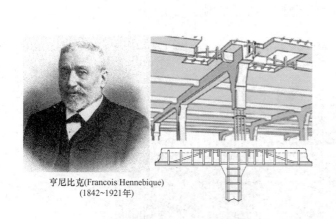

亨尼比克(Francois Hennebique)
(1842~1921年)

图 5-11 亨尼比克和他发明的系统

图 5-12 较早的亨尼比克系统房屋

针对混凝土抗拉抗裂性能差的缺点,1888 年德国建筑家多切林(Dochring)提出了预应力混凝土的设想:通过张拉钢筋形成巨大的钢筋回弹力,将这回弹力作用在混凝土上,对混凝土形成压力,这就是构件承载前施加在构件内部的预应力。多切林将设想申请了专利。然而由于当时缺乏对钢筋松弛(钢材在长期张拉后其拉应力降低)和混凝土徐变(混凝土长期受压后部分受压变形转变成永久变形)的认识,施加在混凝土内的预应力大都随时间损失掉了,因此,多切林实现给混凝土施加预压应力的设想在实践中未获成功。

纵观 19 世纪,房屋建筑技术方面取得的主要成就,除了铸铁、钢铁和混凝土成为重要的结构材料之外，还在地基基础工程（例如桩基础等，将在后面集中介绍）、配套建筑设备、房屋发展到高层结构等方面取得了突破进展。结构形式方面出现了钢桁架、钢拱架、钢铁框架、钢筋混凝土框架等。应该说明，高层建筑在当时主要建造于美国，集中于芝加哥地区，后来发展到纽约。而欧洲出于对自己千年传统的尊重，当时是很少发展新式高层结构的。埃菲尔铁塔的建造在当时也引来一片反对声，例如法国著名的作家莫泊桑就声称如不拆除铁塔就将流亡国外，可见保守的欧洲对现代高层建筑的态度。

5.2　20世纪以来房屋结构与建筑技术的发展

5.2.1　钢筋混凝土结构的发展

如果说19世纪钢筋混凝土结构仅仅是崭露头角，那么进入20世纪，混凝土则替代砖石材料成为工业与民用建筑的主要用材。钢筋混凝土也拓展了其能力和应用领域。混凝土结构取得巨大突破首先表现在其跨度的增加和发明预应力混凝土。

1916年，处于第一次世界大战中的法国在Orly地区用钢筋混凝土修建了一个大跨度的飞艇库，为达到跨越大空间的目的，只能采用了使混凝土接近完全受压的拱券结构形式。构成飞艇库的拱券跨度达到96m，高度达58m，这是钢筋混凝土房屋达到的前所未有的跨度，见图5-13。从图中可见，其建造过程是：①首先制作并拼装一个桁架形式的钢拱架，在拱架上安装吊车，然后完成一个钢筋混凝土预制拱券的吊装、拼装；②将拱架移动到下一个拱券位置，再完成第二个拱券的拼装；③完成前、后两个拱券的侧向联系，保证拱券的侧向稳定；④重复上述过程直至整个飞艇库建成。

图5-13　位于法国Orly、用钢筋混凝土建造的飞艇库

上述飞艇库的设计者是当时被法军征召担任军队土木工程师的奥杰恩·佛莱辛奈（Eugène Freyssinet）。此人一生在混凝土结构领域贡献多多，其中最大的贡献是发明了预应力混凝土。

预应力混凝土的发明源于人们对混凝土结构跨度的不懈追求。钢筋混凝土梁具有带缝工作的特点，混凝土受拉开裂后，钢筋混凝土梁的刚度（抵抗变形的能力）下降幅度非常大，所以钢筋混凝土梁式构件跨越空间距离的能力非常有限。

20世纪20年代，从军队退役的佛莱辛奈继续他的土木工程师生涯，致力于完成使梁式混凝土构件免于受拉开裂的设想：给混凝土施加预压应力。在研究中，他确定了两个基本问题：①混凝土的收缩徐变对于预应力损失值有巨大影响，并得出徐变的初步规律；②为了有足够富裕的预应力值来抵消各种原因的预应力损失，必须采用高强度材料和高预应力。基于这种认识，他创造出了能在混凝土中建立有效的预应力的方法，参见图5-14。1928年，佛莱辛奈将混凝土徐变理论系统化之后申报了专利。所以，许多史料把这一年称为预应力混凝土发明的时间。佛莱辛奈在预应力混凝土桥梁方面做出了许多杰出工作（见第8章），是预应力混凝土的主要先驱，甚至被誉为"预应力混凝土之父"。

预应力有先张法和后张法之分。

先张法是先张拉预应力钢丝束，将钢丝束内的巨大拉力交给两个深埋于地下的锚锭来承受，然后浇筑混凝土将张拉好的钢丝埋于其中；待混凝土强度增长后切断钢丝束，钢丝束带动混凝土回弹，给混凝土施加上预压应力。

后张法是浇筑混凝土时将穿有预应力钢丝束的金属管道浇注于混凝土中，等到混凝土强度增长之后，用固定锚具将钢丝束一端固定于混凝土的一端，然后将钢丝束另一端用千斤顶顶在混凝土上进行张拉，张拉完毕，钢丝束受拉而混凝土受压，然后用锚具将张拉端钢丝束固定，预应力施加结束。因为张拉在混凝土浇筑后进行，故称为后张法。在后张法中，预应力筋也可以不埋置于混凝土中，而是置身于混凝土之外，这称为体外预应力。从图5-15可见，在第二次世界大战中的20世纪40年代早期，先张法、后张法和体外预应力都已经出现了。

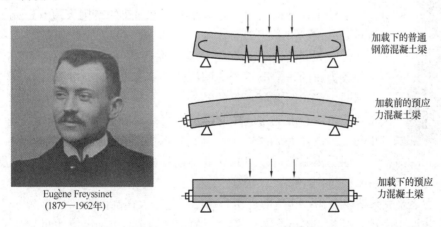

图 5-14　预应力混凝土的发明者与工作原理示意

预应力混凝土出现后，在混凝土跨越大空间的场合，例如桥梁、高层建筑的楼盖等，以及需要防止混凝土受拉开裂的场合，例如水池（图5-15b）、筒仓等，都会使用预应力技术。

5.2.2　摩天大楼的建造

20世纪，结构工程取得的又一项杰出成就是摩天大楼的建造。摩天大楼在结构上就是所谓超高层结构。英文单词"skyscraper"中的"scraper"是诸如擦窗器这样的刮、擦器具之意，故整个单词的原意是"擦拭天空"。那么摩天大楼究竟是什么时候出现的？考

后张法的锚件

体外预应力筋

先张法的钢丝

(a)

(b)

图 5-15 预应力混凝土的应用

(a) 二战中德国为潜艇建造隐蔽部屋盖使用预应力的情况；(b) 水池中布置后张法张拉预应力筋

虑到 1898 年纽约建成 19 世纪最高楼为 26 层，接近百米的高度，而现在往往把 30 层楼高作为一个界限，可以认为，摩天大楼是 20 世纪初正式诞生的。

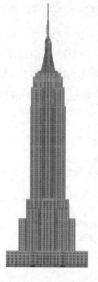

图 5-16 帝国大厦

在 20 世纪初，纽约曼哈顿地区出现了修建世界最高楼的竞赛。1908 年，44 层、187m 高的大楼诞生于生产缝纫机的胜家公司；1911 年就诞生了纽约都会保险公司大楼，其 50 层、高达 213m；1913 年，零售业巨头伍尔沃思公司部分出于对早年向纽约都会保险公司贷款被拒的报复，建造了 57 层、高 234m 的大楼，夺走了世界第一高楼的桂冠。

下一个在结构高度上的里程碑是美国纽约帝国大厦（Empire State Building，参见图 5-16）。

帝国大厦始建于 1930 年，矗立在纽约曼哈顿岛，俯瞰整个纽约市区，成为纽约，乃至整个美国历史上的里程碑。它能有这样的高度是美国两大汽车制造商竞争的结果。克莱斯勒汽车公司和通用汽车公司相互竞争，看谁能建最高的楼房。克莱斯勒大厦先于通用公司于 1926 年动工，设计为 77 层 305m 高，后者决定奋起直追。

通用汽车公司最初的计划是建一幢看上去低矮结实的 34 层大厦，后来经过 16 次修改，最后才采纳了"铅笔形"（pencil shape）帝国大厦方案，为迷惑克莱斯勒公司，建造前通用公司故意宣布大楼高度为"接近 300m"。而实际上大厦共计 102 层，高度 381m，这一高度上的记录直到 1973 年纽约世贸中心（110 层，417m）落成才被打破。

帝国大厦从方案确定到建筑落成不到两年时间。之所以能获得如此之高的建设速度，归功于采取了两项措施：首先，承包商采用了边设计边施工的作法，这种作法在当时非常前卫，在建筑物完整的设计图出炉之前先行动工，即下面的楼层开始架设结构时，建筑师连最上面几层楼的施工图都没有画好。其次，帝国大厦在结构上采用了钢骨混凝土这种结构形式，即型钢以铆钉连接成框架梁柱，再外支模浇筑混凝土，形成所谓钢骨混凝土结构，如图 5-17 所示，图中工人身后的尖塔就是帝国大厦的竞争对手克莱斯勒大厦。因为型钢组成的钢框架本身可承重，楼层的增高不必等待混凝土的强度生长，因此当时帝国大厦的建设速度是每星期建四层半，施工速度惊人。

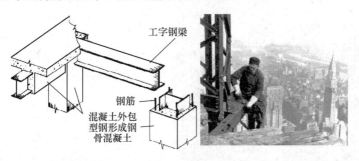

图 5-17　帝国大厦的结构和施工

　　大楼安装了 73 部电梯，这些电梯的电梯间构成相对比较封闭的钢骨混凝土筒体，有很大的侧向刚度，筒体的外围是多圈框架柱，结构平面与前一章介绍的北魏永宁寺塔有点相似，这种结构体系在高层结构中称为框架-筒体结构（帝国大厦的"筒体"是真正空心的"筒"，而永宁寺塔的"筒"是实心的）。

　　整座大厦于 1931 年 5 月 1 日落成启用，造价比预计的 5000 万美元减少了 10%，所用装饰材料包括 5660m³ 的印第安纳州石灰岩和花岗岩，1000 万块砖，730t 铝和不锈钢。

　　帝国大厦迄今为止已存在了九十余年，其结构形式经受住了时间和灾难的考验。1945 年 7 月 28 日，一架雾中迷航的美空军 B-25 轰炸机以 320km/h 的速度撞入帝国大厦 78～79 层，造成一个宽 5.5m、高 6m 的大洞，并引发从第 79 层一直蔓延到 86 层的大火（图 5-18），造成 13 人死亡和 26 人受伤，但大楼岿然不动，说明帝国大厦的结构形式非常合理，钢结构外包裹的混凝土有效地起到了保护钢结构的作用。而 40 年后建造的世贸中心大楼，其采用全钢框架结构而没有外包混凝土，在 2001 年的"9·11"事件中被波音 757 客机撞击并引发大火，钢材在温度达到 600℃ 时丧失承载力，结构终于被上负的重量压塌，由此引发结构界对摩天大楼结构形式的反思。

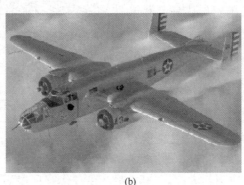

(a)　　　　　　　　　　　　(b)　　　　　　　　　　　　(c)

图 5-18　B-25 撞击帝国大厦造成的灾难

(a) 被撞击后大厦着火的情景；(b) B-25 轰炸机；(c) 撞击后形成的大洞

　　除了上述的框架-筒体结构外，摩天大楼还有一种常用的结构形式——筒体结构，其特征是没有框架柱，大都以混凝土墙体作为竖向荷载和水平荷载的承担者，混凝土墙体或钢结

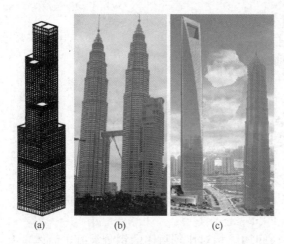

图 5-19　各国的摩天大楼

(a) 芝加哥西尔斯塔楼；(b) 吉隆坡双子星塔楼；

(c) 上海环球金融中心与金茂大厦

构密柱将建筑平面围成若干个相对封闭的"筒"，故称筒体结构。筒体外墙开有窄而密、排列整齐的小窗，筒体结构代表作品是芝加哥西尔斯塔楼，其为 110 层，高 473m，建成于 1974 年，成为当时世界第一高楼，见图 5-19 (a)。

进入 20 世纪 80～90 年代，摩天大楼不再是发达国家的专利，一些第二次世界大战后摆脱殖民地、半殖民地地位的新兴工业国家和地区为展示国家和地区经济实力，开始建造摩天大楼。马来西亚建造了著名的双子星塔楼（图 5-19b），我国香港地区建造了国际金融中心大厦（二期），台湾地区建造了台北 101 大楼，大陆地区也建造了上海环球金融中心和金茂大厦、深圳地王大厦等摩天楼（图 5-19c）。

改革开放四十余年来，中国经济高速发展，国力大增，已经成为国际上高层建筑和超高层建筑的最大市场。

5.2.3　大跨空间结构的发展

在 19 世纪～20 世纪初期，用结构跨越较大空间的手段是由平面桁架或平面拱架在一个方向上获得较大跨度，参见图 5-20。之所以采用平面结构，是因为空间结构计算复杂，当时人类的计算分析手段尚不能精确计算之。当计算理论和计算手段取得突破之后，人们越来越青睐于用空间结构解决问题。

空间结构的卓越工作性能不仅仅表现在多向受力，而且还由于它们通过合理的曲面形体来有效抵抗外荷载的作用。当跨度增大时，空间结构就愈能显示出它们优异的技术经济性能。事实上，当跨度达到一定程度后，一般平面结构往往已难于成为合理的选择。

穹隆是人类在古罗马时期就使用过的空间结构形式，其受力合理，只需要很少的材料就能实现大的跨度，但现代水泥混凝土发明之后，混凝土穹顶屋面并没有呈燎原之势，这主要因为其对模板的消耗太大。1957 年，在古代穹顶屋面的诞生地罗马，又诞生了一座在世界土木工程界非常著名的穹顶建筑——罗马体育馆，见图 5-21。从图可见，该建筑实现了建筑与结构的完美结合，若干 Y 字形斜腿支撑着优雅的穹顶，此穹顶不是混凝土现浇完成，而是由预制的钢筋混凝土肋梁拼成复杂的相交曲线后再拼装盖板，穹顶内部构图非常优美。

混凝土预制构件的可加工性毕竟不如钢材，而且相同重量的混凝土材料对强度的贡献

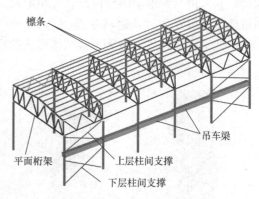

图 5-20　平面结构示意

也远小于钢材，因此，罗马体育馆这样的混凝土大跨结构并不普遍，空间结构更多地采用钢材，主要结构形式有网架、网壳、悬索等。

网架可以跨越很大的跨度，世界上第一个平板网架是 1940 年在德国建造的。中国第一批具有现代意义的网架是在 20 世纪 50～60 年代建造的，且 20 世纪 60 年代后期起应用较多，1967 年建成的首都体育馆和 1973 年建成的上海体育馆是早期成功采用平板网架结构的杰出代表，对这种结构形式在其后一段时期的持续发展有很大影响。20 世纪 80 年代后期，北京为迎接 1990 亚运会兴建的一

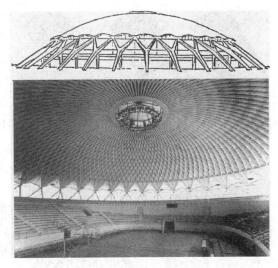

图 5-21 罗马体育馆

批体育建筑中，多数仍采用平板网架结构，平面有矩形的，也有正六边形的、圆形的等。早期的网架结构，杆件交汇的节点都是焊接节点，现在大都采用螺栓球节点，这样方便了网架的组装，见图 5-22。但是平板网架空间造型单调，故对于造型要求高的公共建筑，一般采用一个方向有曲率或者两个方向有曲率的网壳。

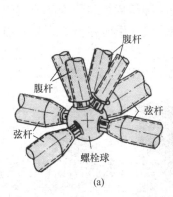

图 5-22 平板网架的形式、施工与节点

（a）网架节点构造；（b）在地面拼装好的六边形网架屋盖通过吊车起吊到柱顶进行安装

网壳的空间受力形式与双向受弯的平板网架比较更加合理，一般能节约 20％的钢材。根据跨度大小，网壳可以是单层的，也可以是双层的。

网壳在空间形状上可以千变万化，有柱面壳、球面壳、双曲面壳、扭面网壳、各种组合面网壳等（图 5-23）。在计算理论上网壳也比平板网架复杂许多，这主要是因为网壳涉及稳定问题。计算的复杂也是网壳结构形式一度应用较少的原因。从 20 世纪 80 年代后半期起，当相应的理论储备和设计软件等条件初步完备后，我国的网壳结构就开始了在新条件下的快速发展。

目前我国比较大型的网壳有黑龙江速滑馆、国家大剧院等（图 5-24a）。此外，近年中外都出现了可开启的网壳屋盖。国际上比较有名的可开启网壳结构有日本福冈穹顶（图

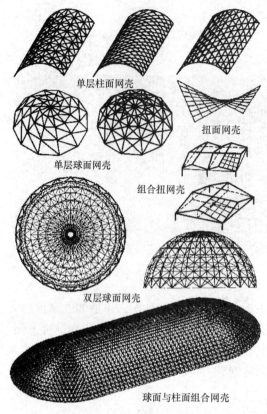

单层柱面网壳

扭面网壳

单层球面网壳

组合扭网壳

双层球面网壳

球面与柱面组合网壳

图 5-23 丰富多彩的网壳形式

5-24b)、大分穹顶等，中国则有南通体育馆等。

悬索结构也是大跨度屋盖结构常用的一种形式。悬索结构最初用在桥梁上（见第 8 章），后用于体育馆、展馆和机场候机楼等建筑。1953 年世界第一个悬索屋面，美国罗利牲畜展览馆建成，这是现代房屋悬索结构的开始。

悬索结构的形式丰富多彩，有单层索面，也有双层索面；有柔性索，也有劲性索。由于要平衡索具的巨大拉力，悬索结构的边缘一般都设有刚度巨大的边梁，参见图 5-25。悬索结构的一些实际工程见图 5-26。

近年悬索结构与膜结构结合，产生了张拉索膜结构这种先进的结构形式。

膜结构是用高强度柔韧性薄膜（称膜材）通过某种手段形成的屋盖结构形式。膜材是一种耐用、高强度的涂层织物，由织物和涂层（聚四氟乙烯）复合而成，其质地柔韧、厚度小、重量轻、透光性好。膜结构中所使用的膜材料每平方米质量仅有 1kg 左右，故屋面自重非常轻。

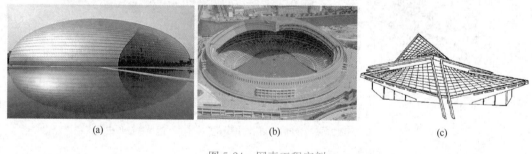

(a)   (b)   (c)

图 5-24 网壳工程实例

（a）北京国家大剧院；（b）可开启网壳结构——福冈穹顶；（c）组合扭网壳——石景山体育馆

膜材柔软无形，需要借助张拉、顶撑、充气等技术手段形成屋盖所需的形状。故膜结构有张拉膜结构、充气膜结构和骨架膜结构之分。

张拉膜结构是由索、膜、撑杆组成，由钢索张拉膜材成形构成屋面的一种结构形式。其受力体系简洁合理——力大部分以轴力传递，故使膜结构能跨越大空间而形成开阔的无柱大跨度结构体系（图 5-25），形体刚劲流畅，易形成独特的建筑形式。

这种结构体系受力分析复杂，尤其是风荷载下的受力涉及流体力学更是如此。另外，由于涉及受力后的形状改变和尺寸改变问题，膜材的裁剪也非常复杂，对计算和施工精度

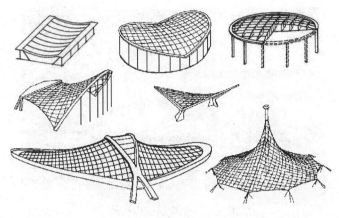

图 5-25　各种各样的悬索形式

图 5-26　悬索工程实例

（a）华盛顿杜勒斯机场候机厅索网屋面；（b）加拿大卡尔加里滑冰馆的鞍形索网屋面；（c）北京朝阳体育馆的
组合悬索结构；（d）德国某多功能厅悬索屋盖结构

要求都较高。然而，由于轻质、抗震性能特别好，且形式新颖，张拉膜结构近年成为公共
建筑喜爱采用的屋盖形式，参见图 5-27。

　　充气膜结构于 20 世纪 40 年代开始应用，可用于体育场、展览厅、仓库、战地医院
等，特别适宜于轻便流动的临时性建筑和半永久性建筑。充气结构具有重量轻、跨度大、
构造简单、施工方便、建筑造型灵活等优点；其缺点是隔热性、防火性较差，需要每隔一
定时间补充供气。

图 5-27　张拉膜结构实例

充气结构主要有气承式和气囊式两种结构形式，见图 5-28（a）、（b）。

（1）气承式结构是直接用单层薄膜作为屋面和外墙，将周边锚固在圈梁或地梁上，参见图 5-29（a）。充气后形成圆筒状、球状或其他形状的建筑物。室内气压为室外气压的 1.001～1.003 倍。人和物通过气锁出入口进出。为减小薄膜拉力、增大结构跨度，气承式结构薄膜上面可设置钢索网，参见图 5-28（a）。

图 5-28　充气结构的形式与实例

（a）气承式充气结构；（b）气囊式充气结构；（c）美国 NASA 气囊式充气月球基地模型

图 5-29　气承式结构作顶盖的游泳池及其基础处理

（2）气囊式结构是将空气充入由薄膜制成的气囊，形成柱、梁、拱、板、壳等基本构件，再将这些构件连接组合而成建筑物（图 5-28b）。气囊中的气压为室外气压的 2～7 倍，故是一种高压体系。2007 年美国国家科学基金会（NSF）与美国国家航空航天局

（NASA）联手研究适合月球太空人居住的建筑。研究表明：每增加 1 磅月球表面供给，就要消耗 125 磅的硬件和燃料，所以月球建筑设计观念是尽可能减轻重量并保证其足够坚固和耐用，最终是采用了气囊式充气结构，参见图 5-28（c）。

充气结构除直接做屋盖之外，还可作为混凝土的模板。

充气模板主要产生于 20 世纪 60～80 年代，是以气承式充气结构作模板，以喷射混凝土形成壳状的穹顶结构。最早的做法是在充气模板表面铺设钢丝网，然后直接在充气模板外表面喷射混凝土形成混凝土穹顶。但这种做法产生了一些问题：在混凝土穹顶形成承载力之前，模板承受载荷过大，结构变形难以控制。后人们对充气模板技术进行了改进，其施工顺序如下：模板充气成形后，在其内部首先喷射发泡聚氨酯，该发泡聚氨酯层硬化后有一定强度，不会产生大的变形；然后在发泡聚氨酯层表面固定钢丝网（在喷射发泡聚氨酯时就已经在其中安装好预埋固定件）；最后喷射混凝土成形；整个过程及形成的穹顶参见图 5-30。在穹顶使用过程中，该充气模板也不一定拆除，可以作为房屋的防水层，发泡聚氨酯层作为房屋的保温层。用充气模板制作的穹顶主要是做仓储结构使用，后来也出现用其制作民用建筑的情况。

模板充气　　　　　喷射发泡聚氨酯保温层

硬质保温层上挂钢筋网　　喷射混凝土结构层

充气模板建造的半球形穹顶仓库，
其前面有另一个待建的穹顶的基础

图 5-30　充气模板建造的建筑及施工过程

5.2.4　现代砌体结构

与传统的砖石结构比较，现代砌体结构的面貌发生了非常大的变化。首先是砌筑材料不再限于砖石，各种空心砖和砌块成为材料的主体。更重要的是，砌筑方式也发生了巨大变化。

为解决传统的砖石结构墙厚、抗震能力差的问题，现在国内外的砌体结构一般都会利用钢筋的强度和韧性。有的是空心砖内放置钢筋，砌筑之后在空心砖孔内浇筑细石混凝土，见图 5-31（a）。有的是在砌筑时砌出柱孔洞，放置钢筋后在孔洞内浇筑混凝土，见图 5-31（b）。我国的一般做法是将钢筋混凝土楼板与钢筋混凝土的圈梁、构造柱浇筑成整体，见图 5-31（c），使得按照构造配筋的钢筋混凝土梁、柱在砌体结构中形成假框架结构。这样的砌体结构在地震作用下，即使出现裂缝和很大的变形，也不至于立刻垮塌，有机会让居民安全出逃。

而为了改善墙体的保温性能，也出现了两层砖中间夹有一层保温材料的复合墙体，关于保温墙体可参见第 12 章的内容。

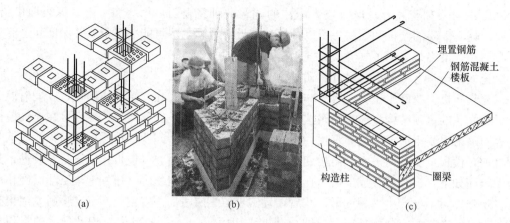

(a)   (b)   (c)

埋置钢筋
钢筋混凝土楼板
构造柱
圈梁

图 5-31   国内外的加筋砌体结构

5.2.5   现代木结构

现代木结构的突出特点是用材的改变。从本书前面章节我们知道,传统木结构对木材要求很高,在清代粗大木材日渐稀少的情况下,木材粘合使用的概念初步形成。一些木柱用小尺寸枋木材料拼合,由牛筋熬制的有机胶粘接后,再用金属箍箍成一个整体的柱子,参见图 5-32。这样的木柱外表再用腻子和油漆装饰,从外观上看不出拼合痕迹。

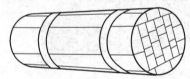

图 5-32   古代木材粘接拼合

而现代木结构广泛使用工程木产品(Engineered Wood Product),包括各种胶合木材,呈现工厂化生产的趋势和特点。胶合板材的种类比较多,是将切削后的薄板或木片叠合施胶加压而成的木材产品,参见图 5-33。它可以按结构设计要求的某些特殊形状,由木材加工企业生产。生产企业也可按某种统一标准制做成系列产品,供木结构设计人员选用。

通过指接技术可以解决胶合木纵向粘接问题。所谓指接是首先用木工车床在胶合木材端部加工出精细的楔形槽如图 5-33(d)所示,用现代无机胶粘剂粘接成一体,接头形如人手指相扣,故称指接。

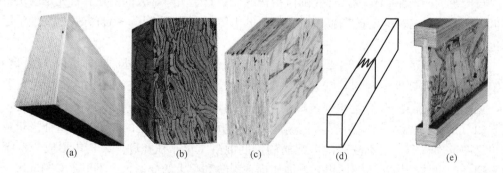

(a)   (b)   (c)   (d)   (e)

图 5-33   现代木结构的各种胶合材、纵向粘接和构件

现代木结构耐火、耐腐,集结构与装饰于一身。实际工程参见图 5-34。

(a)   (b)

图 5-34　现代木结构工程实例

(a) 薄膜覆面的胶合木网壳；(b) 胶合木结构游泳池

5.2.6　现代钢结构

现代钢结构的成就我们在大跨空间结构一节中已经介绍了很多，这里主要介绍由于技术和理论的进步给钢结构面貌带来的变化。

20 世纪，钢结构的连接方式发生了很大的变化。原来的钢结构主要为铆栓连接，第二次世界大战结束后，焊接连接的质量提高了，高强度螺栓也替代了普通螺栓。由于焊接连接、高强度螺栓连接对钢构件加工精度的要求比铆钉连接低，而它们的承载能力比普通螺栓连接高许多，故焊接和高强度螺栓成为钢结构的主要连接方式，使钢结构的节点更轻巧了。

随着技术的进步，钢结构的节点形式也发生了很大的变化，而节点形式的改变甚至也影响结构形式。

对于诸如网架、网壳等大跨空间结构，节点上交汇的杆件多，受力复杂，一般采用图 5-35 (a) 的焊接球节点，在工地现场焊接组装。这种节点对杆件的定位和焊接技术都要求很高。

后来为了避免现场定位焊接的麻烦，对于网格尺寸比较规则的网架结构，发展出了图 5-22 (a) 所示的高强度螺栓球节点。对于超大跨度的网壳，则发展出了铸钢球节点和毂 (gǔ) 式节点，参见图 5-35。这些节点完全在工厂生产，在现场只需要直接安装即可形成结构。

对于多杆件的交汇点，不论是采用上述各种球节点还是毂式节点，采用专门的节点消耗了大量钢材。如果能采用图 5-35 (d) 所示的相贯连接形式，不仅可省却大量节点用钢，而且可减轻结构自重。然而，这样的相贯连接却长期无法实现，原因是圆管相交形成的交线是复杂的空间曲线，角度和管直径的不同，空间曲线也各不相同。把钢管的端部按照该空间曲线切割，不仅切割工作量太大，而且曲线方程的计算也繁不胜繁。进入 20 世纪 90 年代，计算机技术在土木工程领域得到广泛应用，已经能够实现根据结构设计参数自动计算钢管的空间曲线方程，并将数据传递给数控机床，完成对钢管的准确切割。由此，一种采用相贯连接的钢结构形式——管结构出现了，参见图 5-36。

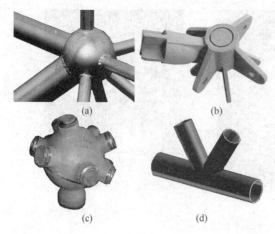

图 5-35　大跨结构的几种节点
（a）焊接球节点；（b）铸钢毂式节点；
（c）铸钢球节点；（d）相贯连接节点

图 5-36　管结构工程实例

　　钢结构房屋也由于钢材生产量的增加和计算理论的革新出现了新面貌。传统钢结构仅用在承载很大的场合，因此做得非常笨重。现在钢结构也广泛用在承载不大的场合，且新的计算理论允许钢结构用材做得很薄，采用小截面、变截面构件，钢结构重量大为减轻，称之为轻钢结构，参见图 5-37。轻钢结构不仅减轻了用钢量，而且使承担上部结构的基础也减轻了负担，因此房屋的造价大为降低，体现出轻钢结构的优越性。

图 5-37　轻钢结构与传统钢结构的比较
（a）重钢结构；（b）轻钢结构

5.3　近现代地基与房屋基础

　　基础为传递上部结构（或机器设备等）荷载至地基上的结构。地基是全部建筑荷载的承受者（如土壤、岩层等），其与基础不同的是：基础是建筑物的一部分，而地基不是。基础一般设置在天然地基上。当软弱基土时，有时需要进行人工处理，成为人工地基。

5.3.1　地基及地基加固措施

　　地基承载力指保证在地基稳定条件下，地基压缩变形在房屋容许范围内时，地基单位面积上所能承受的最大荷载。由于地基承载力不足造成工程事故的例子很多，比萨斜塔是较著名的一个。其建于 1174 年，高 54.5m，原塔高设计为 100m 左右，但动工五六年后便由于地基不均匀和土层松软而倾斜，直到 1372 年完工还在持续倾斜，在其 1990 年关闭之前，塔顶已南倾（即塔顶偏离垂直线）3.5m。后经加固处理才停止了进一步倾斜。为防止这样的工程灾难，故对于新建结构，采取一定的能提高地基承载力的加固措施是必要的。

夸实不仅仅是属于古代的地基加固手段。在现代，夸实依然是地基处理的重要措施之一。进入 20 世纪，甚至出现了一种强夸法，用重达 8～40t 的锤，由机械提升至 6～40m 高处自由落下，对土进行夸实，参见图 5-38。这方法效果好、速度快，但施工时噪声和振动很大，影响附近的建筑物，在城市中不宜采用。与夸土原理相近的还有机械碾压和振动碾压。

图 5-38 强夸法形成的场地效果

化学加固是提高地基承载力的又一措施。1886 年德国人撒尔斯基对地基土采用一个孔灌入硅酸盐溶液（水玻璃）、相邻孔灌入氯化钙固化剂的土壤硅化法进行加固，并获得专利。一百多年过去，这种水玻璃浆材依然是使用最广泛的化学灌浆浆材之一。究其原因除该浆材具有无毒、黏度小、可灌性好等优点外，浆材价格较低是个重要因素。该浆材不足之处为凝胶时间调节不够稳定、凝胶强度很低和凝胶稳定性较差。现在在防渗要求较高的砂土地基，采用高分子材料加固。

5.3.2 浅基础与基坑

在现代基础工程中，把位于天然地基上、埋置深度小于 5m 的一般基础以及埋置深度虽然超过 5m，但是埋深小于基础宽度的大尺寸基础，通称为天然地基上的浅基础。显然，大多数古代建筑基础都属于浅基础范畴。

柱基础都承受较大集中荷载，需要较大的承载面积，一般采用锥台基础形式（混凝土柱）或者大放脚基础（砖柱）形式，见图 5-39。

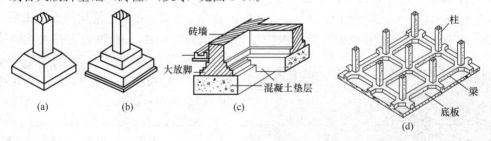

图 5-39 现代基础的几种常用形式
（a）锥台柱基础；（b）大放脚柱基础；（c）条形墙基础；（d）筏形（筏板）基础

墙基础根据是否为承重墙而有不同做法，中国古代建筑的墙只起围护作用，直接砌筑在台基上。现代承重砖墙的基础形式系继承西方建筑技术，由砖砌成大放脚，砌筑在混凝土或三合土垫层上，见图 5-39。

地下室基础是现代高层建筑的基础形式，一般是钢筋混凝土的，有完整的外墙与底板浇注成整体。根据底板接受上部传来荷载的方式有不同分类。底板中间接受梁柱传来荷载的是筏形（筏板）基础，俗称满堂红基础。如果基础底板上有很密集的钢筋混凝土墙，墙与底板浇筑成整体，则称为箱形基础，因地下室被墙体分为一个个箱形小空间而得名。

建地下室基础涉及开挖基坑，随着建筑越来越高，基坑开挖的深度也不得不增加，过深的基坑随时可能垮塌，邻近有建筑时尤其会造成原建筑破坏。过去避免垮塌的措施是将坑壁挖成斜坡状。但位于城区的工地往往场地有限而无法采用，为保证施工安全防止塌方，需对基坑壁进行加固。

基坑加固措施有多种，比较多见的是喷锚加固和土钉墙加固。

喷锚支护技术来自隧道施工，20世纪50年代末被引入基坑工程和护坡工程。其面层结构一般是由钢丝网外加喷射混凝土组成的具有一定强度的柔性保护层，见图5-40。在基坑支护中锚杆的一端锚拉于稳定的土体上，另一端锚固于喷射混凝土面层结构上。锚杆可以是预应力的，也可以是非预应力的。由于锚杆较长，在邻近有建筑的城市使用往往受限。

(a)　　　　　　　　　　(b)

图5-40　喷锚支护

(a) 喷锚支护原理；(b) 基坑喷射混凝土支护

土钉墙系1972年在法国凡尔赛一处铁路护坡工程中首次应用成功，是指以短而密的钢制短杆（土钉）打入坑壁土体中，将土体加固成为一种自稳定挡土结构的支护体系。土钉墙往往也外加钢丝网并喷射混凝土保护层，见图5-41。土钉一般可分为打入式和钻孔注浆式两类。比较而言，土钉墙壁厚而锚杆短，也比喷锚支护更为经济，近年在基坑领域应用较多。

5.3.3　深基础

显然，埋深超过浅基础的即为深基础。属于其范畴的有桩基础、地下连续墙、墩基础、沉井和沉箱等基础种类。

现代桩基础应该始于1845年苏格兰工程师J·内史密斯发明蒸汽打桩机并在一座桥梁基础上应用，参见图5-42。按照材料区分，现代的桩主要有混凝土桩、钢筋混凝土桩、钢管混凝土桩和钢桩。

图5-41　土钉墙加固基坑

现代桩基础按照受力方式可以分为摩擦桩、端承桩和抗拔桩。摩擦桩顾名思义就是以与土壤摩擦的形式把建筑荷载传递给地基；端承桩桩端支承在硬土层上，通过桩端部把荷载传递给地基；抗拔桩依靠与土壤的摩擦承受拔出力。现代桩基础按照成桩方式区分有预制桩、灌注桩和旋喷桩等。

图 5-42　蒸汽打桩机的发明者与 19 世纪的打桩工程

预制桩除了承受基础传来的建筑竖向重量，还可作为基坑支护承担横向土压力（图5-43a）。按照预制桩的沉桩方式区分，可分为锤击桩（只能用于野外，不能用于城市）、静压桩（适用于软土，见图 5-43b）、振动法沉桩（适用于砂土）、高压水冲沉桩（适用于硬土、砂石土）、钻孔锤击沉桩（先钻孔，留 1～2m，然后锤击到位，适用于硬土）。

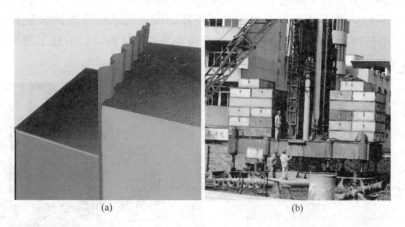

(a)　　　　　　　　　　　　　(b)

图 5-43　钢板桩作为基坑支护与压桩机顶压钢筋混凝土桩

灌注桩是为克服预制桩直径小而承载力有限的缺点而出现的。20 世纪 20～30 年代，欧洲发明了沉管灌注桩。这一时期，在上海的租界地区修建的一些高层建筑基础就曾采用这种桩。到 20 世纪 60 年代，我国铁路和公路桥梁开始采用钻孔灌注混凝土桩和挖孔灌注桩，当改革开放后高层结构大量推出，在房屋结构领域也多采用之。

沉管灌注桩是利用锤击打桩设备或振动沉桩设备，将带有钢筋混凝土的桩尖（或钢板靴）或带有活瓣式桩靴的钢管沉入土中（钢管直径应与桩的设计尺寸一致），造成桩孔，然后放入钢筋骨架并浇筑混凝土，随之拔出套管，利用拔管时的振动将混凝土捣实，桩靴留在桩底，便形成所需要的灌注桩，见图5-44。

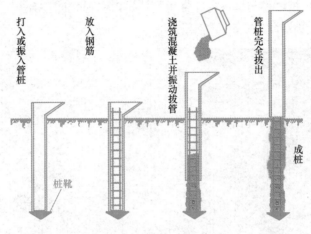

图 5-44　灌注桩成桩流程

　　旋喷桩兴起于20世纪70年代的高压喷射注浆法，此法对处理淤泥、淤泥质土、黏性土、粉土、砂土、人工填土和碎石土等有良好的效果。其利用钻机将旋喷注浆管及喷头钻置于桩底设计高程，将预先配制好的浆液（一般为水泥）通过高压发生装置使液流获得巨大能量后，从注浆管边的喷嘴中高速喷射出来，形成一股能量高度集中的液流，直接破坏土体。喷射过程中，钻杆边旋转边提升，使浆液与土体充分搅拌混合，在土中形成一定直径的柱状固结体（如浆液为水泥浆，形成的固结体称水泥土）。施工中一般分为两个工作流程，即先钻后喷，再下钻喷射，然后提升搅拌，保证每米桩浆液的含量和质量，见图5-45（a）。如果桩内无插筋，则这种桩只能视为地基加固措施，目前施工现场也有以旋喷桩加插筋做基坑支护的做法（图5-45b）。

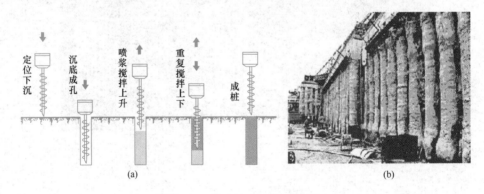

图 5-45　旋喷桩成桩原理与应用
（a）旋喷桩成桩流程；（b）加筋旋喷桩做基坑支护

　　SMW工法是旋喷桩的一种非常有意义的延伸发展。其诞生于1976年的日本，将原来单轴的旋喷桩设备发展成多轴，相应形成了所谓SMW（Soil Mixing Wall的缩写）工法。相应地，旋喷后生成物由水泥土单柱发展成为水泥土墙体。

　　SMW工法在施工中，以多轴型钻掘搅拌机在现场喷出水泥系强化剂而与地基土反复混合搅拌，在各施工单元之间则采取重叠搭接施工（图 5-46），然后在水泥土混合体未结硬前插入 H 型钢或钢板作为其应力补强材，至水泥结硬，便形成一道具有一定强度和刚度的、连续完整的、无接缝的地下墙体，既经济又能确保防渗止水，适用于防渗帷幕墙（主要用于堤坝）、基坑围护等工程。

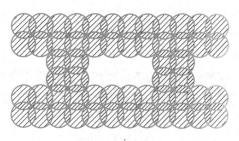

图 5-46　桩重叠搭接成水泥土墙

地下连续墙可以作为深基坑护壁，也可以形成地下室基础的墙体，或者同时集两者于一身。

当在城市密集建筑区域开挖基坑时，需要严格防止基坑坍塌危及四周建筑。地下连续墙就是用窄挖斗的专用挖掘设备，沿着深基础或地下构筑周边，采用泥浆护壁开挖出一条具有一定宽度与深度的沟槽，在槽内设置钢筋笼，采用导管法在泥浆中浇筑混凝土，筑成一单元墙段，依次顺序施工，以某种接头方法连接成的一道连续的地下钢筋混凝土墙，以便基坑开挖时防渗、挡土，作为邻近建筑物基础的支护以及直接成为承受直接荷载的基础结构的一部分，参见图 5-47。

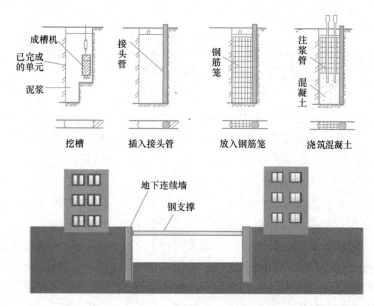

图 5-47　地下连续墙施工流程与剖面示意

为保证基坑开挖时连续墙护壁不会在侧向土压力下失稳倒塌，基坑内往往加钢支撑，见图 5-47。为了使钢支撑能在多个不同尺寸的工程中重复使用，一般采用多节拼接的形式，钢支撑地下连续墙的实际工程见图 5-48。

墩基础也称大直径扩底灌注桩，就是以挖井的方式在地基上挖出一个"井"，之后放入钢筋笼，再灌注混凝土形成桩。在硬土地基上，"井"往往挖掘成口小底大形状，甚至有的桩口直径达到 2m，底径达 5m，单桩承重达千吨。在软土地基上扩孔，需要使用井圈保证不发生垮塌。使用井圈的技术可以追溯到两千多年前的春秋战国时期。近年在楚帮都纪南城（今江陵城北 5km 处），考古工作者发掘了一处春秋时期的水井，同时还出土了陶制井圈，说明当时挖井就采用了所谓沉井技术：先在地上挖一个圆形的井口，挖到一定深度，就放进一截烧制好的陶圈；再往下挖，陶圈就随着井的加深而下沉；第一截陶圈沉下去了，再接着放第二截，依此循环，直到一定的深度为止；井圈固定井壁防止了垮塌。可以说楚人首创的"沉井法"，开创了现代深基础施工的先河，不过目前开挖墩基础时井圈已被更先进的钢板圈取代，而且要保证通气、排水和照明。使用井圈时，井口井底直径相等，见图5-49。

图 5-48 连续墙大开挖钢支撑

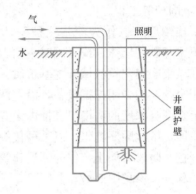
图 5-49 井圈护壁墩基础

5.4 建筑与结构的协调问题

现代房屋建筑的杰作数不胜数，它们或者在建筑造型上表现不俗，或者在结构方案上有独到之处；如果两个方面都能兼顾属于最佳，例如罗马小体育馆等。此外，也有建筑上是杰作，结构和施工方面却留有遗憾的情况，下面介绍两个这样的实例。

5.4.1 悉尼歌剧院和设计者的荣辱

悉尼歌剧院是唯一设计师在世时就被评选为世界文化遗产的建筑。

1956年，澳洲政府发布了向海外征集悉尼歌剧院设计方案的广告。丹麦37岁的年轻建筑师约恩·伍重提交了一个设计方案。评选团专家之一，芬兰籍美国建筑师埃罗·沙里宁看到这个方案后，认为其造型新颖奇特，外形宛如一组扬帆出海的船队，也像一枚枚屹立在海滩上的大贝壳。沙里宁对此欣赏有加，并力排众议，在评委间进行了积极有效的游说工作。虽然伍重的方案早在初评中就已被淘汰，但是在沙里宁力推下又起死回生，最终击败所有231个竞争对手而胜出。按伍重后来的解释，他的设计理念既非风帆，也不是贝壳，而是切开的橘子瓣，但是他对前两个比喻也非常满意。

1959年，歌剧院正式破土动工。然而，伍重参加设计竞赛的方案过于简略，且反潮流的风格对传统的施工方案提出了尖锐的挑战，工程陷入了一系列的技术及经费的难题之中。例如起初设想那些巨大的壳片可以是钢筋混凝土整浇壳体结构，经过深入研究后发现，无法制作变曲率的模板并保证不变形，只能将每一个壳片划分为一条条钢筋混凝土的肋券并分段预制，然后才能组合成整体，见图5-50。为了减少施工的难度，又将全部壳片改为同样的曲率，使每一个壳片都相当于假想半径为76m的圆球表面的一部分。最后，10块贝形尖顶壳由2194块、每块重15.3t的混凝土预制件拼成。为研究和设计这些壳片的结构，用去 8 年时间，施工也费时 3 年多。经过 15 年的艰难曲折，歌剧院终于在几度搁浅后，于 1973 年建成竣工。工程预算 700 万美元，实际费用达 12000 万美元，是预算的 15 倍。

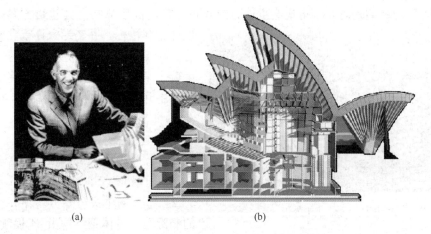

图 5-50　悉尼歌剧院的设计者和结构模型
(a) 约恩·伍重；(b) 歌剧院结构模型

完工后的歌剧院建筑引来了世人的好评，英国女皇伊丽莎白二世亲自为其落成剪彩揭幕。这座建筑长 183m、宽 118m、高 67m，贝壳结构外表覆盖着 105 块白色和奶油色的瓷砖。音乐厅、歌剧厅连同休息厅并排而立，各由 4 块巍峨的大壳顶组成，其中 3 块壳顶面海依抱，1 块背海屹立，与周围的海上景色浑然一体，富有诗意，被誉为一件杰出的艺术品，成为世界各地旅游者和艺术家们向往的地方。它已经成了悉尼的骄傲、澳大利亚的象征，见图 5-51。

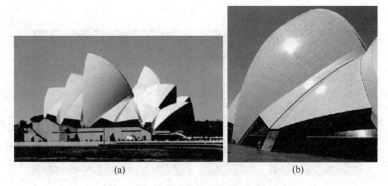

图 5-51　落成后的悉尼歌剧院
(a) 歌剧院全景；(b) 混凝土壳体及装饰

约恩·伍重并没有亲身感受歌剧院落成的喜悦。事情的发展如同一场精彩的戏剧，落幕时赢得了满场喝彩，观众鼓掌欢呼时，却发现谢幕的主演换了一张陌生的面孔。

1965 年，支持歌剧院工程的澳大利亚工党政府在大选中失利下台，新上台的自由党政府指责前任政府"不惜巨额财力建一个世界上最大的歌剧院是奢侈和浪费"，拒绝为工程追加新的预算，并终止了与约恩·伍重的合同，他于 1966 年愤然辞职回国，当时工程才完成不到四分之一，余下的工程是由三名澳大利亚建筑师完成的。约恩·伍重从未亲眼目睹竣工后的悉尼歌剧院，至2008年逝世也没有再踏上澳洲的土地。对他个人来说，悉尼歌剧院不能不说是一出悲剧。

5.4.2 北京奥运会主体育馆——鸟巢

"鸟巢"的称谓是对北京奥运会主体育馆建筑外形的高度概括。其建筑方案是经全球设计竞赛招标，并经专家评审和公众投票后，在13个方案中脱颖而出的。该方案由瑞士Herzog & de Meuron建筑师事务所、中国建筑设计研究院及英国Ove Arup工程顾问公司联合设计。

图5-52 鸟巢建筑外形

该建筑的顶面呈鞍形，长轴为332.3m，短轴为296.4m，最高点高度为68.5m，最低点高度为42.8m，参见图5-52。体育场中央开有185.3m×127.5m的椭圆孔。主体钢结构由24榀刚架组成，它们绕着中央椭圆孔相互交叉布置，形成复杂而规律的空间网格体系（图5-53）。在此基础上，加上以随机方式布置的次构件，最终形成了"杂乱无章"却显得十分自然，宛如金属树枝编织而成的巨大"鸟巢"。

单纯从结构角度看，将刚架用于如此大的跨度并不十分理想，其梁柱连接部位及跨中部位受力均较大，导致结构用钢量过大，也使结构永久荷载所占比例过高。为降低造价，同时也为保证工期，因此在2004年曾对设计方案进行过一次调整，即取消了原有的可开启屋盖，并相应扩大了屋顶开口（图5-53）。这样调整仍然保持了"鸟巢"的设计理念，但用钢量减少了22.3%，相应也提高了结构的安全性。即使这样，结构用钢量依然是很高的。

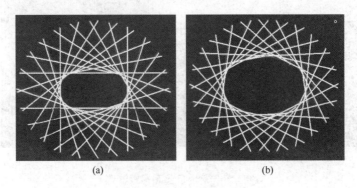

(a)　　　　　　　　　　　　(b)

图5-53 鸟巢结构方案

(a) 方案调整前；(b) 方案调整后

应该说，虽然鸟巢在结构上存在上述遗憾，但是其在建筑上展示了现代中国强大的国力和豪迈气势，赢得国内外观者的交口称赞。

从上面两个实例可以看到，建筑师在考虑其建筑方案时，应该合理兼顾结构和施工问题，建筑与结构要多方协调，以达到建筑美与经济性的合理统一。

5.5 现代主义和后现代主义建筑风格

当前，建筑工业化在我国土木工程界是热门话题。建筑工业化的要素是建筑构件的工厂化生产和建筑结构的现场装配，从这个角度说，其萌芽早在中国古代建筑的标准构件定制化生产就已经孕育了。但现代意义的建筑工业化，则需从现代主义建筑风格谈起。

5.5.1 现代主义建筑

谈到现代主义建筑，就不能不介绍"包豪斯设计理念"与"包豪斯风格"。所谓"包豪斯风格"实际上是人们对"现代主义风格"的另一种称呼；也有人认为，包豪斯是一种思潮，而并非完整意义上的风格。

二维码5-1 包豪斯与现代主义建筑风格

"包豪斯"是1919年在德国魏玛成立的一所工艺美术学校的名称，创办者瓦尔特·格罗皮乌斯（Walter Gropius）将德文Hausbau（房屋建筑）一词调转成Bauhaus来作为校名，以显示学校与传统的学院式教育机构的区别，见图5-54。这所综合性的设计学院，其课程包括新产品设计、平面设计、展览设计、舞台设计、家具设计、室内设计和建筑设计等。

瓦尔特·格罗皮乌斯
(Walter Gropius)
1883~1969

密斯·凡·德·罗
(Mies Van der Rohe)
1886~1969

图 5-54 包豪斯学派的诞生地与主导人物

格罗皮乌斯认为：传统欧洲建筑结构与造型复杂而华丽，强调艺术感染力的理念使其无法适应工业化大批量生产需求。如果没有一种崭新的设计观念，任何一个建筑师都无法实现新的突破，他只有模仿那些已经司空见惯的古典的东西：尖塔、廊柱、窗洞、拱顶……

于是，设计理论上，包豪斯提出了三个基本观点：①将艺术和工艺结合起来，达成艺术与技术的新统一，因此包豪斯的学生应该向工匠学习，集艺术家、工艺工程师和匠人于一身；②设计的目的是服务于人而不是服务产品本身（做到这一点并不容易，巴洛克就与此背道而驰）；③设计必须遵循自然与客观的法则来进行，比如窗户、柱子的尺寸不再由所谓艺术美学，而是由采光与安全计算来决定。

具体到房屋建筑，包豪斯建筑设计理念强调：

（1）在各种住宅中，强调重复使用相同的部件进行大规模生产，降低价格。

（2）设计中强调自由创造，反对抄袭；认为工业化条件下的设计师要掌握手工艺，同时使自己的设计与机械化大生产相结合；强调各门艺术之间进行交流，主张建筑艺术和工艺美术向新兴的艺术流派，如抽象派学习。

（3）有较好的采光性，有较大的窗户和阳台，这也是现代主义建筑与欧洲传统建筑的巨大区别。

包豪斯学派倡导建筑工业化生产，并不意味着主张丢弃建筑的特性。而是主张：虽然结构构件是批量生产的，但通过合理设计，可使得建筑外貌和内部空间尽量不重复。

与格罗皮乌斯齐名，密斯·凡·德·罗是一个匠人出身、没受过正规建筑教育的现代主义建筑大师，于1930～1933年继任包豪斯校长。他坚持"少就是多（less is more）"的建筑设计哲学，意为简洁即最好的装饰；在空间处理手法上主张流动空间——将空间采用钢框和大片玻璃墙在水平和垂直方向都象征性地分隔，而保持最大限度的交融和连续，实现通透、交通无阻隔性或极小阻隔性。

包豪斯学院校舍（图5-55）是包豪斯风格的代表作。它在构图上采用了灵活的不规则布局，建筑体型纵横错落，变化丰富。校舍墙身无壁柱、雕刻、花饰，创造出简洁、清新、朴实并富动感的建筑艺术形象。该建筑造价低廉工期短，是现代建筑史上的一个里程碑，在1996年被联合国教科文组织列为世界文化遗产。

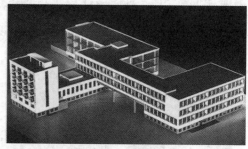

图5-55　包豪斯风格的代表作——包豪斯学院校舍

密斯·凡·德·罗的代表作之一是1929年建成的巴塞罗那国际博览会德国馆，此馆只存在了5个月即被拆除，当时默默无闻，但后来却被誉为现代主义建筑的典范，于1985年被重建，参见图5-56。该馆主张的流动空间与以往展馆的封闭或开敞空间不同，是采用玻璃围合、引导出流动的、贯通的、隔而不离的空间。开敞与流动、贯通的区别，一个是无序的，另一个是理性的、有秩序的。

图5-56　巴塞罗那国际博览会德国馆外观与内部空间

格罗皮乌斯和密斯·凡·德·罗等人在政治立场上都倾向于左翼社会主义，因此包豪斯现代主义建筑也被称为国际主义建筑。1933年"纳粹"在德国上台后，包豪斯学校被关闭，格罗皮乌斯和密斯·凡·德·罗等人先后流亡美国任教，直到20世纪中期，现代主义建筑持续在世界建筑舞台上大行其道，位于美国纽约的联合国总部大厦就是一座现代主义建筑。

5.5.2 后现代主义建筑

单一风格不可能永远主宰人类的审美。到20世纪60年代，一种有别于现代主义建筑理念的建筑风格出现了，被称为后现代主义建筑，它是现代主义建筑多样发展的又一种表现；面对众多千面一容、不事装饰的现代主义建筑，后现代主义建筑的中心主旨是反对密斯·凡·德罗的"少就是多"的减少主义风格，主张以装饰手法达到视觉上的丰富。提倡满足心理需求，而不是仅仅以单调的功能主义为中心。设计上的后现代主义大量采用各种历史装饰，加以折中处理。美国建筑师斯特恩提出后现代主义建筑有三个特征：采用装饰；具有象征性或隐喻性；与现有环境融合。

根据上述特征，我们可以识别出许多后现代主义建筑：隐喻鸟巢的北京奥运会主体育场，隐喻掰开的橘子瓣的悉尼歌剧院，隐喻金融机构的孔方大厦，隐喻情侣舞伴的建筑（图5-57a）等。图5-57（b）所示西昌火把广场，墙体上的装饰图案来自当地彝族服饰上的蜡染图案，象征当地的地域环境。

二维码5-2　后现代主义建筑风格

(a)

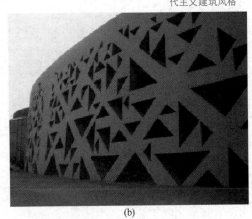
(b)

图5-57　后现代主义建筑实例

思　考　题

（1）水晶宫在建筑结构上有何革命意义？为什么是帕克斯顿掀起了这场革命？

（2）什么是芝加哥学派？它的出现有何契机？

（3）试说明埃菲尔其人和他的主要成就。

（4）钢筋混凝土结构的发明者是谁？是谁发明了整浇混凝土框架？是谁发明了预应力混凝土？

（5）帝国大厦为什么能那么快速崛起？落成后遭遇了什么灾难？是什么因素保护了它屹立不倒？

（6）现代空间结构有何种类？

（7）现代木结构与传统木结构有何区别？

（8）近一百年来，钢结构都发生了哪些主要变化？

（9）浅基础和深基础各有何主要类型？锚喷支护与土钉墙有何区别？

（10）悉尼歌剧院和鸟巢各采用了什么结构方案？如何理解其与建筑方案的关系？

（11）现代主义建筑风格与后现代主义建筑风格的主要区别是什么？

第6章 道路工程

道路工程是指通行各种车辆和行人的工程设施。东汉训诂书《释名》解释道路为："道，蹈也，路，露也，人所践蹈而露见也。"可见，古人认为原始的道路是由人和牲畜践踏而形成的小径。车辆发明后，交通运输的主体是车辆，要保证车辆的机动性，就对道路的线路曲折、坡度、宽度和地基的承载力提出了较高要求，于是不同历史时期，根据道路用途和生产力水平提出了一定的道路分类和相应筑路技术标准。

按照使用区域划分，道路可分为公路和城市道路。公路是指连接城镇、乡村和工矿基地之间主要供汽车行驶的道路；城市道路指供城市各地区间交通用的道路。

6.1 中国古代道路

6.1.1 商周的道路建设

商朝时期人们已经懂得夯土筑路，并利用石灰稳定土壤。从商朝殷墟的发掘，发现有碎陶片和砾石铺筑的路面，过河有木桥。

周朝实行井田制，因此在当时经济发达的华北平原地区，农田呈方块状，田边的道路自然是笔直的。有记载形容当时道路平如磨石、直如箭矢❶。周代把城市道路称为"国中"，郊区道路称为"鄙野"，开创城市道路和公路区别划分的先河。城市道路分为"经（南北向）、纬（东西向）、环（绕城）、野（出城）"四种。道路的宽度以"轨"为单位，每轨宽八尺（周尺约合0.2m）。周天子之都城中道路规模最大，由官名为"匠人"的官吏管理，有九经九纬，成棋盘形；经涂、纬涂各宽九轨，环涂宽七轨，野涂宽五轨，这与现代城市道路网中环城路比较宽略有不同。诸侯的都城道路规模相对要小，其经涂宽七轨；公和王子弟都城的经涂宽五轨❷。郊外道路分为路、道、涂、畛（音 zhěn）、径五个等级，"路"容乘车三轨，"道"容二轨，"涂"容一轨，"畛"走牛车，"径"走马，这些规定相当于现代的道路技术标准。天子朝廷和诸侯国均设有"司空"一职，掌管包括道路在内的各种营建和水利。规定司空应按期沿路视察，负责在雨季结束后修整道路，河流干枯后修造桥梁，并在道路边种植树木，沿路提供食宿。每十里设有提供膳食的庐，每三十里有提供住宿的客栈，有专人管理；每五十里有集市，设有更高级的旅馆；这应该说是现代养路、设置交通标志、路边绿化和服务区的萌芽，足见周代的道路已臻相当完善的程度。上

---

❶ 《诗经·小雅》记载："周道如砥（音 dǐ），其直如矢。"砥是磨刀石之意。

❷ 《周礼·考工记》："匠人营国，方九里，旁三门。国中九经九纬，经涂九轨。左祖右社，前朝后市，市朝一夫……经涂九轨，环涂七轨，野涂五轨。环涂以为诸侯经涂，野涂以为都经涂。"一夫为面积，约百步见方。

述规定如不能履行，则说明国家有亡国之虞❶。战国时在山势险峻之处凿石成孔，插木为梁，上铺木板，旁置栏杆，称为栈道，是中国古代道路建设的一大特色。

6.1.2　秦汉在道路上的突破

驰道是秦朝为统治六国修筑的，以首都咸阳为中心，通向全国的庞大道路网，其建筑标准已在第1章介绍。公元前212年，为巩固北部边防，抵御匈奴侵扰，秦始皇又使蒙恬修从咸阳向北延伸的直道，全长约700km，逢山劈石，遇谷填平❷；仅用了两年半的时间修通，今陕西省富县境内尚依稀可见其路形，据说直道建筑标准与驰道相同。除了驰道、直道以外，还在西南山区修筑了"五尺道"以及在今湖南、江西等地区修筑了所谓"新道"。这些不同等级、各有特征的道路，构成了以咸阳为中心，通达全国的道路网，见图6-1。在城市道路方面，宫殿与宫殿之间修建了高架道形式的"阁道"，这是立体交通的雏形。

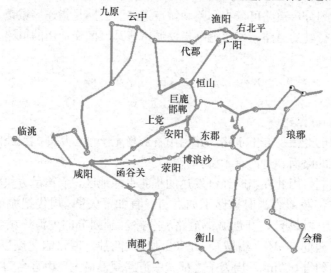

图6-1　秦代的驰道与直道网

汉朝（公元前206～公元220年）在邮驿与管理制度上，更加完善。驿站按其大小，分为邮、亭、驿、传四类，大致上五里设邮，十里设亭，三十里设驿或传。初汉时全国共有亭29635个❸，因此估计当时全国至少有干道近30万里。公元前138～前115年，汉武

---

❶　《荀子·王制》："修堤梁，通沟浍，行水潦，安水臧，以时决塞，岁虽凶败水旱，使民有所耘艾，司空之事也。"

《国语·周语》之单襄公论陈必亡："定王使单襄公聘于宋。遂假道于陈。……道茀不可行，候不在疆，司空不视途，泽不陂，川不梁，野有庾积，场功未毕，道无列树。……司里不授馆，国无寄寓，县无施舍，民将能臿于夏氏。及陈，陈灵公与孔宁、仪行父南冠以如夏氏，留宾不见。单子归，告王曰："陈侯不有大咎，国必亡。"王曰："何故？"对曰："……故《先王之教》曰：'雨毕而除道，水涸而成梁，……今陈国火朝觌矣（大火星在清晨出现，即已近冬季），而道路若塞，野场若弃，泽不陂障，川无舟梁，是废先王之教也。……《周制》有之曰：'列树以表道，立鄙食以守路，国有郊牧，疆有寓望，薮有圃草，囿有林池，所以御灾也，……今陈国道路不可知，田在草间，功成而不收，民罢于逸乐，是弃先王之法制也。"《周礼·地官》："凡国野之道，十里有庐，庐有饮食；三十里有宿，宿有路室，路室有委；五十里有市，市有候馆，候馆有积。凡委积之事，巡而比之，以时颁之。"

❷　《史记·秦始皇本纪》："三十五年，除道，道九原抵云阳，堑山堙（yīn）谷，直通之。"云阳位于陕西省淳化县西北，九原郡即今之内蒙包头市，二者距离七百余公里。

❸　《前汉书（卷十九）百官公卿表第七》："凡县、道、国、邑千五百八十七，乡六千六百二十二，亭二万九千六百三十五。"

116

帝派张骞两次出使西域，远抵大夏国（即今阿富汗北部），正式走通了丝绸之路。

丝绸之路是以驮运为主的道路。主要路线起自长安，沿河西走廊到达敦煌，分两路经塔里木河西行至木鹿城（现土库曼斯坦马雷），然后横越安息（今伊朗）全境，到达安都城（今土耳其安塔基亚），见图 6-2。向西又分两路：一路经地中海转达罗马各地；一路到达地中海东岸的西顿（今黎巴嫩）出地中海。3 世纪时，又有取道天山北面的较短路线，沿伊犁河西行到达黑海附近。丝绸之路不但在经济方面，最重要的是在文化各方面，沟通了中国和南亚、西亚以及欧洲各国，使后来的中国历史深受其影响。

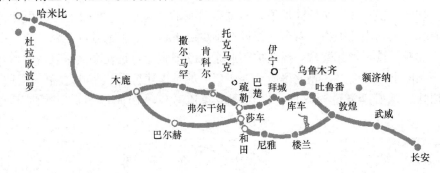

图 6-2 汉代开辟的丝绸之路线路

东汉明帝时期，在今陕西褒城鸡头关下修栈道时，须通过横亘在褒河南岸耸立的石壁，名为"褒屏"。当时工匠用火煅石法，即先用柴烧炙岩石，然后泼以浓醋，使石粉碎，再用工具铲除，逐渐挖成山洞，开通了长 14m，宽 3.95～4.25m，高 4～4.75m 的隧洞，就是著名的石门，洞内有石刻《石门颂》《石门铭》纪其事，这大概是中国最早的道路隧道。

6.1.3 隋唐的路网

隋朝（581～618 年）是大兴土木的朝代，修建有宽百步、长三千里的御道❶，可见规模之大。

唐朝（618～907 年）是中国封建王朝的鼎盛时期，重视道路建设和驿站管理，桥梁跨障能力大为提高，传递信息迅速，紧急时驿马每昼夜可行 500 里以上。玄宗时为杨贵妃传送荔枝，由蜀中越秦岭至长安，荔枝尚鲜，没有高质量的道路不可能做到如此。唐朝开始沿路设置土堆，名为堠（音 hòu），以记里程，即今天的里程碑雏形。唐朝不但郊外的道路畅通，而且城市道路建设也很突出。首都长安是当时世界上最大的城市，东西长9721m，南北长 8651m，道路网是棋盘式，南北向 14 条街，东西向 11 条街，位于中轴线的朱雀大街宽达 150m，街中 80m 宽，路面用砖铺成，道路两侧有排水沟和行道树，布置井然，气度宏伟，不但为中国以后的城市道路建设树立了榜样，而且影响远及日本。

栈道、驰道、丝绸之路在历史上的地位丝毫不逊于万里长城，后者的精神在于"围""堵"，拒绝外人进入自己的家园，而前者的精神在于延伸、沟通和发展。道路提高了中华民族的凝聚力和吐故纳新能力，是中国历史出现强汉盛唐的重要保证。

6.1.4 宋以后的抱残守缺

宋代战争频繁，在道路里程上没有大的建树，但是由于统治重心向南转移，南方道路

---

❶ 《资治通鉴·隋记》："发榆林北境至其牙，东达于蓟，长三千里，广百步，举国就役，开为御道。"

质量大为提高，架设了许多著名的桥梁，交通更为便利。

元朝地域辽阔，自大都（今北京）通往全国有 7 条主干道，形成一个宏大的道路网。但运输重点转向水运，道路标准不高。

明朝是一个封闭保守的朝代，洪武年间规定农民不得随意离开居住地 50 里范围，在路上交通方面自然不会有杰出的建树，但是民间造桥兴盛，现在留存的许多古代石桥都是明代修建的，但造桥技术和规模都没有超过宋代。

清朝利用原有驿道修建了长达约 15 万 km 的"邮差路线"。在筑路及养路方面也有新的提高，规定得很具体。在低洼地段，出现高路基的"叠道"，在软土地区用秫秸铺底筑路法，有如今天的土工织物，对道路建设有不少新贡献。清朝的茶叶之路，以山西、河北为枢纽，北越长城，贯穿蒙古，经西伯利亚通往欧洲腹地，是丝绸之路衰落之后在清朝兴起的又一条陆上国际商路，陕北民歌"走西口"就是讲述行走于茶叶之路的生活。茶叶之路始于唐代，鼎盛于清道光时期，但这已是驿道时代的回光返照，现代汽车公路即将兴起。

6.2　西方古代道路

6.2.1　古帝国的路网

公元前 1900 年前，以军力强大著称的亚述帝国曾修筑了从巴比伦辐射出的道路，至今在伊拉克仍留有遗迹。西方在道路方面有伟大建树的是罗马帝国。由首都罗马用道路将环地中海沿岸之欧洲一部（远达英国）、小亚细亚一部以及非洲北部的广大地区联成统一的帝国，并把这些区域分成 13 个行省，有 322 条联络干道，总长度达 78000km（记52964 罗马里），见图 6-3。罗马大道网以 29 条主干道为主，其中最著名的一条是越过亚平宁山脉的阿庇乌大道（一译亚平大道），全长约 660km，开始兴建于公元前 400 年前后，用了 68 年的时间，完成后起到了沟通罗马与非洲北部和远东地区的作用。

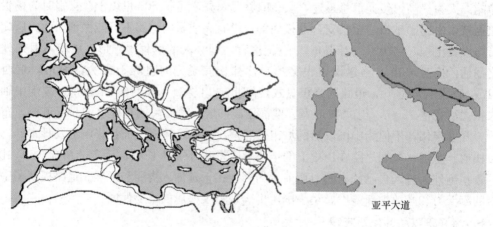

亚平大道

图 6-3　古罗马帝国的道路网

因为道路对帝国维持一统非常重要，罗马帝国统治者对筑路非常重视，修筑道路的主持者是高级官吏，道路的最高监督有至高的权威和荣誉，如恺撒是第一个任筑路最高监督的人，从此以后只有执政官级才有资格充当。对于最高统治者，诸如恺撒、图拉真等的筑路功绩，罗马人会通过凯旋门的文字和浮雕予以表彰。随着罗马帝国的衰亡，道路也随之败坏。与东方一样，道路的状况表征了国家的兴衰。

6.2.2 古罗马道路的技术标准

罗马大道有两个主要特征：首先是在线路选择上，两要点之间常常不顾地形的艰险，恒以直线相连，工程浩大，至今尚留有隧道、桥梁和挡土墙的遗迹，见图6-4。其次是路面高于地面，主要干道平均高出2m左右，以利于瞭望并免于雨水浸泡，现代英语"公路"一词所袭用的"highway"即来源于此。其中若干主要军用大道宽达11~12m，中间部分宽3.7~4.9m，用硬质材料铺砌成路面，以供步兵使用，两边填筑了高于路面的、宽约0.6m的路挡石堤道，可为军官站立指挥之用，外侧每边尚有2.4m宽的骑兵道。其施工方法是先开挖路槽，然后分四层用不同大小的石料并用泥浆或灰浆砌筑，总厚达1m。路面的式样也不尽相同，较高级的阿庇乌大道，曾用远自160km以外运来的边长1~1.5m的不整齐石板，镶砌于灰浆之中。有些道路上是用大理石方块或用厚约18cm的琢石铺砌。从现代的角度看，这样修筑的道路以当时的载重量显得非常保守。但是考虑到古代道路一旦被洪水等自然灾害毁坏，抢修能力低，修复远不如现代迅捷，加之古罗马有大量的奴隶，劳力廉价，因此采用这样高的筑路标准是可以理解的。

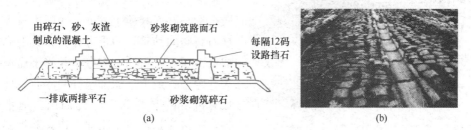

(a)   (b)

图 6-4　古罗马的野外道路

（a）古罗马道路断面；（b）留存于英格兰的古罗马道路遗迹

古罗马城市道路已经非常先进，用很厚的碎石作基层之后，上铺平整的块石，碎石基层内还埋设有下水道、铅质的输水管等设施，参见图6-5。

图 6-5　古罗马城市道路断面

6.3 西方近现代道路与筑路技术

6.3.1 中世纪的碌碌无为与变革的呼唤

西罗马帝国灭亡后，欧洲陷于黑暗的宗教专制和分裂，土木工程热衷于为宗教服务。没有了罗马时期廉价的奴隶劳动力，加之分裂的小城邦地域有限，迅捷的交通显得多余，因此千余年间西方世界在道路建设方面毫无建树。

18世纪中期英国工业革命来临之际，两件新事物呼唤着道路改革：一是炼铁技术的蓬勃发展；二是兴旺的海外贸易。当时在英国内陆煤铁矿山地区生产的大量铸铁要向伦敦等港口地区运输；数百公里土路，一旦遇到雨天，马车和驮马陷于泥泞，举步维艰。因此，人们开始将原来的土路铺垫石块进行改造，改造后的道路效率大增，据说原来雨季要走近两周的路程，改造后只需2～3天便可到达。此举开启近代道路修筑之萌芽。

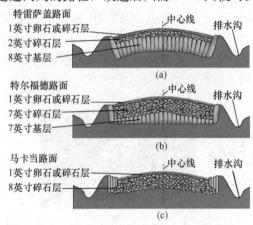

图6-6　近代三种重要的路面处理比较

6.3.2 筑路技术的突破与促进者

在欧洲大陆，首先用科学方法改善道路施工的是法国工程师特雷萨盖。他于1764年提出新的筑路方法，10年后在法国获得普遍采用，参见图6-6（a）。其主要特点是较古罗马路面减薄了厚度，底层用较大的手摆石料竖向铺筑，用重夯夯实；其上同样铺成第二层后，再用重夯夯击并将小石块填满大孔隙中；最上层撒铺坚硬的碎石罩面，形成有拱度的厚约7.5cm的面层。他重视养护，被认为是首先主张建立道路养护系统的人，在他的影响下，拿破仑期间（1804～1814年）建成了著名的法国道路网。

苏格兰工程师托马斯·特尔福德（Thomas Telford，参见图6-7a）于1815年建筑道路时，采用一层大石块摆铺在路面结构的底层，其中用平均高约18cm的大石块摆砌在路中央，两边用较小的石块，这样形成了路拱，用石屑嵌缝后，再分层摊铺10cm和5cm的碎石，以后借助交通压实。以后这种大块石基础被称为特尔福德基层，参见图6-6（b）。

1816年间，另一位苏格兰的工程师约翰·劳登·马卡当（John Loudon McAdam，参见图6-7b）对碎石路面作了认真的研究，主张取消特尔福德基层而代之以小尺寸的碎石材料，他用两层10cm厚的7.5cm大小的碎石，上铺一层2.5cm

(a)　　　　　　　(b)

图6-7　近代道路两位著名的奠基人

（a）托马斯·特尔福德（1757～1834年）；

（b）约翰·劳登·马卡当（1756～1836年）

的碎石做面层获得了成功，因而今天仍将这种碎石路面称为马卡当路面，参见图 6-6 (c)。马卡当阐述的路面结构的两个基本原则，至今仍为道路工作者所肯定：一是道路承受交通荷载的能力，主要依靠天然土基，并强调土路基需要具备良好的排水，只有处于干燥状态下，土路基才能承受重载而不致发生沉降；二是用有棱角的碎石，互相咬紧锁结成为整体，形成坚固的路面。根据当时的交通情况，路面的厚度一般小于 25cm 即可适应。与罗马时代的路面厚度比较减薄了四分之三，节约了大量的人力和材料。

上述碎石路面的压实，当时主要依靠车辆，并由养路工经常平整，直到路面坚实为止。因此，路面的成型旷费时日，而人工敲碎石料更是费工，见图 6-8。1858 年发明了轧石机，从此可以用机械大量生产碎石。1860 年在法国出现了蒸汽压路机，大幅度改善了碎石路面的质量，加快了施工进度。直到 19 世纪末，世界上公认碎石路面是当时最优良的路面而推广于全球。

1883 年戴姆勒和 1885 年本茨分别发明内燃机和汽车，1888 年爱尔兰的兽医邓洛普从医治牛胃气膨胀中得到启示，发明了充气轮胎。汽车、充气轮胎加上马卡当的碎石路面，被称为近代道路交通的三大支柱，都对道路的发展产生深刻的影响。此外，特尔福德以道路和桥梁工程师的身份于 1818 年创办了英国土木工程师学会，并担任了学会终身主席，后发展成为国际上群众性学术团体。传统经验性的筑路工程逐渐受到科学的指导。

图 6-8　修筑马卡当路面时需人工敲碎路面石
（图片来自美国博物馆）

道路工程接下来最大的变革之一源于新的筑路材料的出现，沥青作为胶凝材料与碎石路面结合，改善了路面平整度。这样的路面也称为柏油路面。

柏油路面事实上并非新发明，世界上最早的柏油路是新巴比伦王国（公元前 626 年～前 539 年）铺设的。其首都的主要大街"仪仗大道"宽 20m，由大块砖头和天然沥青铺成。目前还有一些路段遗迹至今保存完好，专供游人观瞻。但是巴比伦灭亡后，沥青路面技术并未流传推广。沥青再次作为路面材料则已是 19 世纪中叶，法国于 1858 年在巴黎用天然岩沥青修筑了一条沥青碎石路。汽车出现后，车辆速度较马车大为增加，为减少颠簸，需要大量沥青改善碎石路面。到 20 世纪，石油沥青成为使用量最大的铺路材料。

图 6-9　在马卡当路面上喷洒流态柏油

早期的沥青路面是以加热后流态的柏油浇灌在铺好的碎石路面上，见图 6-9。柏油顺着碎石间隙向下流淌，冷却后凝固，将碎石凝结成整体。这种路面称为沥青贯入式碎石路面。这种路面的缺点是柏油熔点低，夏季暴晒下路面柏油易熔化，路面防水性差。

1870 年，从比利时移民美国、在哥伦比亚大学任教授的爱德华·斯米德特（Edward J. de Smedt）发明了沥青混凝土并申请了美国专利，其做法是，将沥青加热熔化后与细石、砂等材料一同搅拌均匀，在沥青热熔状态下将混合料平铺于基层碎石上，后再以压路机压实形成平整路面，这种路面称为沥青混凝土路面。现在，沥青混凝土路面已成为沥青路面的主要形式。

6.3.3 高速公路的诞生

高速公路的发明是道路工程另一项伟大变革。所谓高速公路是全封闭、全部控制出入、全部立体交叉、路中央有分隔带的现代化汽车干线公路，而早期的高速公路尚达不到上述标准。

20世纪20年代，在柏林西南部建成了一条数公里的试车跑道，这成为后来高速公路的雏形。现如今这段跑道已经成为A115号高速公路的一部分。1932年8月，科隆至波恩20km长的高速公路建成通车。当时的科隆市长阿登纳（"二战"后第一任联邦德国总理）在落成典礼上宣告：公路将以此展现其未来。如今这段高速公路仍在使用。

图6-10 德国早期高速公路

1933年，在经济危机横扫全球的时代背景下，希特勒于乱局中被选举上台。他敏感地意识到高速公路的巨大价值，大规模地征集失业人员修建高速公路，迅速降低了失业率，在短期内扭转了经济形势，赢得了选民信任。同时，以这种寓军于民的方式，德国也悄悄修建了战时快速运输网络，战争爆发时这种高速公路有2000多公里长，参见图6-10。第二次世界大战期间，第三帝国的高速公路畅通无阻且节约汽油，表现出明显的运输优势。战争后期，德国发明的喷气式飞机技术上领先于盟军的螺旋桨飞机，喷气式飞机所特有的超长跑道成为盟军轰炸的重点目标，于是德国空军将高速公路作为喷气式飞机的起降机场；故此后几乎所有国家在建设高速公路时，都将部分路段能满足战斗机起降作为高速公路建设标准的考虑因素之一。

1940年，美国也仿建了自己的第一条高速公路，但真正的大规模发展还是在20世纪50年代。时任总统的艾森豪威尔曾在第二次世界大战中担任欧洲盟军总司令，对德国高速公路网印象深刻。他签署法案，力主修建美国州际高速公路网。从此，高速公路真正走向世界，目前美国有10万km高速公路，里程在中国之后，居世界第二位。

6.4 现代中国的道路建设

6.4.1 北洋时期与国民政府"黄金十年"的道路建设

北洋政府时期（1912～1927年），孙中山倡言"道路是文明之母和财富之脉"，在其《建国方略》中提出建百万英里碎石公路的设想。1920年广东省成立"公路处"，这是中国第一次出现"公路"一词，其词的来源是由外文"public road"翻译而来，以后遂普及于国内。

在北洋政府时期各省相对独立，道路建设也是支离破碎不成网络，修筑的道路大都不过数十公里长。如1912年通车的湖南省长沙至湘潭的公路长50km；1919年通车的广西壮族自治区的邕武路（南宁至武鸣）长 42km；1921 年通车的广东省内的惠山至平山路长 36km。在北方，蒙古高原线路平坦，修路相对容易，于是沿着原有的"茶叶之路"修筑了全长 965km 的张库公路，从河北省张家口至库伦（现乌兰巴托），于 1918 年通车。加之其他商营公路、兵工筑路和以工代赈所修的道路，到 1926 年，全国公路里程为 26110km，大都是晴通雨阻的低级道路。城市道路方面，这一时期上海、天津等城市的租界地区引入了沥青和水泥混凝土路面，并开始有沥青拌合厂及压路机等筑路机械。哈尔滨的主要城市道路则模仿 19 世纪的欧洲城市，采用整齐的方石铺设，一些地段为防止路面沉降，甚至每块方石下均以树枝为桩。

国民政府北伐成功定都南京后的十年（1927～1937 年），有人称之为所谓"黄金十年"。这期间国家一度实现了形式上的统一（其实丢失东北也在这期间），民族工业有了一定的发展。在道路建设方面，开始修建各省联络公路，逐渐走向统一化和正规化，初步形成公路网。"全国经济委员会"于 1932 年成立后，首先制定了联络公路的规划，从"中央政府"控制影响力最强的江苏、浙江、安徽三省开始，于 1932 年修通了沪杭（上海至杭州）公路，继之以杭徽［杭州至安徽歙（音 shè）县］公路，从此打破了公路按省际分割的局面。后又增加河南、江西、湖南、湖北四省，扩充为七省联络公路，并逐步扩大到全国。1934 年公布《公路工程准则》24 条，对于几何设计、路面、桥涵等都有规定，统一了公路工程的技术标准。为了示范技术标准，"经委会"直接修建西北的西安至兰州和西安至汉中两条路。

6.4.2　抗战期间的道路建设

1937 年抗日战争全面爆发，由于当时中国工业非常落后，除轻型武器之外，一切重军火均来自国外。中国政府预料到日本会迅速占领中国沿海地区，切断国外援华的海上通路，因此下决心迅速沟通陆上国际交通，于是中国的道路建设出现了一个高潮，集中力量打通西北的羊毛车路线（由西安经兰州、乌鲁木齐至霍城，在苏联境内接阿拉木图，西北出产的羊毛由此线出口，故称之）和云南通往缅甸的滇缅公路。其中滇缅公路是当时中国最重要一条国际交通线。

滇缅公路的修筑路线是：大理—保山—龙陵—施甸—德宏—芒市—畹町，之后接缅甸通往交通枢纽曼德勒的公路。虽然它的英文名称是"Burma road"，其实主要是在中国境内。

图 6-11　修筑滇缅公路的中国劳工

滇缅公路修建的第一个困难是公路经过的 80％ 的路段是崇山峻岭。要减少工程土石方工作量，应该有精心规划的选线方案。然而由于战争形势紧急，国民政府提出滇缅公路"先求通、后求好"的方针，严令公路沿线各县必须在 1937 年底以前开工建设，限期三个月之内先建成一条可以勉强通车的简易公路。由于任务紧迫，滇缅公路的很多路段只好边勘测边施工。

第二个困难是有经验的工程技术人员极为缺乏。滇缅公路总工程处对流落到昆明的一些有文化的年轻人进行培训，在短时间内学习地质和土木工程方面的知识，学习如何加快公路工程进度、用沙砾平整路面、把一条曲线慢慢拉成一条直线、减少急弯和陡坡、改良排水系统，以及如何修建载重量不能小于 10t 的桥梁等一些课程。这些知识青年后都成为滇缅公路建设骨干。

第三个困难是严重缺乏机械设备。1937 年底，滇缅公路沿线近 30 个县的劳工约 20 万人被征集来到公路工地上；在青壮年从军后，相当数量的劳工是妇孺叟妪。在长达 959.4km 的路段上，劳工们都是用自己家里带来的背篓来搬运泥土和石块。压路设备是人拉的巨大石碾子，见图 6-11 和图 6-12。石碾子大约有 1.5～1.8m 高，质量在 3～5t 之间。如何制作和将石碾子弄到公路上本身就很艰难，修路过程中更是难以操作，下坡时由于石碾子所产生的巨大惯性，来不及躲避的劳工们常常被失去控制的石碾子压死。那些普通劳工为抗战付出的巨大牺牲奠定了滇缅公路最终贯通的基础。

图 6-12　外国记者拍摄的图片

1938 年 8 月底，滇缅公路通车的消息震惊了世界。全路共完成土方 1987 万 m³、石方 191 万 m³，石箱涵（跨度小于 5m 的泄水桥洞称为涵，与箱涵对应还有拱涵❶）1400 余道、木便涵 300 余道、大中型桥梁 7 座、小型桥梁 236 座。其中惠通桥（跨径 84m，载重 10t）、功果桥（跨径 90m，载重 7.5t）、昌淦桥（跨径 130m，载重 15t）是滇缅公路上最大、最艰巨的桥梁工程，也是我国工程技术人员最早设计的公路钢索吊桥。美国驻华大使詹森在途经滇缅公路后曾说："能于短期内完成此艰巨工程，此种果敢毅力与精神，实

❶　桥一般由上部结构、下部结构、基础和附属构造四部分组成。涵洞是修建在路基、堤坝或塘堰当中由洞身及洞口建筑组成的排水构造物，一般用来宣泄小量水流，做排洪、灌溉，也做交通，供行人、车辆通过。桥梁按跨径分类，单孔跨径小于 5m 的是涵，大于等于 5m 的是桥。多孔跨径总长小于 8m 的是涵，大于等于 8m 的属于桥。箱涵也是涵洞的一种构造形式，适用于软土地基，但因施工困难且造价较高一般较少采用。

令人钦佩。且修筑滇缅路，物资条件异常缺乏，第一缺机器，第二纯系人力开辟。全靠沿途人民的艰苦耐劳精神，这种精神是全世界任何民族所不及的。"通车当年，该路就抢运了苏联援助的 6000t 军火，除接受外国战略物资外，中国的钨、锡、丝、茶桐油、核桃油、猪鬃等也通过该路出口外销，换取外汇以偿还外债。

鉴于该路对中国抗战之重要性，日军于 1942 年占领缅甸后又北上攻入云南腾冲等地，切断了滇缅公路。当时苏联陷于苏德战争自顾不暇，且已经与日本缔结苏日中立条约，基本停止了通过羊毛车路线的对华援助。一时间，中国获得外援的所有陆上交通都已经中断；一切外援几乎全部依赖由美国空军承担的、从印度穿越喜马拉雅山脉的"驼峰航线"，中国抗战进入困难时期。为此，中美紧急修筑中印公路。

中印公路从印度雷多穿越缅北野人山区，进入中国与滇缅公路衔接，国外一般以其始点称之为"Ledo road"，区别于"Burma road"。1943 年 10 月，中美联军发动缅甸北部战役的同时也揭开了中印公路修筑的序幕。

筑路大军由中、美两国工兵和中、缅、印民工组成，浩浩荡荡 10 万人。施工的过程异常艰苦，一般来说，先由中国工兵打前站，清扫路障，高度机械化的美国工兵部队紧随其后负责推平路面，把路面清出至少 30m 宽。另外还有专门的部队负责修建桥梁，见图 6-13。由于缅北是原始森林，木材来源丰富，许多路段干脆将伐倒的大树加工架设成长长的矮桥，既能使原为障碍的树木有了用场，又减少土石方量，减少雨季对通车的影响。整个修路过程中，工兵们共搬运了约 1032 万 m^3 的土方、约 106 万 m^3 的砂子，修建了 700

(a)   (b)

图 6-13　修筑中印公路
(a) 中国工兵在架桥；(b) 美国工兵在进行土石方施工

座桥梁，包括战争中修建的最长的浮桥（1180 英尺）。这条公路修建耗资 1.4891 亿美元，有 2200 余名工兵牺牲在这条公路上，其中一半是美军。负责修路的美军少将皮克说："这是美军自战争以来所尝试的最为艰苦的一项工程。"而在缅甸北部为配合修路与日军进行的激战中，中国驻印军伤亡达 18000 多人。1945 年 1 月 27 日，中国远征军和中国驻印军在缅甸芒友会师；次日，工兵部队也完成了中印公路与滇缅公路的连接，自此中印缅公路完全打通。中国抗战的正面战场再次接通了陆上血脉。

为表彰美国对中国抗战的贡献，中印公路被当时的国民政府以援华美军将领之名命名为史迪威公路。抗战胜利后不久，中印公路被废弃，湮没在茫茫林海之中。

除了滇缅公路和中印公路外，抗战期间，中国还在自己的后方西北、西南一带修筑了若干联络干线，如川康、康青、滇贵等公路（图 6-14）。截至 1945 年抗日战争胜利，全国

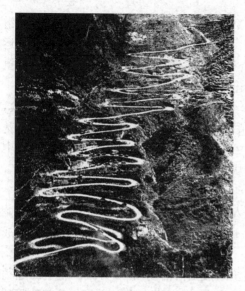

图 6-14　滇贵公路中的二十四道拐

公路总里程为 123720km。这些公路大多采用就地取材、造价低廉的泥结碎石路面。

1946～1949 年的"解放战争时期"，我国道路建设处于停滞、萎缩的状态。

6.4.3　中华人民共和国的公路建设

1949 年中华人民共和国成立时，全国能通车公路里程不过 80700km。公路密度仅 0.8km/100km²。除了医治道路创伤、修复被战争破坏的桥梁外，道路建设最紧迫的任务是沟通内地与西藏的联系，巩固国防、维护国家统一。

20 世纪 40 年代末期，中国西南边疆形势复杂，因此中华人民共和国成立伊始，中央政府指示解放军尽早入藏，完成维护祖国领土完整和解放西藏人民的任务。当时西藏地区人口不过百万、贫瘠落后，为不给当地人民造成负担，中央要求"进军西藏、不吃地方"。即进藏部队的给养将主要依赖从内地省份运输。毛泽东指示进藏部队："一面进军，一面修路。"于是从 1950 年初开始，11 万解放军官兵、工程技术人员和各族民工以高度的热情和顽强的意志，用铁锤、钢钎、铁锹和镐头等原始工具，开始修筑著名的康藏公路（图 6-15）。1954 年初，青藏公路也开始建设（图 6-16）。

康藏和青藏公路工程的巨大和艰险，在世界公路修筑史上是前所未有的。康藏公路自今四川的雅安起至西藏拉萨，全长 2271km，翻越海拔 3000m 以上的二郎山、折多山、雀儿山、色齐拉山等 14 座大山，跨越大渡河、金沙江、澜沧江、怒江、拉萨河等急流，更有冰川、流沙、塌方和泥沼、地震、森林地带，地形十分复杂，工程特别艰巨，路基土石方有 2900 多万立方米，其中石方有 530 多万立方米，统计数字显示，沿线各种自然灾害

艰苦施工　　　　　　康藏筑路纪念章　　　　　　通车典礼

图 6-15　修筑康藏公路

平均每年达 300 多次，沿线雨季塌方、滑坡、泥石流频繁，冬季风雪流、雪崩不断，几乎集中了世界公路建设史上的所有病害。青藏公路自西宁至拉萨，全长 2100km，横越高达 4500m 号称世界屋脊的昆仑、霍霍西里、唐古拉等山脉，沿途需克服草地、沼泽、冻土等阻碍，筑路人员需忍受高原缺氧的恶劣环境。

经过艰苦努力，两条公路同时于 1954 年 12 月 25 日在拉萨举行通车典礼。

公路大大促进了西藏经济建设的发展和人民生活的改善，改变了西藏长期封闭的状况。公路通车前，从拉萨到成都或西宁往返一次，视季节不同，靠驮运需要耗费半年到一年时间。公路修通后乘坐汽车只要半个月就可到达。

康藏、青藏公路对于巩固国防发挥的作用可以从以下一些事实来说明：1951 年，中央政府为护送班禅回藏以及保证从青海、新疆方向进藏的解放军部队的供应，在西北征集了 3 万匹骆驼作为驮运工具，

图 6-16　青藏公路线路

约占全国骆驼总数的六分之一，但不过一年时间，就在环境恶劣的途中消耗殆尽，这样的运输代价是无法长期维持的。虽然解放军已经于 1951 年 10 月抵达了拉萨，但为给养运输等问题所困，无法向边境地区挺进；印度遂于 1951～1953 年趁机占据了边境大片有争议区域。康藏、青藏公路通车后，得到补给的解放军进抵边境，遏止了印军的大规模入侵行为。1962 年对印自卫反击战，中央调集了四千辆卡车，在四个月内，通过两条公路从内地向前方共运输各种物资 6.57 万 t，并且为把人员物资尽量向前沿输送，工兵又在边境抢修了若干条可通炮车的公路。参战的解放军 130 师从驻地四川雅安赶赴西藏察隅地区，创下在川藏线（即原康藏公路）一昼夜摩托化行军 500 余公里的记录。这一切保证了我军在关键地点兵力、火力优于印军，为取得反击战最后胜利奠定了基础。

6.4.4　中国大陆地区的公路标准与路网现状

从滇缅、中印、川藏、青藏公路发挥的作用可见，公路建设关乎国家兴亡，巩固的国防离不开公路建设。对于国计民生，公路建设更是干系重大。在 1949～1978 年的 30 年间，全国道路（不含中国台湾）平均每年增加约 3 万 km，到 1978 年底达到 89 万 km，公

路密度达到 9.3km/100km²。改革开放后，公路建设速度大为提高，截至 2019 年底，全国公路总里程达 501.25 万 km，公路密度达到 52.21km/100km²。

公路等级是对公路重要性和运输能力的评判标准（图 6-17）。目前我国的公路等级按照使用任务、功能和适应的交通量分为：高速公路、一级公路、二级公路、三级公路、四级公路五个等级。

高速公路要求：路线顺滑纵坡较小，中间设分隔带，在必要处应设坚韧的路栏，最高时速 80～120km/h 不等。采用沥青混凝土或混凝土高级路面，部分路段战时可供飞机起降。为了保证行车的安全，应有必要的标志信号及照明设备，与铁路或其他公路相交时完全采用立交办法，行人跨越则用桥或地道通过。在设计年限内平均昼夜交通量为：四车道高速公路 25000～55000 辆；六车道 45000～80000 辆；八车道 60000～100000 辆。

图 6-17 不同等级的公路
(a) 一级公路；(b) 二级公路；(c) 三级公路；(d) 四级公路

一级公路是专供汽车分向、分车道行驶的公路，设计年限平均昼夜交通量为 15000～30000 辆。一级公路最高时速可达 100km/h，它与高速公路的最大区别是并非全路封闭。

二级公路一般宽 15m，无分向分隔带，能适应年限平均昼夜交通量为 3000～7500 辆。

三级公路平均昼夜交通量为 1000～4000 辆。

四级公路一般为双车道 1500 辆以下，单车道 200 辆以下。

各级公路远景设计年限：高速公路和一级公路为 20 年；二级公路为 15 年；三级公路为 10 年；四级公路一般为 10 年，也可根据实际情况适当调整。

在改革开放初期，我国主要干线公路交通拥挤、行车缓慢、事故频繁。调查研究显示，我国公路交通存在着三个突出问题：一是由于运输工具种类繁多，各种车辆行人混行，车辆行驶纵向干扰大；二是由于人口稠密，公路沿线穿越城镇较多，横向干扰大；三是公路平交道口多，通过能力低，交通事故严重。以上三个问题严重影响了公路交通功能的发挥。根据发达国家的经验，建设高速公路是解决主要干线公路交通紧张状况的有效途径。

1988 年上海至嘉定 18.5km 高速公路建成通车，结束了我国大陆没有高速公路的历史。1990 年，被誉为"神州第一路"的沈大高速公路全线建成通车，标志着我国高速公路发展进入了一个新的时代。到 1997 年底，我国高速公路通车里程达到 4771km，10 年间年均增长 477km。

1998 年，为应对亚洲金融危机，国家加快了基础设施建设步伐，高速公路建设进入了快速发展时期，年均通车里程超过 4000km；1999 年，全国高速公路里程突破 1 万 km；2002 年底，高速公路通车里程一举突破 2.5 万 km，超过加拿大位居世界第二位；到 2009 年 6 月，全国高速公路通车里程达到了 7.5 万 km。仅仅 20 年，中国高速公路的发展创造了世界瞩目的速度，这是经济和社会发展的现实需要，也是大国崛起的重要标志。在 2013 年左右，中国高速公路里程超越美国。2020 年底已达 15.5 万 km。

高速公路的造价很高，占地多。按照 2006 年的标准，在我国一般平原微丘区，高速公路平均每公里造价为 3000 万元左右；在山区，高速公路平均每公里造价接近 4000 万元。如果路基宽按照 26m 计算，则每公里占用土地约 $0.03km^2$ 以上，有的重要高速公路标准更高，宽度更大，见图 6-18。但是从其经济效益与成本比较看，高速公路的经济效益还是很显著的。高速公路给人们带来了时间、空间观念的变化。通过高速公路，省会到地市一般当天可以往返，其加快了区域间人员、商品、技术、信息的交流速度，有效降低了生产运输成本，在更大空间上实现了资源有效配置，拓展了市场，对提高企业竞争力、促进国民经济发展和社会进步都起到了重要的作用。

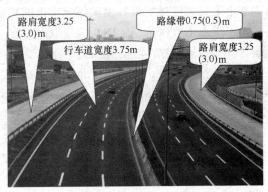

图 6-18　某高速公路组成及建设标准示意

按照公路的位置以及在国民经济中的地位和运输特点的行政管理体制分类为：国道、省道、县道、乡（镇）道及专用公路等几种。

从 1993 年，我国提出了建设国道主干线系统，其技术标准是以汽车专用公路为主的高等级公路，即高速公路、一级公路和二级汽车专用公路。其中高速公路约占总里程的 76％，一级公路约占总里程的 4.5％，二级公路约占总里程 19.5％。这个主干线系统具有比较完善的安全保障、通信和综合管理服务体系。国道主干线连接了首都北京与各省会和所有 100 万以上人口的特大城市及 93％的 50 万以上人口的城市。国道主干线布局为"五纵七横"共 12 条。"五纵"指同江—三亚、北京—珠海、重庆—北海、北京—福州、二连浩特—河口；"七横"指连云港—霍尔果斯、上海—成都、上海—瑞丽、衡阳—昆明、青岛—银川、丹东—拉萨、绥芬河—满洲里；总长约 3.5 万 km，于 2007 年建成。

根据国家在 2013 年 6 月公布的《国家公路网规划（2013 年～2030 年）》：未来全国公路网总规模约 580 万 km，其中国家公路 40 万 km，省级公路 50 万 km，乡村公路 490 万 km。

按照这个规划，未来道路建设的重点是对原有道路系统的升级而不是新建道路，乡镇和建制村尽可能实现通硬化路。

6.5 城市道路网络

6.5.1 城市路网组成与作用

城市道路的特点是车流量大、易堵塞、维修不便，因此其建造标准高。在我国，城市道路归口当地城建部门管理，而一般公路和高速公路则归交通部门管理。

城市交通网络中的道路，按照其在交通中发挥的作用，分为快速道、主干道、次干道、支道和居住区道路几种。

快速道是为流畅地处理城市大量交通而建设的道路。快速道要有平顺的线形，与一般道路分开，使汽车交通安全、通畅和舒适，如北京的三环路、四环路、五环路和上海的外环线等。一般在交叉路口也建有立体交叉，有时还全封闭，中央有隔离带。

主干道是为连接城市各主要部分而设的交通干道，是城市道路的骨架。其主要功能是运输。主干路上要保证一定的车速，故应根据交通量的大小设置相应的车道数，以供车辆通畅行驶。线形应顺捷，交叉口宜尽量少，以减少干扰，平面交叉应有交通控制措施。北京的长安街是主干道，它连接了北京市的通州、朝阳、东城、西城、石景山诸区。目前有些城市以高架式的道路实现城市主干道，如上海的内环高架路、北京二环路等。由于快速道也大量处理车流，也有将快速道同样称为主干道的情况。

次干道一般为一个区域内的主要道路，是一般交通道路并兼有服务功能，配合主干道共同组成城市的干道网，起到广泛联系城市各部分与集散交通的作用，一般情况下快、慢车混合使用。以北京为例，其平安大街、学院路、中关村大街都是次干道。

支道是次干道与居民区的联络路，为地区交通服务，道路两侧有时还建有商业性建筑等，因此其兼为商业提供交通和引导，如北京的成府路、清华东路。

居住区道路是居住区内部街坊与街坊之间和街坊内部的道路，主要为居民的各种活动服务。为了保证居住区的安静，一般不宜设公共交通线路。居住区道路可以与城市次干道连接，但是尽量不与城市主干道连接。小区内道路和胡同道路都属于其范畴。

城市路网的设计好坏，关系到城市经济的发展和居民生活是否便利。路网是随城市的发展不断完善的，某条道路在城市中的作用也有可能发生变化。

现以北京为例说明中国大多数城市的城区道路演化过程与建设思路。北京城市的道路布局从中华人民共和国成立初期单一的棋盘状结构，发展为现在的棋盘式与环形、放射式相结合的路网结构。

中华人民共和国成立初，北京的范围以老城区为主，一条长安街作为主干道贯穿东西，呈现棋盘状的道路布局。后为适应城区扩大和社会、经济、文化发展的需要，开始规划建设环城快速路。

二环路是围绕北京旧城的一条环路，在拆除的老城墙墙基的基础上建设，呈"凸"字形；自20世纪70年代动工修建，至1992年全部完工；全线共建有30座立交桥，它是我国第一条全封闭、全立交、无红绿灯的城市快速环路。而三环路打通于1981年，经过技术升级，于1994年建成为北京第二条全封闭、全立交的快速环线。四环路则被北京市政府列为"申奥大道",建成于 2001 年北京申奥成功的前夕,它的建成改善了奥运场馆区的交通状况。五环路在最早的城市规划中是一条环绕主城区、连接各边缘城区的高速公路,但通车后不久即取消收费改为城市快速路,说明城市的发展已迫使它的功能进行必要的转换,由设计为郊区的环城高速变为实际的城区主干道了。

而连通北京与周边省份的若干条放射状干道,如机场高速、京津高速、八达岭高速、京沈高速等,也成为北京城市道路布局的重要组成部分。

6.5.2 解决城市道路拥堵的措施

目前许多大都市都存在交通拥堵问题,为缓解这一问题,在 20 世纪 60~70 年代日本最早出现了 T 形高架路,见图 6-19 (a)。我国一些城市也采用之。例如广州市,由于原来城市街道狭窄而车流量又特别大,有些地段甚至出现数层高架桥并存的现象。然而,1995 年日本阪神大地震,许多 T 形高架桥由于头重脚轻而倒塌,因此,对这种高架桥的形式有人提出了质疑。目前我国高架桥多采用稳定性更好的 Π 形,见图 6-19 (b)。

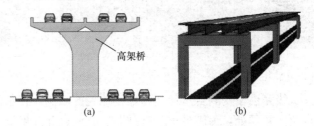

图 6-19 T 形高架路断面与 Π 形高架路透视

还有一些城市采用了地下公路隧道来缓解交通。例如我国南京市湖泊众多,原城市道路蜿蜒曲折,车流不畅,在近年建设了若干穿越玄武湖的地下公路隧道后,交通状况大为改观。但是,这种公路隧道的通风问题需要采取技术措施予以保证。

6.6 道 路 建 设

一般公路建设的程序是:勘测-选线-土石方挖填工程、架设桥梁和开凿隧道等-修建附属设施和路面工程。

6.6.1 道路选线

选线原则除了考虑其经济效益外,并应顾及地质及地形条件。地形及地质条件不佳地区,在施工时对生态环境破坏较大且易造成土石灾害,完工后也容易造成道路中断事故。因此,影响道路选线的影响因素主要有地质、地物、高程和坡度等。所谓地物是指已有的重要建筑物,尤其是文物。

面对文物,线路可以绕行,但是近年也常采用整体平移搬迁古建筑的方法。

古建搬迁前,先通过分步施工,给建筑制作一个刚度很大的钢筋混凝土整体基础,然后基础下设钢辊轴,千斤顶推动基础沿着预设的混凝土导轨前进。图 6-20 所示为河南林州唐代古寺慈源寺的文昌阁在搬迁过程中,该寺庙平移后的新址距离原址 400m。

泥石流地区的选线以避开为宜。当线路不能避开时,应根据泥石流的规模及具体情况,分别采取不同方案:大型泥石流处,宜在山口附近用隧道、明洞或建桥通过;中型泥石流处,宜选在泥石流的流通地段,不宜选在坡度由陡变缓地点;小型泥石流处,可修跨线渡槽,让其从路上方通过;冲积扇地区,宜在冲积可能发展范围以下适当距离处通过,参见图 6-21。

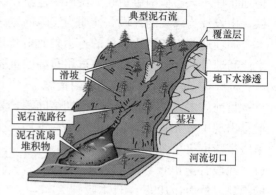

图 6-20 慈源寺的文昌阁在平移中   图 6-21 泥石流的发生

线路由于受到自然环境与地物地貌的限制，在平面上有转折，纵面上有起伏。在转折点两侧相邻处，为满足车辆行驶顺适、安全和速度要求，要有一定的曲线连接。对于越岭线，要注意处理好垭口选择、过岭标高选择、垭口两侧路线展线方案三者的关系，参见图6-22（展线意为盘山，详见第 7 章；垭口是连续山梁上相对较低的位置，或者是两山之间的狭窄地方）。

桥隧配合是选线中要考虑的重要问题，道路需要桥梁配合跨越江河、沟壑障碍，选线时路桥配合原则是线路服从大桥，小桥服从路线。这样能够使得造价合理。而隧道造价甚于桥梁，能用桥梁代替则不使用隧道。

我国是一个多山的国家，在山区或半山区修筑的公路，由于过去公路建设资金严重短缺，多以盘山公路为主。盘山公路不仅等级低，绕行里程长，占用可耕地多，而且运行能耗高、车速缓慢、安全隐患多、生态环境破坏大。特别是在一些地质灾害频发的路段，路基常年处于不稳定状态，因为雨雪易引发泥石流和塌方，常造成巨大经济损失和人员大量伤亡，如川藏公路的某些路段，见图 6-23。

图 6-22 盘山穿越垭口   图 6-23 地质条件差的路段桥隧

为解决这些问题，近年来我国新修建的公路在穿越山区时有意识地增加对隧道和桥梁的使用，通过隧道和桥梁拉直线路或加大转弯半径。例如，雅安—西昌高速公路采用双螺旋曲线形式的隧道穿越地形复杂的山谷，见图6-24。

此外，对一些原有的公路线路，也用隧道和桥梁进行升级改造，参见图6-25。但是对地质条件特别不好的情况，还是采用隧道才能根本解决问题。例如二郎山是川藏公路西行翻越的第一座大山；原路线行走艰难，常有塌方。1999 年 12 月通车的二郎山隧道长 4.176km，该隧道的建成缩短原线路里程 25.4km，避免了公路在海拔 3000m 以上的山区迂回，提高了线路标准。目前我国最长的公路隧道是穿越秦岭的终南山隧道，长 18.02km。

二维码6-1 雅安—
西昌高速公路

图 6-24　雅安—西昌高速公路的双螺旋隧道

图 6-25　桥梁改造原有公路线路

随着经济的发展和隧道技术的进步，公路隧道不仅在山区和丘陵地区公路建设中凸显作用，而且在东部江河桥隧跨越方案比选中，对公路隧道的选择和建设也日益引起重视。过江隧道与跨江桥梁比较，对河流航运干扰少，而且在运行中受恶劣气候、汛期等因素影响小。因此，我国经济发达的城市，如上海、广州等，近年新建的跨江交通工程大都倾向于采用过江隧道方案而非采用桥梁。而武汉、南京等在长江上有多座公路桥的城市也都开始尝试修建跨长江的公路隧道，以进一步改善城市交通。

6.6.2　道路路基

路基是道路下的基础部分。自然地面起伏不平，为了使路面平顺，修建路基有时需填土，有时需挖土，于是出现了三种路基形式：路堤、路堑和挖填结合形式，见图 6-26。

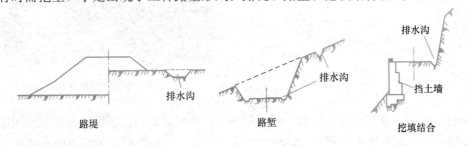

图 6-26　路基的各种断面形式

路基必须具有足够的强度和稳定性，即在其本身静力作用下地基不应发生过大沉陷；在车辆作用下不应发生过大的弹性和塑性变形；路基边坡应能长期稳定而不坍滑。为此，需在必要处修筑一些排水沟、护坡、挡土结构等路基附属构筑物。路基工程的特点是：工艺较简单，工程数量大，耗费劳力多，涉及面较广，耗资亦较多。路基施工改变了沿线原有自然状态，挖填借弃土石方涉及当地生态平衡、水土保持和农田水利。土石方相对集中或条件比较复杂的路段，路基工程往往是施工期限的关键之一。

从路截面宽度方向讲，公路由路面和路肩组成，见图 6-27。为了排水，路面及路肩应做出一定的坡度（路拱）。它随路面的平整度而异，对于现代公路，混凝土路面须保证

$i=1\%\sim1.5\%$，沥青路面为 $i=1.5\%\sim2.5\%$。

路肩指的是位于车行道外缘至路基边缘、具有一定宽度的带状部分（包括硬路肩与土路肩）。路肩的主要作用有：

（1）保护行车道等主要结构的稳定；

（2）为发生机械故障或遇到紧急情况的车辆需要临时停车提供位置；

（3）可供行人、自行车通行；

（4）为设置路上设施提供位置；

（5）作为养护操作的工作场地；

（6）在不损坏公路构造的前提下，也可作为埋设地下设施的位置；

（7）改善挖方路段的弯道视距，增进交通安全；

（8）使雨水能够在远离行车道的位置排放，减少行车道雨水渗透，减少路面损坏。

高速公路、一级公路采用分离式断面时，应设左侧硬路肩。此外，还应分别在左、右侧路肩宽度内的车道边设路缘带，其宽度一般为 0.75m 或 0.50m。

6.6.3　路面层的铺设

路面是用筑路材料铺在路基顶面，供车辆在其表面行驶的一层或多层的道路结构层。路面一般采用槽形截面，即在整个行车宽度范围内将路基开挖成槽形，然后分层铺筑路面结构层。新建土路也可将路基土挖出一部分用以增高路肩做成半槽式路槽，见图 6-28。

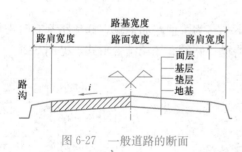

图 6-27　一般道路的断面

图 6-28　开挖出路槽铺结构层

路面结构层一般分面层、基层、底层和垫层，参见图 6-27。各层的作用各不相同。

垫层一方面起着排水、蓄水、防热、防冻和稳定土基的作用；另一方面也协助基层或基底层分布上层传来的车轮荷载，可用片石、手摆块石、砂、砾石等修筑。

基层主要承受由面层传来的车轮荷载，将它分布到下面的层次上，能起到减小面层厚度的作用，一般用碎石、砾石、石灰土或各种工业废渣来修筑。基底层属于基层，当基层分两层铺筑时，下面一层即为基底层，可用强度较低的材料修筑。垫层是在路基排水不良或者有冻胀翻浆的路段上，需予设置。

路面基层施工时主要依靠碎石的嵌挤作用达到稳定，石料级配不低于 3 级（所谓级配是指不同粒径石子的搭配，3 级配指有三种粒径），最大粒径不大于路面厚度的 0.7 倍。施工时先将碎石压 1~2 遍，再少量洒水，压至稳定，然后撒嵌缝料，压至表面无明显轮迹为止。所用施工机械参见图 6-29。

图 6-29　进行基层施工的机械

碎石路面是最初在19世纪由马卡当发明、使用跨越两个世纪的路面形式，目前在我国一些农村地区依然在使用。对于现在的柏油路面，也可以把碎石路面当作基层。

碎石路面后来按施工方法及灌缝材料的不同，衍生出水结碎石、水泥结碎石、泥结碎石、泥灰结碎石、干压碎石、湿拌碎石等路面。

水结碎石路面需要进行洒水碾压，以被压碎的石粉浆作为黏结材料，故所用石料应为石灰岩或白云岩，石料的级配须在3级以上。路面压实厚度一般为8~16cm。施工时先将主层石料铺平，少量洒水，压至基本稳定再大量洒水，充分压实。然后撒嵌缝石料，并洒水碾压，再将封面料（5~15mm）均匀撒上，压至表面不出现轮迹为止。完工后须继续洒水养护。

水泥结碎石路面在19世纪由英国人发明，系用水泥砂浆作为结合料，碎石尺寸一般为40~60mm，水泥砂浆配比为(1~1.5):2。施工时先摊铺碎石，压至稳定后灌水泥砂浆，在砂浆未凝固前碾压密实，然后撒嵌缝料，将表面整平，并进行养护，至砂浆凝固干燥后开放通车。这种路面可设或不设伸缩缝。

泥灰结碎石路面系在泥结碎石中掺用少量熟石灰可以提高泥结碎石路面的水稳性，适宜作潮湿或中湿路段的沥青路面基层之用。所用石灰经过筛后，拌于泥浆中应用。

泥结碎石路面依靠黏土作为黏结材料，目前的施工工艺系我国在20世纪初发明，其便于就地取材，施工简易，路面易于成型，所用石料不低于4级，见图6-30。这种路面的施工方法有灌浆法、拌合法等。

灌浆法施工时，将黏土调成泥浆，将主层碎石碾压稳定，然后灌浆扫匀，在表面未干燥时撒嵌缝料，用中型压路机碾压至表面不出现波浪；在路面处于半干半湿状态时，再用中型压路机做最终碾压，并撒石屑，压至路面密实稳定为止；待路面干燥后即可开放通车。

拌合法施工时先将碎石摊平，然后洒水，铺黏土，用拖拉机牵引铧犁拌合，或用齿耙、铁锹拌合。先拌一遍，再洒水拌3~4遍，至黏土与碎石均匀混合为度，然后整平，撒封面料，压实。

沥青路面层铺设时，一般是自卸卡车将热熔状态的沥青细石混凝土材料倾倒后，由摊铺机将材料摊平，再由压路机碾压密实，

图 6-30　泥结石路面

见图 6-31。碾压成型以后的路面平整、密实、少尘，有一定粗糙性，因而有较好的行车舒适性和外观；且有较好的耐老化性、耐磨性、温度稳定性和抗行车损坏的能力。使用寿命一般较长，当采用石油沥青作结合料时，大修年限常在 15 年以上。对于只使用摊铺机摊平而不碾压的路面，常称作摊铺地沥青，这种路面一般不用作行车道。

图 6-31　路面层施工

　　路面施工要非常注意气温影响，在低温下铺设沥青混凝土，热熔状态的材料往往尚来不及压实就冷却至失去塑性，这样路面层质量差。

　　沥青路面的再生是近年来各国都很关注的技术。也就是将老化了的旧沥青层挖出重新轧碎，必要时加入"再生搅"使沥青质量改进，并加入部分新的集料和沥青，重新加工回用。旧沥青路面材料的再生和回用可节约沥青、集料和能耗，减少环境污染。

　　路面按质量区分为高级、次高级、中级和低级四种。高级路面为水泥混凝土路面、沥青混凝土路面等。次高级路面为沥青贯入式碎石、砾石（包括泥结、水结及级配）路面。石灰、沥青、水泥加固土路等属于中级路面。粒料（如粗砂、碎石、砾石、煤矿渣、碎砖瓦等）加固土路面属于低级路面。

　　路面按工作特性分类，则有柔性路面、刚性路面和半刚性路面。沥青混凝土路面、沥青贯入式碎（砾）石路面、沥青（水）结碎石路面等属于柔性路面；混凝土路面属刚性路面；半刚性路面则系所用的混合料在前期具有柔性路面性质，但随着时间的增长到后期逐渐向刚性路面转化但其受弯强度仍较刚性路面为低，石灰或水泥加固路面等属此类。水泥混凝土刚性路面需要每隔一段距离设置变形缝。由于变形缝设置不当造成高温天气下路面起拱、爆崩现象时有发生，见图 6-32。现在的变形缝是在混凝土形成强度后，由混凝土锯切割而成，这样形成的缝对路面平整度造成的损害小，切缝后灌沥青等柔性材料填缝。

　　道路承载力是一个非常重要的指标，既与路基有关，也与路面有关。道路投入使用后应该按照道路承载力限载运行，超载运输对路面结构具有超强的杀伤力。有资料表明：标准轴载 10t 的车辆载货后轴载达 20t 时经过水泥路面一次，对于公路的破坏相当标准轴重量的车辆行驶公路 18000 次。设计年限为 50 年的水泥路面，如果本应载重 10t

图 6-32　刚性路面因气温过高而爆崩

却实载为 30t 的车辆，则不到几年路面就会损坏。超载对公路、桥梁的损害极为严重。

为提高道路的寿命，近年在某些新建或改建的道路施工中使用了土工格栅。

土工格栅是一种土工合成材料，用聚丙烯、聚氯乙烯等高分子聚合物经热塑或模压而成的二维网格状或具有一定高度的三维立体网格屏栅。土工格栅常用作加筋土结构的筋材或复合材料的筋材等。

土工格栅除了用作路基层的筋材外，也可用于路面层，铺设在沥青混凝土内推迟路面的龟裂。用于路面层时的施工步骤参见图 6-33。

图 6-33　土工格栅铺设于沥青混凝土面层内

思 考 题

(1) 试阐述周代的道路网情况，有何管理措施？秦代在道路建设上有何发展？

(2) 试阐述古罗马大道的主要特点，古罗马人如何修筑道路？

(3) 马卡当路面对特尔福德路面作了什么改进？它的先进性何在？

(4) 什么是沥青贯入式碎石路面？沥青混凝土路面是什么样的？此外还有什么路面？

(5) 中国人是怎样修筑滇缅公路、康藏公路和青藏公路的，体现了什么样的精神？这些公路有何意义？

(6) 什么是高速公路？它的效益是如何考虑的？

(7) 道路选线大致需要考虑什么问题？

(8) 现代城市道路网都有哪些组成？各承担什么作用？

(9) 什么是路肩？它有何作用？

(10) 路面按照质量和工作特性有什么样的分类？

第7章 铁 路 工 程

铁路运输的优点是运输能力大、安全可靠、速度较快、成本较低、对环境的污染较小，基本不受气象及气候的影响，能源消耗远低于航空和公路运输，是现代化运输体系中的主干力量。

7.1 铁路运输的起源和在国外的发展

7.1.1 轨道交通的起源

铁路运输最显著的特征是有轨。轨道限制了运输的机动性，但是大大提高了运输的效率。关于有轨交通的起源，比较传统的说法是发明于英国。英国人毕奥莫特（Beaumout）于1630年将木头作为轨道铺在地上，使从矿山运输煤的车辆易于通行，车辆的动力是人

图 7-1 早期的有轨交通 "rail"

力或马这样的畜力，见图7-1。由于这样的路看起来像木栏杆、木栅栏，而木栏杆、木栅栏的英语单词是"Rail"，于是，"Rail"这个词今天引申出铁路轨道交通之意。毕奥莫特也被国际公认为是有轨交通的创造者。❶

工业革命时期，瓦特蒸汽机的出现推动了动力系统的进步，之后史蒂芬逊利用蒸汽机发明了火车机车，随着1825年名为"旅行者号"的机车在英国试车成功，铁路交通开始了迅速发展。世界上第一条完全用于客

货运输而且有特定行车时刻表的铁路，是1830年通车的英国利物浦与曼彻斯特之间的铁路，这条铁路全长为56.3km，史蒂芬逊为之设计的轨距是1435mm，之所以采用这一宽度，据说这是古罗马战车的轮距，公元前55年古罗马军队乘这样的战车入侵不列颠，在英国的道路上到处印上了这个宽度的车辙。后来，为了四轮马车能沿着这样的车辙行驶，也就都制成了同样宽度。史蒂芬逊为他的火车采用了这个宽度后，为了纪念史蒂芬逊，1937年，国际铁路协会作出规定：1435mm为国际通用标准轨距。

铁路这一先进的运输手段一出现，代表先进生产力的资产阶级从中发现了巨大的商机，迅速将其推广到欧美各国及其殖民地区。

7.1.2 统一和强国前导——德国铁路

19世纪30年代，德意志尚处于分裂为数十个邦国的状态中，一些资产阶级精英敏锐

---

❶ 根据中央电视台《百家讲坛》栏目"王立群读《史记》之秦始皇"介绍：在河南南阳的山区发现了古代的"轨路"。经过碳14测定，系秦代遗留，原理和现代铁路无异，用马拉动，而且是复线。这一说法尚无官方消息来源及图片的证实。

地意识到铁路将给德意志和世界带来巨大的变革。其代表人物是德国历史学派经济学家弗里德里希·李斯特，他也被称为"德意志关税同盟和德意志铁路网之父"。这位致力于德国统一的德意志民族主义经济学家力促建立全德关税同盟的同时，强烈建议德国修建全德铁路网。他提出："关税同盟和全德铁路网是连体双胞胎，在同一时代诞生，有相同的精神和内涵，相辅相成，为实现将德国各邦统一成为一个伟大而智慧的民族而共同奋进。"

接受了李斯特的理念，德国的资本家和各邦政府纷纷开始投资于铁路建设。1850～1871 年间，对铁路的投资占了德国财政投资的 14％～20％。这其中大部分是政府的融资。在各方面因素刺激下，德国铁路运营里程增长迅速：1839 年德国全境铁路运营公里数为 133km，远落后于同时期的英法。次年，德国铁路运营公里就达到了 549km，已超过法国的 497km 居欧洲第二。1850 年达到 5822km。1860 年突破 10000km。1870 年

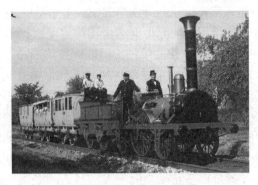

图 7-2　19 世纪中期建设的德国铁路

为 18560km。德国的铁路里程在 1880 年以 33865km 的铁路总长度超过英国，居欧洲第一，世界第二，参见图 7-2。

铁路的发展对德国经济和工业影响巨大。蒸汽机和机车的需求促使德国发展自己的机器制造业。1851～1870 年间，在铁路建设的强烈刺激下，全德机车数量从 498 台增加到 3485 台。1839 年，普鲁士铁路上运行的机车中没有一台是产自德国的，而到了 1853 年国产的比例是 94.3％。1850～1870 年间德国的蒸汽机总马力由 26 万马力增加到 248 万马力，在欧洲仅次于英国的 404 万马力。

铁路建设需要大量的煤和钢铁。而铁路又为这些产业提供了迅捷和便宜的工业化运输方式，使得它们的生产得以降低成本，加快企业运转。在大规模铁路建设的背景下，德国的采矿业和冶金业迅速发展起来。1870 年全德统一后，综合国力迅速超过英法等国，表现出咄咄逼人之势；其中拥有完善的铁路运输网对其贡献巨大。在第一、第二次世界大战中，德国两次都面临东、西两线作战，正是依靠发达的铁路网实现了东西两线兵力兵器的迅速调运，才得以长期维持两条战线的稳定。目前德国铁路的密度每百平方公里达 10.6km。

7.1.3　西部开发的先锋——美国铁路的发展及影响

19 世纪，铁路建设的第一大国是美国。美国铁路能够高速增长，与联邦政府对铁路的援助是分不开的，这种援助主要包括技术援助和财政援助两种形式。在铁路建筑初期，联邦政府提供了大量的技术援助。1830 年美国第一条铁路——13 英里长的巴尔的摩-俄亥俄铁路的建筑就是联邦政府派出勘测队协助勘查、设计线路而最终建成的。到 1840 年时，美国已拥有 2818 英里铁路，其中 70％是由政府提供技术援助建成的。所谓财政援助主要是赠与土地。1850 年美国政府规定，完成 1 英里铁路可以获得 12000 英亩土地作为回报。需要注意的是，美国西部的土地当时是印第安人世世代代居住的；美国政府把印第安人的土地视为自己的财产，慷慨地赠送他人，鼓励铁路建设进行激烈的竞赛。到 1871 年，各铁路公司实际得到的联邦政府赠地和州政府赠地总计约 2 亿英亩。铁路公司仅通过出售赠

地而获得的纯收入就有 5 亿美元之巨。考虑到 1867 年美国购买阿拉斯加才花了 720 万美元，5 亿美元无疑是一笔巨款了。

美国著名的西部大开发是以铁路建设为先导的。1862 年美国内战期间，美国国会通过法案，为开发西部建造一条横贯美洲大陆、连接太平洋和大西洋的铁路，称为太平洋铁路（Pacific Railroads）。东、西部路段分别由联合太平洋铁路公司和中央太平洋铁路公司承包兴建。承建西部铁路的中央太平洋铁路公司其实是由 4 位杂货商、布商和五金店老板个人出资组成的。他们与美国政府签订的合同规定，他们必须自筹经费建设完成最初的 40 英里才能获得后续的美国政府拨款。

1863 年，西部铁路从加州一个小镇开工。然而由于施工条件极为艰苦，白人工人纷纷溜走加入到淘金的行列中，缓慢的进度使得工程承包商面临破产的危机。当时，许多中国劳工作为廉价的劳动力也被运到荒凉的美国西部淘金（他们称淘金处圣弗朗西斯科为"金山"，相对新淘金点，后其被称为"旧金山"），工资只有白人的一半。太平洋铁路承包商开始考虑是否使用中国劳工。有反对者认为，中国劳工矮小瘦弱，根本干不了。但是，一个投资商坚持说：中国人造过万里长城，修铁路应该也行。经过尝试承包商很快就发现，中国劳工比欧洲人更勤奋、更能吃苦、更有效率，薪水也更少。从此以后，在西部路段的建设者中，90% 都是中国劳工。1865 年夏天，几千名中国劳工终于完成了最初 40 英里的铁轨铺设，投资商开始获得美国政府的拨款。

美国东部比较平坦，故东部铁路进展相对迅速。而西部山区则进展缓慢，其中一处称为"合恩角"的悬崖，凶险地矗立在亚美利加河边。在路线设计时，由于勘测队无法攀上陡峭的石壁，故只在图纸上画了一条理论上可行的线路，施工技术人员一筹莫展。据记载，是华工提出了一个解决办法，也就是用中国古代修栈道时使用的方法在悬崖上施工。华工们乘坐自己编织的竹篮沿着崖顶放下，先在绝壁上开辟出一条窄窄的小道，然后再向里用炸药拓展，终于突破了这道天险。

图 7-3　太平洋铁路工地上的华工
（a）华工为铁路修建防雪棚；（b）华工在筑路

到 1867 年初，东部已经完成 250 英里，但西部的山区只完成 80 英里。于是西部承包商大量使用刚发明不久的硝酸甘油炸药。当时这种炸药极不稳定，造成了大量伤亡。在西部，为消除冬季山区大雪对火车运输的阻碍，华工们用粗大的原木为铁路搭建起带尖顶的防雪棚，见图 7-3。这些防雪屏障现在仍有许多路段还在使用之中，从山下远远望去蔚为壮观，被当地人称为"内华达山脉的中国长城"。然而，长时间面对雪崩、工伤死亡的危险和承包商的残酷剥削，中国劳工终于忍无可忍，开始罢工，连最严酷的工头也对中国人表示同情。但是，当投资商冷酷地断绝食物后，在内华达荒凉的大山里，语言不通的中国劳工难有其他谋生手段，最终为了生存，不得不向承包商屈服。

当西段铁路被高山阻碍的时候，东段铁路也遇到了麻烦。首先是印第安人开始武装抵抗对他们家园的侵占。于是，一场铁路公司与印第安人的私人战争开始了（图7-4）。最后，美国政府派出军队支援铁路公司，战争以印第安部落被屠杀殆尽而告终。另一个麻烦是犯罪猖獗，使铁路进度受到很大影响。工程意外死亡人数与各种犯罪活动死亡人数相比是1∶4。东部铁

图7-4 铁路公司与印第安人作战

路承包商自行组织了执法队，可随意执行死刑，试图维持铁路建设的秩序。西部片中牛仔们滥施私刑的社会背景，主要源自于此。

在联合太平洋铁路和中央太平洋铁路即将汇合的时候，两个公司进行了铺路速度的激烈竞争，联合太平洋铁路公司的劳工在一天之中完成了6英里铁路的铺设，创造了铁路史上的新纪录。然而中央太平洋铁路公司的老板之一克劳克却以10000美金打赌说：他的工人可以在12小时之内修筑10英里铁路。1869年4月28日，1400名体质最好的华工和8名爱尔兰铺轨工人在联合太平洋铁路公司派来的检查员和新闻记者的监督下创造了世界纪录，在12小时之内，他们装卸铺设了9000根枕木和重达125t的3500多节铁轨，路长10英里，宣示这一纪录的标牌长期树立在太平洋铁路现场，见图7-5。

(a)　　　　　　　　　　　　　(b)

图7-5 关于太平洋铁路的记忆

（a）宣示筑路世界纪录的木牌；（b）铁路开通的庆典仪式

1869年5月10日，是美国历史上具有划时代意义的时刻。从加利福尼亚州萨克拉门托向东修筑的中央太平洋铁路，和从内布拉斯加州奥哈马向西延伸的联合太平洋铁路，在犹他州奥格登地区接轨，工程历时7年。西段的中央太平洋铁路全长690英里，其中有超过五分之四的工作是由华工完成的，但是在通车仪式上见不到一个中国人的身影（图

7-5)。身为太平洋铁路四巨头之一的克劳克在通车后曾说了这样一句话："我们建造的这条铁路能够及时完成，在很大程度上，要归功于贫穷而受鄙视的所谓的'中国劳动阶级'——归功于他们表现卓异的忠诚和勤劳。"联想到铁路公司给华工的残酷待遇，以及在这之后美国国会通过的《1882年排华法案》，这一番话虽含真诚，却也不乏虚伪❶。

在这第一条东西向贯通北美大陆的铁路修通之前，美国西部没有工业，一切物资（包括西部铁路的轨道）从东部海运到西部，绕道南美（巴拿马运河尚未修建）要四个月，现在一切都改变了。以此为基础，西部铁路建设高潮迭起，1869～1893年，又有四条横贯东西的干线相继完成。五条铁路线总长达七万多英里，成为沟通东西部的大动脉，全国铁路网随之形成。铁路的兴起，不仅促进了美国全国性市场的形成，而且在西部催生了众多的"铁路城镇"，使西部铁路沿线及附近地区步入了早期的繁荣。1916年美国铁路里程达到最高，近41万km，为世界第一。后由于汽车的普及，短途运输有了新途径。非常务实的美国人发现铁路网密度太大并不经济，陆续拆掉了一些铁路，目前美国剩余铁路里程约为26万km。值得注意的是，铁路的拆与建不能仅仅从运输一个角度考虑。20世纪20年代末至30年代初，西方经济陷入大萧条，高昂的失业率引起了美国社会动荡。1933年新当选的美国总统罗斯福推行新政，其措施之一就是以原有线路老化为名将全国铁路拆除重建。此举一方面拉动了美国经济需求，另一方面解决了就业，缓解了社会矛盾，使美国社会走出了困境。

7.1.4 双头鹰需要东顾——俄国西伯利亚大铁路

地处亚洲的整个西伯利亚地区1200多万平方公里的广袤土地有一望无际的森林和草原、肥沃的土壤以及丰富的矿产资源，由于距离欧洲太过遥远，自然条件恶劣，长年作为苦役的流放地，因为没有铁路根本无法开发。19世纪末期，俄国开始进入工业化时期。为了牢固地占有这片远离欧洲的土地，也为了实施沙俄蚕食亚洲的"远东政策"，沙皇在大臣谢尔盖·维特伯爵积极游说下，决定修建一条贯通整个西伯利亚的大铁路。

铁路西起乌拉尔山东麓的车里雅宾斯克，跨越8个时区和16条欧亚河流，沿途经1000多个车站，一直通往符拉迪沃斯托克（海参崴），全长9446km。1891年5月，铁路从最东端的海参崴动工（物资由美国购得海运至此）。皇储尼古拉（即后来的末代沙皇）

---

❶ 集种族歧视之大成的《1882年排华法案》（Chinese Exclusion Act of 1882），使华人成为美国历史上唯一曾被国会及联邦政府立法排挤和禁止移民的民族。排华法案的产生起源于白人种族主义的兴盛，华人是最早来到加州的亚洲民族，由于肤色、语言以及文化与白人差异，使华人很快成为白人种族主义的攻击对象。加上19世纪70年代，加州经济不景气促使排华情绪升温，白人工会领袖谴责华工使他们工资降低，减少工作机会。美国一些政客为了选票而顺应这股排华潮流，推动国会通过排华法案。排华时期对华人不利的法案包括：①1870年，旧金山参议会通过市政条例，禁止行人在人行道用扁担搬运货物（当时只有华人才有这种习惯）。②1873年，旧金山参议会通过条例，向不用马车搬运衣服的洗衣馆每季征收15元（当时华人经营的洗衣馆一般都不用马车搬运衣服，却只向用马车搬运衣服的洗衣馆每年征收1元。③1882年，美国国会通过禁止华工入境十年的排华法案，只有外交人员、教师、学生、商人与游客五类才有资格进入美国。此法案同时规定不容许外籍华人取得美国国籍。④1888年，国会通过法令禁止华工重返美国，除非他们有家庭或具备价值1000元的财产。三个星期后，通过Scott Act，禁止暂时离境的华工重返美国，把两万名暂离美国回中国探亲的华人斥于美国门外。⑤1892年，Geary Act把排华法案延续十年，并规定美国的华工必须注册才能获得居留权。⑥1892年，国务院的"领事馆工作规则"中明确规定，美国有关入籍归化的法律，只允许白人、非洲土著、非洲人后裔以及印第安保留地的民众加入美国国籍。华人、其他蒙古人以及除了上述提到之外的人之入籍，都是没有被允许而且无效的，领事馆官员将不理睬这些人的入籍证明。⑦1902年，排华法案延长十年。1904年，继续延长排华法案效期。这些歧视作法到二战爆发，中美成为盟国才结束。1969年，在美国太平洋铁路贯通百年的盛大庆典中，美国白宫向旧金山华侨总会发来这样一封信："现今中央政府全体同人，深知华裔先民流血流汗，以最大之牺牲精神，在极艰苦的环境下，移山辟路，筑成横贯西方铁路，此项丰功伟绩，吾人永世难忘。"

亲临海参崴主持铁路奠基仪式。1892 年 7 月，铁路工程又从叶卡婕琳堡往东修建。俄国最高当局为表重视，于 1892 年成立了"西伯利亚大铁路特别管理委员会"，皇储尼古拉亲自出任主席。不过这种重视有时也起反作用，据说沙皇本人屡次干涉线路的选择，喜欢在地图上把线路拉直，为此铁路工程量大增。西伯利亚铁路的修建异常艰难，恶劣的气候成了最大的考验。西伯利亚冬季的温度达-50℃，而在盛夏又经常出现近 40℃的高温；巨大的温差经常造成钢铁脆裂、设备损坏。作为欧洲经济比较落后的一个国家，沙俄为该铁路几乎倾尽国力。经过 13 年的艰辛努力，1904 年 7 月 13日，这条世界最长的铁路干线才开始通车，而收尾工程则延续到了 1916 年。通车后的西伯利亚大铁路被称为俄罗斯"脊柱"，见图 7-6。

图 7-6　宽轨的西伯利亚大铁路

西伯利亚大铁路的修建对中国也产生了相当影响。由于当时的沙俄一直觊觎中国的东北地区，希望该路可以拉近中国东北与俄国之间的联系。恰在此时，清政府在甲午战争中一败涂地，为了抑制日本在远东的势力，俄国便联合德法两国进行干涉，迫使日本"吐出"了辽东半岛以获得清政府的好感，而俄国也乘机秘密制订了所谓的"亚洲黄俄罗斯计划"。1896 年，当李鸿章作为特使赴莫斯科祝贺沙皇尼古拉二世加冕时，俄国人便诱迫他签订了《中俄密约》，决定在中国境内修建西伯利亚大铁路的支线（东清铁路，后又称中东铁路）❶。此外，西伯利亚大铁路修建过程中，俄国曾多次派人到我国的山东、河南及东北各地招募工人，前后达几十万人。这些中国工人除一部分修建东清铁路外，其余大部分来到西伯利亚地区的铁路工地上工作。

西伯利亚大铁路竣工后，给俄国带来了巨大的经济效益。原本荒无人烟的西伯利亚迅速繁荣起来。通车后，这里的第一个变化就是人口迅速增长。1863 年时，西伯利亚人口仅为 286 万，到 1914 年已达 962 万。大量移民的到来，有效地缓解了西伯利亚地区劳动力匮乏的状况。随着人口的迅速增长，在大铁路沿线两侧，众多的城市也如雨后春笋般涌现出来，这种发展步伐被当时国际舆论誉为"美国速度"。靠着铁路带来的劳动力与资金技术，西伯利亚一跃成为俄国的主要农牧业基地，到十月革命前，西伯利亚谷物产量已占全国的 17%。同时，西伯利亚的工业也得到了大力发展。为满足修路需求应运而生的采煤业、木材加工业、冶金业等都得到了前所未有的刺激，乃至拉动了整个俄国的经济。十

---

❶　1896 年，清政府与俄国签订《中俄密约》。俄国取得在黑龙江和吉林的铁路修筑权，开始在中国东北修筑一条宽轨铁路，亦称东清铁路、中国东省铁路，后改称中东铁路。其干线西起满洲里，中经哈尔滨，东至绥芬河；支线从哈尔滨起向南，经长春、沈阳，直达旅顺口，全长 2489km。1897 年 8 月，中东铁路开始动工兴建；1898 年，俄收买田家烧锅做为铁路工程局的驻地，即现在的哈尔滨。1903 年 2 月全线竣工通车，交给设在哈尔滨的中东铁路管理局管理和运营，名为中俄共同修筑、经营，实为俄国独占。日俄战争后，按照《朴茨茅斯条约》规定，俄国将长春至旅顺口的铁路让给日本，称"南满铁路"。1924 年，中东铁路由中苏两国共同经营。1933 年中东铁路改称"北满铁路"。1935 年，苏联不负责任地将北满铁路卖给了伪满洲国（实为日本）。1945 年 8 月，根据中国国民政府与苏联达成的有关协定，北满铁路和南满铁路合并，改称中国长春铁路，简称中长铁路，归中苏共同所有和共同经营。1952 年 12 月，根据中华人民共和国与苏联签订的《中苏友好互助同盟条约》和抗美援朝战争，苏联将中长铁路提前移交给中国。

月革命后，全苏联境内铁路总里程达到 15 万 km，居世界第二位。

从世界各国铁路建设历史可以看到，铁路可以促进沿线经济的发展，是国家经济的动脉，更是贯彻国家战略的工具，对国家安全、国际战略格局影响重大。两件实例可以很好地说明在大国博弈之中铁路表现出的重要作用。

西伯利亚大铁路的走向基本上沿着沙俄与清帝国国境线（当时外蒙属于中国）修建并且支线深入中国东北腹地，其巩固本国国防、攫取他国利益、扩大势力范围的意图明显。

1904 年初，日俄为争夺远东利益，战争一触即发。日方分析，俄国的整体军事实力要强于日本，弱点是远东的兵力有限、补给困难。当时西伯利亚大铁路只剩下了环贝加尔湖 100 多公里长的一段未修通，如果铁路竣工，俄国在远东的军事劣势将得到根本扭转。于是日军抢在该年 2 月 8 日以偷袭的方式向俄国不宣而战。准备充分的日军开始连败俄军，俄方只好拼命赶工，在 1904 年 7 月 13 日强行开通了西伯利亚大铁路。靠着这条铁路，俄国在短时间内从欧洲调动大量军队到远东前线，最终在兵力上超过了日军，从而在局部挽回了败局。正因如此，两国在美国调解下签署了妥协性的《朴次茅斯条约》：双方以长春为界划分势力范围，长春以北归沙俄，长春以南归日本。但是，以西伯利亚大铁路为依托的博弈并没有划上句号，利用这条铁路，苏联在 20 世纪三四十年代数次改变了二次大战的发展方向。

1939 年，日本军部正在为未来战略究竟是北上（进攻苏联）还是南下（进攻美、英、荷控制的东南亚）争论不休，于是在该年 5 月份于伪满洲国与蒙古边境的诺门罕地区向苏联军队发起试探性进攻。斯大林深知战争的成败关系到是否会引来日本的全面入侵，于是紧急利用西伯利亚大铁路从欧洲调来精锐的装甲部队，由于铁路距离战场尚有几百公里距离，苏军铁道兵又临时铺设了简易铁路（只有铁轨和枕木）直抵前线，有力地保证了兵员和几十万吨物资的供应。至 9 月份日军战败，被歼灭 5 万人，前线司令官小松原中将剖腹，关东军司令官辞职。这一结果使日本军部放弃了北进苏联的意图，而决定用兵于东南亚。日苏停战协议签字的时刻恰恰是欧战爆发的时候，这使得苏联避免了在第二次世界大战中遭受德日夹击的局面。

随后在 1941 年，莫斯科在德军大举入侵下危在旦夕，斯大林在得到情报员佐尔格报告，获悉日军不会进攻苏联后，通过西伯利亚大铁路将数十万远东苏军紧急西运莫斯科前线，东返的列车则载运搬迁工厂的设备和人员到乌拉尔，高效的运输保证了莫斯科战役以及整个卫国战争的胜利。1945 年，苏联又用 3 个月时间通过西伯利亚铁路将百万苏军从欧洲各国秘密调运远东，一举歼灭了日本关东军，报了 1904 年的一箭之仇。

苏联解体后，俄罗斯铁路彻底私有化，西伯利亚铁路缺乏维护，也随之陷入日益老化和低效的局面。2007 年，俄罗斯政府拿出 230 亿卢布（29 亿人民币）翻修铁路，相当于每千米 30 万元，但因各种原因效果有限。根据中国商务部俄罗斯参赞处给出的数据：在 2012 年上半年西伯利亚铁路的货运列车每昼夜平均开行 228km，速度仅为 9.5km/h。物流成本升高导致物价上涨人口外流，现在西伯利亚人口只剩下约五百万人了；需求的萎缩又更进一步恶化了铁路的效益，一条曾经辉煌的铁路现如今一派夕阳西下的凋敝景象。

7.1.5　遗产宠儿——印度铁路的发展

印度人常说：英国人给我们留下了三件东西：英语、议会和铁路。1853 年英国殖民者修筑了从孟买到 34km 以外城镇的第一条铁路，印度成为亚洲最早拥有火车和铁路的国家。1857 年印度爆发全国范围反抗英国殖民统治的起义，被英国镇压下去后，英国深感需要建立全印铁路网，以利于机动调兵。此后，在殖民当局及很多私人公司的参与推动下，印度铁路系统发展迅速。由于印度大部分地区为平原，拥有建筑铁路得天独厚的有利条件，铁路里程由 1857 年的 463km 猛增至 1901 年的 40800km，所以凡尔纳在创作小说《环游世界八十天》时，主人公福格先生就能坐着火车满印度跑，而在中国就只能坐轿子和帆船。到 1922 年印度铁路里程达到 6 万 km，横跨全国城乡。英国能以少量军队长期统治全印度，铁路功不可没。随着火车轮的滚动，殖民地大量的资源源源不断地流向了英国，但同时，也使独立后的印度的铁路事业有了雄厚的基础。到英国殖民者撤出印度时，印度接受了 54000km 的铁路（原有六万多公里中有部分铁路归巴基斯坦），铁路总里程居亚洲第一，铁路密度居世界第二。

然而此后，印度的铁路建设发展长期缓慢，独立后 30 年间铁路里程只增加了 7000km。截至 2002 年，铁路里程达到了约 63000km。最令人难以理解的是，至 2008 年，印度从未对铁路系统进行过全面、彻底的改造，轨道标准杂乱，早年甚至有所谓单轨铁路，见图 7-7。标准轨铁路（轨距 1m）、宽轨铁路（轨距 1.67m）与窄轨铁路（轨距分别为 0.76m 和 0.6m）并存。到 2008 年，印度有宽轨 44216km，中轨 15178km，窄轨 3415km，其中电气化路轨 1579km。大多数路网列车行驶时速约 40km/h，客车车厢多设开敞车门，乘客自由上下。在一些路段，车门上吊挂着、甚至车顶也拥挤着乘客（图 7-8），安全事故多。这说明，现代铁路仅有较高的路网密度是不够的，应当进行技术改造，提高铁路标准。

图 7-7　印度早年行走单轨的列车　　　　　图 7-8　印度铁路客运拥挤

近年来，印度经济发展速度加快，而印度铁路也如同继承了大笔遗产的豪门公子，在不求进取多年后猛醒，开始对铁路改造加大投入，尤其是在中国修通青藏铁路和建设高速铁路的刺激下，印度于 2007 年公布了其铁路大计划：投资 10 亿美元，在高原地区延长其在北部喜马拉雅山区的铁路，并准备从国外引进时速 300～350km 的高速铁路应用于几个主要城市之间。

7.2 中国铁路的发展历程

7.2.1 蹒跚学步——清代的铁路建设

中国近代思想家魏源于 1844 年编撰的《海国图志》，介绍了当时外国的铁路、火车等科学技术信息。清末地理学家徐继畬（音 shē）于 1848 年编著的《瀛环志略》，进一步介绍了一些国家的铁路情况："造火轮车，以石铺路"，"熔铁为路，以速其行……可谓精能之至矣。"然而昏聩的清朝统治者对此毫无理会。

1865 年英国商人在北京宣武门外修建了一条长约 0.5km 的展览铁路，广为推销，然而"京师人诧所未闻，骇为妖物，举国若狂，几致大变"。清政府官员唯恐机车冒出的烟火和产生的振动惹怒了地下的列祖列宗和妖魔鬼怪，立即禁绝。1876 年 7 月，吴淞至上海开通了中国历史上第一条运营铁路，其全长 14.5km，为时速不到 20km 的窄轨铁路，该路是英国人假称修建所谓"寻常马路"，用欺骗手段建成的，运行第一天鼓励中国人可以免费乘坐，以此行推销之举。铁路运作不到两个月，一名清兵被列车辗毙。事前司机虽然预先拉笛警告，却未被理会；朝廷以误杀之罪拘捕火车司机。最后裁定该士兵是自杀，洋司机无罪释放。铁路后经清政府出白银 28.5 万两赎回，拆除后锈蚀报废。当时有力主修建铁路的洋务派官员感叹：对于外来之物，害人的鸦片国人能够接受，有益的铁路却势不能容，实在是不可思议。

从唐山至胥各庄的唐胥铁路是中国历史上第一条自主兴建使用的铁路，是洋务派为运送开滦煤矿所产的煤出海而建。该铁路于 1881 年 6 月开工，同年 11 月竣工，全长约 10km。铁路总工程师为英国人金达，使用标准轨，每米 15kg，建造费用 11 万两白银，见图 7-9。使用后被守旧官员控为"烟伤禾稼，震动寝陵（指清东陵）"，一度改以骡马拉车。中法战争中，清廷深感没有铁路兵力调动困难，洋务派乘机上奏慈禧，再次促请修路。李鸿章等为促发慈禧对铁路的兴趣，曾动用海军建设经费于 1888 年在北海、中海西侧修建了一条长约 2km 的宫廷铁路。这条铁路由静清斋至瀛秀园，途经紫光阁，故称紫光阁铁路。慈禧经常乘坐由太监牵引的豪华进口车厢，去静清斋进午膳。这项"贡品"既博得慈禧的欢心，又促使顽固派不得不改变其反对修建铁路的态度。此后台湾巡抚刘铭传在台湾修筑了台北到基隆港和到新竹的铁路。但由于清政府的昏庸愚昧和闭关锁国的政策，到 1894 年中日甲午战争前夕，中国仅修建铁路约 400 多公里。

1894 年是中国历史上一个重要的分水岭，甲午战争战败后，各帝国主义国家加紧了对中国的瓜分，其瓜分的手段之一就是修筑铁路。帝国主义在中国领土上强行修建和直接经营的铁路有：俄国修建的东清铁路、法国修建的滇越铁路（图 7-10）、德国修建的胶济铁路，日本更是于日俄战争期间擅自修建了安奉铁路，1906 年成立了南满洲铁道株式会社（简称"满铁"）。帝国主义列强除了强行修建、直接经营中国铁路以外，更多的是通过贷款来控制中国铁路。贷款控制的方式，是从获取铁路贷款权入手，然后以债权人、受托人的身份，修建和经营这些铁路。如京汉、正太、汴洛、关内外、沪宁、粤汉、津浦、广九和道清等铁路，都按此方式为列强所控制。在铁路修建时，殖民主义者往往对中国筑路工人进行野蛮奴役和残酷压榨，可以说，中国失掉了路权就近于

图 7-9　唐胥铁路及机车　　　　　　　　　图 7-10　窄轨的滇越铁路高架桥

失掉主权和人权❶。

　　1905 年清政府准备修建北京至张家口铁路，英、俄争抢筑路权，清政府出于谁都不敢得罪的心理宣布自己修建。对此，列强抱着幸灾乐祸的心态等着看笑话，预备提高要价收拾残局。他们认为以中国当时的技术和经验都不可能使铁路穿过八达岭山区。清政府任命詹天佑负责督建。詹天佑幼年时被清政府派赴美国学习，后进入耶鲁大学学习铁路，回国却长期被派任海军，参加过唐胥铁路等的修建。在八达岭，詹天佑精心设计了"人"字形盘山路线，然后在青龙桥车站附近开凿了八达岭隧道，见图 7-11。这也是中国自行设

(a)　　　　　　　　　　　(b)　　　　　　　　　　　(c)

图 7-11　詹天佑和他在京张铁路上的工程杰作

(a) 通车时的八达岭隧道；(b) 詹天佑；(c) 青龙桥站人字形铁路

---

　　❶　据清政府驻法国铁路公司的公办贺宗章在修筑滇越铁路过程中记载："华人数人或数十人为一起，即于河侧搭一窝棚；斜立三叉木条，上覆以草，席地而卧，潮湿严重，秽臭熏蒸，加以不耐烟瘴，则无几日，病亡相继，甚至每棚能行动者十无一二，外人（外国人）见而恶之，不问已死未死，火焚其棚，或病卧路旁，奄奄一息，外人过者，以足踢之深涧。其得埋葬者尚为幸事。"这位贺宗章还在笔记中悲愤地写道："呜呼，此路实吾国人血肉所构成。"然而，近年有些中国史学家在记载这一切时不恰当地使用"献身""牺牲"一词："修筑滇越铁路是个巨大的工程，为修筑这条铁路，先后有 1.2 万多人献身于此，仅南溪地段就因气候引起的发烧和恶性贫血而死亡了 1 万人左右。最能体现工程艰巨的当数'人'字桥，为修建这座 67m 长的桥梁，共花了 21 个月的时间，有 800 多名劳工牺牲，平均每米 12 条人命。这在世界桥梁建筑史上都是前所未有的。"试想，有中国劳工会为了外国殖民者掠夺自己国家的财富而志愿献身、牺牲吗？

计和施工的第一座越岭隧道。这座单线隧道全长1091m，为增加工作面，在隧道中部开凿了一座深约25m的竖井，井上建有通风楼，供行车时排烟和通风用。隧道衬砌的拱券采用预制混凝土砖砌筑，边墙用混凝土就地灌注，隧道底部用厚约100mm的石灰三合土铺筑，隧道施工仅用18个月，于1908年竣工。京张铁路是中国自己筹款、中国人自己勘测、设计、施工的第一条铁路。它的建成，揭开了中国铁路建筑史上崭新的一页。到清朝统治结束时，中国的铁路现状是：共有里程约9400km。其中帝国主义直接修建经营的约占41％；帝国主义通过贷款控制的约占39％；国有铁路，包括中国自力更生修建的京张铁路和商办铁路以及赎回的京汉、广三等铁路仅占20％左右。

7.2.2　举步维艰——民国期间的铁路建设

很少有一项外来事物像铁路这样与中国近现代史息息相关。由于分别为东清、正太铁路上的中转枢纽站，哈尔滨、长春、石家庄由原来的村镇一跃成为现代化的重要城市，后来安徽、河南两省的省会也分别从安庆、开封搬迁到作为铁路枢纽的合肥、郑州。20世纪早期，中国大地上的条条铁路，成为帝国主义控制中国的绳索、掠夺中国资源的吸管。东北的铁路只在里程上属于中国，简直与俄、日两国铁路一般。日本所谓"关东军"的建立，是为了"保卫"其"满铁"管辖的铁路，从而开始了其在中国东北的长期驻军。日本利用南满铁路和关东军，制造了"皇姑屯事变""柳条湖（九一八）事变"……同时，铁路也是中国反抗帝国主义侵略的基地。19世纪末，德国为筹建胶济铁路而强征土地，山东民众群起抗争，最终演变成声势浩大的义和团运动。1911年，清政府将成渝铁路的修建权转让给英、法、美、德四国银行团；为抗议此举，四川各地纷纷成立保路同志会，又演变成武装暴动，清政府急调驻武昌的新军主力入川镇压，革命党人乘武昌城空虚之机，由其掌握的留守新军发动武昌起义，导致清王朝灭亡。在铁路上还造就了中国最早的工人阶级群体。中国共产党的早期工人运动都是围绕铁路开展的，例如在北京长辛店机车车辆厂、安源路矿、京汉铁路等地。

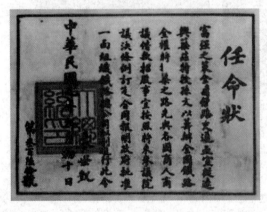

图7-12　孙中山的任命状

1912年是民国元年，从孙中山手中接过民国大总统之职的袁世凯，关切地询问原临时大总统卸任后的志向，孙中山表示愿办实业修铁路，新任大总统深以为然。他认为管铁路是一个无封疆的肥缺，既使自己放心又让对方满意，于是任命孙中山为全国铁路修造督办（图7-12）。不谙中国官场规则的孙中山不知这是袁让其自肥之职，就职时表示要"舍政事，专心致志于铁路之建筑，于10年之内筑20万里之线"，"凡立国铁路愈多，其国必强而富"。他后来还在《建国方略》中设计了中国铁路建设的总体方案，其中对西藏、青海、新疆等地区，规划了16条线路的高原铁路系统。袁世凯将全国路权集中后，向外国出让用来抵借外债，其为称帝而密签的卖国二十一条中就包括铁路权的出卖。在诸多矛盾之下，北洋系与革命党短暂的合作很快宣告破裂，中华民国陷入内战漩涡。

民国期间，全国铁路以缓慢的速度增长。一些规划中的铁路建设期甚至长达三四十年。例如著名的连接江苏、安徽、河南、陕西和甘肃五省的陇海铁路，全长 1759km；于 1910 年修通了开封到洛阳一段（即汴洛铁路）后，缓慢地从开封向东和从洛阳向西两个方向延展。东行线在 1916 年通车到徐州，1925 年到海州，1934 年到连云港；西行线于 1927 年通车到灵宝，1935 年到西安，1936 年到宝鸡，1945 年到天水。直到中华人民共和国建立，1950 年 4 月开始继续修建天水至兰州段，1953 年 7 月完成，至此，陇海铁路才全线修成通车。类似这样修修停停、部分通车的铁路还有湘桂铁路、黔桂铁路、浙赣铁路等。此外，1939 年日本占领海南岛，为了掠夺岛上矿藏，于 1939～1942 年间强征民工，修建了一条轨距 1067mm 的窄轨铁路，共长 254km。1945 年，我国台湾铁路九百余公里，大部分为轨距分别为 1067mm 和 762mm 的窄轨铁路。至 1949 年，全国铁路里程大约 2.1 万 km。

7.2.3 攀天之路——中华人民共和国的铁路建设

中华人民共和国建立以后，一方面迅速恢复因战争而损毁的原有铁路，另一方面开始进行大规模铁路建设，并通过抗美援朝战争，锻炼了一支特别顽强、技术精湛的铁路建设队伍，提前收回了中长铁路全面经营权。中国的地势是东部平坦、西部高山峻岭。1949 年以前的铁路绝大部分都位于经济相对发达的东部。故中华人民共和国在铁路建设方面取得的成就，不仅仅依靠铁路里程的增长，而且要根据高度方向的延伸来衡量。这就如同一个登山运动员，荣誉属于他最终攀高的那段路程。

建设大幕首先在西部拉开。在重庆和成都解放仅半年后，1950 年 6 月开始重启成渝铁路建设，这条中华人民共和国建设的第一条干线铁路全长 505km，1952 年 6 月通车。这条铁路的建成，使四川人民四十多年来的愿望得以实现。1956 年，又穿越秦岭修通了宝成铁路，从而沟通了西南与西北的联络通道。1959 年，兰青铁路通车，1963 年兰新铁路通车，至此，我国边远的西北各省区通过铁路与其他省区紧紧连接在一起。1964 年，国家启动三线建设工程❶，与之配套的成昆铁路等铁路线开始建设，揭开了中国乃至世界铁路史上波澜壮阔的一幕。

联合国曾在 1984 年 12 月 8 日评选了由成员国赠送的、象征人类征服大自然的三件礼物，它们分别是：中国成昆铁路象牙雕刻艺术品（图 7-13）、美国阿波罗宇宙飞船带回来的月球岩石和苏联第一颗人造卫星模型。它们分别代表了人类在 20 世纪创造的三项最伟大的工程杰作！成昆铁路得到这一

二维码7-1 成昆铁路（一）

---

❶ 1964 年，国际形势发生重大变化，中苏间有演变为敌对关系的趋势，8 月，美国全面介入越南战争。中国南部形势非常紧张。由于地理和历史的原因，当时中国 70％以上的工业分布在东北和东南沿海地区，从国家安全的角度看，这种工业布局显得非常脆弱。一旦战争开始，中国的工业乃至整个国民经济体系将很快陷入瘫痪。1964 年 8 月 30 日中共中央和国务院做出了将一部分对国家经济及国防建设有重大影响的工业相继内迁西南、西北等战略纵深地区的决定。这场工业"大搬家"，定名为"大三线建设"。所谓"三线"的划分：沿海地区是第一线，中部为第二线，云、贵、川及湘西、鄂西为"西南三线"，陕、甘、宁、青及豫西、晋西为"西北三线"，统称大三线。建设西南三线是从最极端的情况考虑，如果再次发生像抗日战争那样的恶劣局面，大片国土沦陷，退守到西南一隅，也依然要具备装备自给自足、坚守防御、待机反攻的能力。——从国家安全和长远发展的战略考虑，必须考虑到这种最为不利的极端情况，为中华民族制作"备份"。四川大三线建设前期的最重要项目是"两基一线"。"两基"就是以重庆为中心的常规兵器工业基地和以攀枝花为中心的钢铁工业基地，平时作为基础工业，战时作为军工生产的核心。"一线"就是修建成昆铁路干线，解决西南地区交通问题，满足工业的能源、原材料、零部件以及产成品运输。

图 7-13　成昆铁路象牙雕刻与铁路线路图

殊荣不是偶然的，充分说明了它在世界铁路建设史上的地位和意义。

　　成昆铁路作为铁路工程，在时间上比美国太平洋铁路落后了一百年，按照外行人的理解，这条铁路似乎不具有值得骄傲的本钱，然而实际上，两者在难度上是不可比拟的。仅以工程所遇到的岩石为例说明，太平洋铁路在山区遇到的困难，主要源于岩石太硬，这样的困难属于可控制的困难，出现安全炸药后几乎不值一提。而成昆铁路遇到的问题则是不仅有硬岩，而且有太多太"软"的软岩，软得随时会出现塌方，引发的灾难往往是不可控制的（图7-14）。

图 7-14　成昆铁路施工

　　成昆铁路位于我国西南地区铁路网中的最西端，20世纪50年代在苏联专家参与下开始勘测设计，技术人员共徒步勘测了一万多公里山川，测绘了一万四千多平方公里区域，进行了一万多组地质实验和二十多万米地质钻探，勘测设计规模在中国铁路史上绝无仅有。当时提出了东、中、西三条选线方案。其中，中线较为容易，东线较难，西线最难。苏联专家主张采用中线，认为西线横穿大小凉山，线路高差大、障碍多、地质条件过于恶劣，铁路不可能通过。但是东、西沿线辐射人口多，中线辐射人口少，尤其西线将通过攀枝花钒钛磁铁矿，对于长期贫铁的中国来说有极其重要的意义。中国专家主张西线方案，提出采用长隧道降低越岭高程，并具体提出了选线技术上许多罕见的盘山展线方案（所谓展线是"展长线路"的缩略说法。一般来讲，展线只出现在因坡度限制或遇特殊地形条件的情况下，牺牲线路顺直程度来换取尽可能低的限制坡度）。最终决策时，中国政府采用了险峻的西线方案，东线方案则成为后来的内昆铁路。苏联铁路专家听到结果后感叹，中国人要修成昆线简直是疯了！他们中有人断言：即使铁路修通了，狂暴的大自然在十年之内也会使其成为一堆废铁。

成昆铁路的沿线地势险峻，坡陡流急，有众多峡谷。从金口河到埃岱 58km 的线路，就有隧道 44km，几乎成了地下铁道。穿越全线最高点小相岭（海拔 2244m）的沙马拉达隧道全长 6379m，是当时全国最长的隧道。越过岷江与雅砻江的 120km 的地段内，4 次盘山展线，13 次跨牛日河，修了 66km 的隧道和 10km 的桥梁，绕行了 50km。金沙江河谷是地质上著名的深大断裂带，地质情况十分复杂，被称为"地质博物馆"。线路在这个河谷 3 次盘山展线，47 次跨过龙川江。

成昆铁路工程的艰巨浩大，举世罕见（图 7-15）。全线共完成正线铺轨 1083.3km，路基土石方 9688 万 m³；桥梁 991 座，总延长 106.1km；隧道 427 座（其中长度在 3km 以上的共有 9 座），总延长 344.7km，当之无愧地被各国隧道交通专家、大师称为"地下铁道"。全线桥隧总延长占线路长度 41.6%。因为找不到地方设置车站，在全线 122 个车站中，有 41 个不得不将站线建在桥梁上或隧道内。因为穿越可能发生地质灾害的地段多，沿途设置了数百座钢筋混凝土的泥石流导槽。有的地段为避免山体崩塌，干脆用混凝土浇筑了巨大的墙壁将整个山体封闭起来。按当时物价计算，成昆铁路总投资 30.75 亿元，平均每千米造价 282 万元，是当时普通平原铁路的 4 倍以上。在建设中铁道兵和铁路职工共牺牲近 3000 人，大都牺牲于塌方和泥石流。

这个艰巨宏伟的工程于 1985 年荣获国家颁发的"科学技术进步特等奖"。成昆铁路以其神话般的诞生，奠定了在人类筑路史上无可争议的王者地位。为人类在险峻复杂的地理环境中建设高标准的铁路创造了成功的范例。

成昆铁路是为三线建设配套而诞生的，但意义远不止是备战，在成昆铁路铺通的同时，攀枝花钢铁厂一号高炉正式投产，一座西部重要的重工业城市从此诞生。依托成昆铁路，我国重要的航天基地——西昌卫星发射中心也在 20 世纪 70 年代末被建立起来。成昆线和依托它的建设工程至少影响和改变了西南地区 2000 万人的命运，使荒塞地区整整进步了 50 年。同样依托成昆线与贵昆、川黔、成渝线相连构成的西南环状路网，西南地区建成了基本完备的重工业体系，一旦战争爆发，足以为军队提供种类齐全的现代武器装备，中国有了坚固的战略大后方和战争避难所。

此外，1968~1976 年，中国还在西方国家拒绝援建的情况下，援建了 1800km 长的坦桑尼亚至赞比亚的坦赞铁路。为该路提供无息贷款 9.88 亿元人民币，共发运各种设备材料近 100 万 t，先后派遣工程技术人员近 5 万人次，支援了非洲人民的经济建设和摆脱殖民影响的斗争，扩大了我国的国际影响。

到 1978 年改革开放前，全国铁路运营里程达到 43359km。当时国际上有人将中国与印度铁路建设做了一个比较：两国均于 20 世纪 40 年代摆脱了帝国主义的侵略或殖民、半殖民统治，继承了遗留下来的铁路运输网，当时中、印的铁路网里程分别为 2.1 万 km 和 5.4 万 km；但是三十年过去后，中国在自然地理条件更为恶劣的条件下，在铁路里程上增加了 2.2 万 km，翻了一番；而印度里程只增加了 7000km。到 1997 年底，中国铁路运营里程达到 65970km，其中复线 19046km，电气化铁路 12027km，准高速铁路 170km。

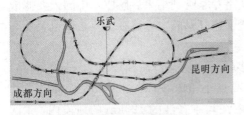

乐武展线两端的尼波和红峰之间直线距离只有7km，但是为了克服142m的高差，展线至14.2km，坡度降至千分之十，增设乐武车站，前后共修建11座隧道共长5532m，大中型桥梁6座共长648m。桥隧占线路长的67%。乐武展线只是成昆铁路上众多展线之一

建设在隧道中的关村坝车站

不同高程的刘沟展线

二维码7-2　成昆铁路(二)

建设在桥梁上的苏雄车站

桥隧相连的牛日河9号桥

地下万米排水隧洞

"壁挂式铁路" ——乃托栈桥

最大的勒古洛夺泥石流导槽

隧道里面建桥梁

车站上的泥石流导槽

白熊沟桥，桥下是铺底护基，桥上是防护钢网

图 7-15　成昆线上的部分工程奇观

（图片来源：成昆铁路技术总结委员会．成昆铁路画册．北京：人民铁道出版社，1983）

152

全面超过了印度的 6.3 万 km。也在这一年，全国铁路开始逐步提速，伴随这一措施，开始全国路网的技术改造。尤为有意义的是，经过多年努力，我国大多数铁路干线已经建成复线铁路，复线里程与单线里程的运输价值是完全不同的。我国铁路已占世界铁路 6% 的营业里程，完成了世界铁路 24% 的换算周转量，并创造了旅客周转量、货物发送量、换算周转量、铁路运输密度四个世界第一。2008 年，运煤专线大秦铁路创造了年运输量 3.4 亿 t 的重载铁路运输世界之最（世界重载铁路标准年运输量为 1 亿 t），相当于节约了三条铁路的建设用地。2006 年 7 月 1 日青藏铁路通车，成为世界上海拔最高的高原铁路。至此，我国所有省区都通了铁路。

目前与发达国家相比，中国铁路建设落后的方面表现在，2020 年每万平方 km 铁路密度为 144.8km 左右，仍大大低于美国。为此，2008 年金融危机爆发后，当欧美政府在为拯救银行业而挣扎时，中国政府却采取了一种截然不同的方式来刺激经济：进行基础设施投资，其中包括大力推进铁路建设。

7.3　高速铁路的兴起与发展

所谓高速铁路，不同国家和组织的定义有所不同。我国定义为：新建设计开行 250km/h（含预留）及以上动车组列车、初期运营速度不小于 200km/h 的客运专线铁路。国际铁路联盟 1962 年将旧线改造时速达 200km、新建时速达 250~300km 的铁路定为高铁；1985 年日内瓦协议做出新规定：新建客货共线型高铁时速为 250km 以上，新建客运专线型高铁时速为 350km 以上者为高铁。

世界上第一条高铁是日本于 1964 年建成使用的新干线。他的主导者是日本侵华期间在位于中国东北的满铁任高级官员的十河信二。

1955 年，十河信二出任日本国家铁道公司总裁。他从一上台就决定建造一条新的高速铁路，把东京和大阪之间的路程从 8h 减少到 3h。这条铁路将以电力作动力，两条铁轨间距也与之前的标准不同，因此被称为"新干线"。此前日本不但没建过这样的铁路，连试验都没搞过。从总工程师以下的日本国铁所有职员都不相信新干线的可行性，且当时社会上认为铁路是"夕阳产业"，运输的发展方向是航空和高速公路，一些激进人士干脆把新干线计划称为"战舰大和第二"，将它与二战时耗资巨大却毫无作用的"大和"号战列舰相提并论。但十河信二曾在中国东北主持推出最高时速为 130km 的"亚洲号"列车（当时大多数列车的平均时速仅为 40km），对铁路的运输效率很有信心。为了他的计划，十河信二换掉了国铁总工程师和总会计师。

为了应付社会上的激烈反对和骗取议会拨款支持，十河信二不惜违反法律，一面谎称项目只是"进行原有铁路的改造工作"，一面命令总会计师做假账，把新干线的实际预算 3800 亿日元改为 1972 亿日元上报议会。十河信二通过欺骗手段不仅获得了国家拨款，而且骗得了世界银行的贷款（本来世界银行是不会为没有通过可行论证的项目贷款的）。他还利用媒体大做广告，把新干线打造成了可以为东京举办 1964 年奥运会添彩的项目。新干线于 1957 年正式开工后，十河信二又多次连蒙带骗地逼着政府和议会增加预算，最后干脆摊牌：世界银行的钱也都花了，不建成新干线日本的脸就要丢到国外了，你们看着办吧。其结果是十河信二本人的下台和日本政府不得不为他的新干线计划出资买单。

1964 年 10 月 1 日，在东京奥运会开幕的前几天，世界上第一条高铁——东海道新干线通车了，列车时速 210km。在此后十年，日本寄到欧洲的明信片有一半印着新干线的照片，高速铁路确实成为了日本国家现代化的标志。1971 年日本国会通过了《全国铁道新干线建设法》，掀起了建设高速铁路的高潮。1973 年，在东海道一个站台上竖起了十河信二的一座胸像，算是对他的某种肯定。1970～1990 年代，日本陆续有多条新干线建成投入运营，其最高时速在 240～270km 之间。在 2012 年采用了新型机车以后，日本高铁最高时速已提升到 320km。目前日本高铁总里程，在中国之后居世界第二位。

有了日本的成功，法国、德国和西班牙等国在 1980～1990 年代开启高铁建设。但是截止 21 世纪初，全世界拥有成熟高铁建设技术的只有四家公司：日本高铁、法国阿尔斯通、德国西门子、加拿大庞巴迪；在全世界十余个拥有高铁的国家中，大都是依赖这四家进行建设和维护，直到中国跻身高铁国家行列。

中国运输市场巨大，铁路运输在其中占有非常重要的位置，亟需高铁运输改善运力不足的局面。1999 年 8 月开工建设，2003 年 10 月开通运营的秦沈客运专线，设计时速 200km，该线是中国第一条真正意义上的高速铁路。在这条铁路上，我国自行研制的"先锋号"和"中华之星"动车组在试验中分别达到了 292km 和 321.5km 的时速。但在试验中也表现出故障较多的缺点，于是当时铁道部决定利用市场引进国外技术改进自身。

2004 年 6 月，铁道部为铁路第六次大提速进行 140 列时速 200km 动车组招标，招标条件为：（1）投标企业必须是拥有成熟的时速 200km 铁路动车组设计和制造技术的国外合作方技术支持的中国制造企业（含中外合资企业）；（2）关键技术必须转让，价格必须最低，必须使用中国品牌；（3）设置"技术转让实施评价"环节，只有中国企业学会了才付钱。这些招标条件保证了以市场换技术策略的实现。

中国铁道部经过与四家公司的艰苦谈判，淘汰了不肯转让技术的西门子公司，与其他三家达成如下协议：招标共分为 7 个包，每个包 20 列动车组。每个包里包括 1 列原装进口的原型车，2 列散件进口，在国内完成组装，剩余 17 列为国产化列车，国产化水平按步骤逐渐提高，到最后一列时国产化率要达到 70%。通过这种合作方式，中国企业吃透了引进的三家动车技术。2008 年，设计时速 350km 的京津城际铁路通车，这是中国第一条具有自主知识产权、当时运营速度世界最快的高速铁路。

2016 年 6 月，国务院通过《中长期铁路网规划》。规划提出打造以沿海、京沪等"八纵"通道和陆桥、沿江等"八横"通道为主干，城际铁路为补充的高速铁路网，实现相邻大中城市间 1～4h 交通圈、城市群内 0.5～2h 交通圈。截止 2020 年底，中国高速铁路总里程 3.79 万公里，运营里程占全世界高铁总量的 70% 以上。

高铁的出现，释放了既有铁路线上的运输能力，大大缓解了货运能力长期紧张的不利局面。300km 以上的时速把城市之间的空间距离缩短了约 2/3。每开通一条高铁线路，都能够给沿线周边城市带来新的商机和挑战，使异地经营的大型企业集团更加易于管理。不经意间，困扰中国多年的春运一票难求问题也逐渐缓解了。总之，高铁开行产生的不仅仅是物流效益，更是时间效益、社会效益。高铁不仅仅是铁路，它承载着中国人的信心和梦想，已经以意想不到的方式改变了中国。

中国高铁之所以能后来居上，原因是多方面的。一是机车价格低，中国高铁线路长，所需机车多，可以大大摊低机车价格。另一个原因与土木工程有关。

高铁要行驶平稳，对路基稳定性和结构平整度要求非常高，所以高铁技术中必须包含配套的土木工程新技术。以机械加工的精度要求建设高铁结构，这对我国土木工程建设质量提升也是一次大的推动。中国的高铁线路一般采用桥梁结构，较少似其他国家高铁多建在土石路堤上（参见图7-16），这是因为桥梁基础埋深大、沉降小，易满足对路基稳定和行驶平稳的要求；更重要的是，桥梁结构征地少，却消耗更多的钢筋水泥，避免将巨额投资消耗在征地和土石碾压上，更有利于利用高铁建设拉动其他行业进而推动国民经济发展。中国质优价廉的土木工程能力是中国高铁造价低、具有竞争力的重要原因之一。

图 7-16　不同的高铁结构形式对比

近年，中国政府在积极推动高铁技术作为中国制造的品牌走向世界的步伐。尤为有趣的是2014年中国总理访问英国时推销高铁，正所谓风水轮流转，此时在铁路诞生的故乡出现了一些似曾相识的反对声音。新教大主教理事会向议会陈述：修建高铁会导致大量英国人坟墓被挖掘，遗体将不会得到"体面和虔诚地对待"。贵族们抱怨高铁不仅噪声难忍，还会穿过他们的庄园，破坏自然风光……这不禁让人疑问：这舆论究竟是来自19世纪的大清国还是曾经风光无比的当年霸主、现在依然号称现代化的国家……这现象也引人思考：决定国家兴衰的因素究竟是什么？

值得关注的是，近年一种新型高铁开始进入人们的视野。其采用磁悬浮＋低真空管道模式运行，具有超高速、高安全、低能耗、噪声小、污染小等特点。因其胶囊形外表，被称为胶囊高铁，也称飞行铁路（简称"飞铁"）。美国特斯拉公司的科技奇才马斯克在2013年的科技大会上声称：飞铁系统对各种复杂天气免疫；因消除了空气阻力，它的速度可以达到两倍于飞机的速度。在系统中装上太阳能电板后，系统消耗的能量足够自给。真空管道可以"附着"到既存的高速铁路架桥上，以节省路线资源与基础设施搭建成本。目前，美国和我国西南交通大学等单位都已经进行了初步试验，获得了一定成功，这种超级高铁有可能在未来若干年投入实际应用并改变人们的长途旅行方式。

7.4　铁路建设技术简介

火车行驶过程中向轨道传递的各种荷载，通过钢轨→轨枕（枕木）→道床→路基这样的路线进行传递。铁路断面与组成，见图7-17。

7.4.1　钢轨与轨枕

钢轨的作用是直接承受车轮的巨大压力并引导车轮的运行方向，钢轨的断面形状采用"工"字形，如图7-18所示，由轨头、轨腰和轨底组

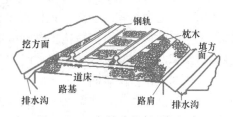

图 7-17　一般铁路的断面与组成

成。一般情况下有 12.5m、25m 等几种长度，在安装轨道时，轨与轨纵向间留有数毫米的间隙供轨道热胀冷缩。

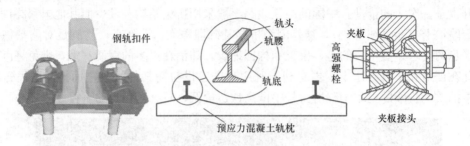

图 7-18　钢轨、预应力轨枕及相互连接

近年来高速铁路采用所谓无缝钢轨，其形成过程是：把 25m 长的钢轨焊接起来连成几百米长然后运到铺轨地点，再焊接成 1000～2000m 的长度，无缝钢轨一段和一段之间还是有 11mm 的空隙。无缝钢轨的温度力巨大；在我国是采用高强度螺栓、扣板式扣件或弹条扣件等对钢轨进行约束，承担温度力。实验表明，直径 24mm 的高强度螺栓，六孔夹板接头可提供 40～60t 的纵向阻力。弹条扣件每根轨枕可提供 1.6t 的纵向阻力。锁定钢轨时必须正确、合理地选定锁定轨温，以保证无缝线路钢轨冬天不被拉断，夏天不致胀轨跑道，危及行车安全。

无缝线路是铁路轨道现代化的重要内容，经济效益显著。据有关部门方面统计，与普通线路相比，无缝线路至少能节省 15% 的经常维修费用，延长 25% 的钢轨使用寿命。此外，无缝线路还具有减少行车阻力、降低行车振动及噪声等优点。

轨枕既要支承钢轨，又要保持钢轨的位置，还要把钢轨传递来的巨大压力再传递给道床。它必须具备一定的柔韧性和弹性。列车经过时它可以适当变形以缓冲压力，但列车过后还得恢复原状，硬了不行，软了也不行。

轨枕起先采用木材制造，因此称枕木，木材的弹性和绝缘性较好，受周围介质的温度变化影响小，重量轻，加工和在线路上更换简便，并且有足够的位移阻力。经过防腐处理的木枕使用寿命在 15 年左右。据统计，在木枕使用高峰期，全世界大约铺设了 30 多亿根，大多数是松木。随着森林资源的减少和人们环保意识的增强，当然也因为科学技术的发展，20 世纪初，有些国家开始生产钢枕和钢筋混凝土轨枕，以代替枕木。然而，因为钢枕的金属消耗量过大，造价不菲，体积也笨重，只有德国等少数国家使用。从 20 世纪 50 年代起，大多数国家开始普遍生产钢筋混凝土轨枕（主要是预应力混凝土轨枕）。

混凝土轨枕使用寿命长，稳定性高，养护工作量小，损伤率和报废率比木枕要低得多。在无缝线路上，预应力混凝土轨枕比木枕的稳定性平均提高 15%～20%，因此，尤其适用于高速客运线。当然，钢筋混凝土轨枕也有缺点，尤其是重量比木枕大得多。比如，美、英的钢筋混凝土轨枕每根质量达 280kg 以上，德国的较轻也有 230kg。所以在不稳固的路基及新填路基等处不宜采用。

轨枕因应用范围不同，长度也不同。在我国，普通轨枕长度为 2.5m，道岔用的岔枕和钢桥上用的桥枕，长度有 2.6～4.85m 多种。每公里线路上铺设轨枕的数量是根据铁路运量和行车速度等运营条件来确定的，一般而言，在 1520～1840 根之间。不言而喻，轨枕数量越多，轨道强度越大，载重量也越大。

铺轨一般采用铺轨机，短铁轨与轨枕在生产预应力轨枕的预制厂连接成整体，用铁路平板车厢运输至铺轨现场后由铺轨机进行铺设，参见图7-19；现场再根据设计将轨道焊接成无缝长轨。此外，这种铺轨机也能架设小跨度桥梁（参见第8章）。

图7-19　铺轨机铺设轨道

7.4.2　两种不同的道床

普通道床是铺设在路基面上的石碴（道碴）垫层。它的作用是把轨枕传来的力，均匀传布到路基面上，阻止轨枕移动，保持轨道的稳定性，并能排除地表水，使路基面保持干燥，使轨道具有足够的弹性，还有助于校正轨道的平面及纵断面。道床由底碴和面碴两部分构成。底碴是由粗砂、中砂、卵石砂构成；铺在路基面上作为砂垫层，可防止面碴被路基土所污染，避免不良土质上冒，造成路基、道床翻浆冒泥。面碴则是铺在底碴之上，以碎石为主。然而，由于道碴有不均匀沉降，列车通过时造成激振，使轨道变形和破损加剧，因此需要定期维修。

近年来，一些高等级铁路（高速铁路、地铁和轻轨）和普通铁路的桥梁、隧道内的道床普遍采用无砟整体道床。

整体道床由混凝土整体灌筑而成，道床内可预埋混凝土枕或混凝土短枕，见图7-20，也可在混凝土整体道床上直接安装扣件、弹性垫层和钢轨，又称为整体轨道。整体式道床的优点有：①整体性好、坚固稳定、耐久；②轨道标高低，减少隧道净空，节省投资；③轨道维修量小，适应地铁和轻轨交通运营时间长、维修时间短的特点。但另一方面，由于整体道床是连续现浇的混凝土，一旦基底发生沉陷，修补极为困难。因此要求设计和施工的质量较高，同时也应将整体道床尽可能铺设于隧道内或石质路基等坚硬的基础之上。

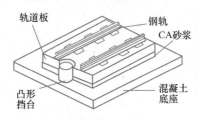

图7-20　无砟短枕整体道床

CA砂浆是板式轨道的关键组成部分，它是由专用沥青乳液、水泥、掺合材料、细骨料、水、铝粉等材料在常温下经掺合制成的，它提供了过去道床和轨枕所提供的竖向弹性，但也由于其存在轨道板水平面方向刚度差，故用凸形挡台限制之。

7.4.3　铁路路基的形式与组成

铁路路基横断面形式与公路路基相同，有路堤、半路堤、路堑、半路堑、不填不挖等。

路基体和附属设施这两部分组成路基。路基面、路肩和路基边坡构成路基体，参见

图 7-17。路基附属设施是为了保证路肩的强度和稳定，所设置的排水设施、防护设施与加固设施等。排水设施有排水沟等，防护设施如种草种树等，加固设施有挡土墙、扶壁支挡结构等，参见图 7-21。

对于在野外施工的铁路路基，可以用重锤夯击、振动碾压等手段提高地基承载力。

对于位于冻土地带的路基，需要采取措施保证路基处于冻结状态，以保证地基承载力不下降。我国在 20 世纪 50 年代酝酿建造青藏铁路时，在青海格尔木设立了冻土观测站，经过 40 余年的实验观测，成功地解决了这一问题。青藏铁路保护冻土地基的措施主要有：通风管式和热棒式。

通风管路基主要由路基土体、道砟和通风管构成。其工作原理是：在寒冷季节，冷空气有较大的密度，在自重和风的作用下将管中的热空气挤出，并不断将周围土体中的热量带走，达到保护地基土冻结状态的目的，见图 7-22(a)。热棒由密封的钢管组成，里面充以液态氨，上部装有散热叶片，为冷凝段；钢管的下部埋入地基多年冻土中，为蒸发段。蒸发段的液态氨吸热蒸发成气体，在气压差作用下蒸汽沿管内空隙上升至冷凝段，与较冷的管壁接触放出汽化潜热，冷凝成液体；冷凝液态氨沿管壁流回蒸发段再吸热蒸发，如此往复循环，见图 7-22(b)。此外还有一种遮光板式，是在路基周围铺设遮光板，阻挡并反射阳光带来的热量，防止路基温度升高，达到保护地基土冻结状态的目的。

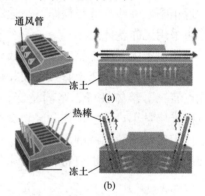

图 7-21　路基的各种配套附属设施　　　　　图 7-22　保护冻土的措施

7.5　城市轨道交通

7.5.1　近代地面有轨交通的兴衰

有专家研究指出，城市人群很难容忍自己日常生活中每天花在交通上的持续时间超过 45min。进入 19 世纪，工业革命造成大都市以前所未有的速度膨胀，人们在城市内出行时间不断延长，必须找到在城市内快捷交通的办法。在城市开设有轨交通就是针对现代城市交通流量大、人们生活节奏快的特点，为有序组织交通人流而设置的。几乎从一开始，就有地下和地上两种方式。

有轨马车是最早的城市有轨交通。世界上第一条有轨公共马车线于 1827 年出现在纽约百老汇大街上。1853 年，法国工程师卢巴（E. Loubat）将它引入巴黎，为巴黎修建了第一条嵌入式凹形马车轨道（图 7-23）。1879 年大巴黎区已有 38 条公共马车路线。公共有轨马车是现代城市轨道交通的雏形。

有轨电车的出现是在 19 世纪末。世界上第一辆以输电线供电、驱动牵引电动机的电车，出现于 1879 年德国柏林举行的工业展览会上，但只是一辆概念车，经过努力，至 1888 年，当电机的功率发展到足以驱动一辆承载二三十人的车辆后，才把有轨电车推向实用。1897 年世界上第一条有轨电车线路在罗马通车，其使用 550 伏架空线。到 1904 年，罗马所有原来行驶有轨马车的线路都改由有轨电车运营。1898～1920 年，有轨电车在世界大城市中得到广泛的发展，我国的上海、大连、北京、天津、哈尔滨等城市就是在这一时期开通了有轨电车。

二战结束以后，城市经济的繁荣和机动车的普及，使得传统的地面有轨电车的缺点凸显出来，一些观点认为：有轨电车与机动车和人流争线，缓慢，噪声大，供电线路有碍城市观瞻等（图 7-24）。一时间，拆除城市原有的有轨交通成为潮流，城市有轨交通转向地铁和城市轻轨发展。目前在我国，除大连、长春和抚顺等少数城市外，其他城市均于 20 世纪 60～80 年代拆除了传统的有轨交通线路，后个别城市又出于旅游观光的考虑，方才局部予以恢复有轨电车。

图 7-23　早期城市有轨马车

图 7-24　20 世纪初芝加哥有轨电车与行人、机动车相互拥堵的情况

7.5.2　现代城市有轨交通

按照现代观点，城市轨道交通系统定义有以下五个条件：①必须是大众运输系统；②必须位于城市之内；③必须以电力驱动；④大部分需独立于其他交通体系（如马路和其他铁路）以外；⑤班次必须频密。由此看来，地下铁路从一开始就符合上述条件（只是初始阶段以蒸汽驱动），从而成为城市有轨交通的主力。

城市交通系统设在地下具有安全、运输量大、快速、减小噪声和污染等优点，故现代越来越多的大城市都修有地下铁道，简称地铁。

地下铁道在美国称 Subway，但在欧洲通称 Metro，这一名称的来源是世界上第一条地铁——伦敦大都会铁路 Metropolitan Railway。该地铁 1856 年动工修建，第一段长约 7.6km 的线路于 1863 年 1 月 10 日正式投入使用，见图 7-25。列车由燃烧煤气的蒸汽机车牵引，为了排放蒸汽烟雾，车站没有顶棚，沿途设有通达地面的烟囱式通气管。虽然当时地铁设施简陋，而且污染严重，车站狭小拥挤，但由于更为快捷，受到了上班族的欢迎。这条线路运营非常成功，第一年就运载了乘客 950 万人。

其他城市不久也纷纷仿效伦敦。布达佩斯的地铁在 1896 年开通；波士顿在 1897 年，巴黎在 1900 年开通了通往郊区的地铁。比较而言，1903 年纽约地铁建成时乘客就幸运多了，直接使用电动机车，车站也更完备，经过多年发展形成一个庞大的地下网络，参见图 7-26。

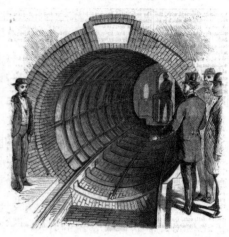

图 7-25　通车时的伦敦大都会地铁　　　　图 7-26　1903 年通车的纽约地铁

莫斯科地铁第一期的两段地下铁道长 11.6km，于 1931 年 8 月动工，1936 年竣工使用。莫斯科地铁素有地下宫殿之称，每个车站都由著名的设计师担纲设计，用精美的大理石和浮雕装饰得豪华无比，在灯光照耀下富丽堂皇，称其为艺术博物馆毫不为过。

在苏联卫国战争中，莫斯科地铁的一个车站曾作为救护中心，苏军总参谋部迁入"白俄罗斯站"，最高统帅部迁入"基洛夫站"，其余车站都作为防空设施对公众开放，拯救了成千上万的生命，参见图 7-27。目前莫斯科地铁已发展到具有 11 条线路、160 个车站，且里程和车站数还在逐年增加。

(a)　　　　　　　　　　　　　(b)

图 7-27　莫斯科地铁车站
（a）富丽堂皇的莫斯科地铁车站；（b）第二次世界大战中作为防空设施

地铁的主要缺点是造价昂贵，为此，一种相对便宜的、高架的城市有轨交通加入了人们的选择。

城市轻轨发明于 20 世纪 60 年代初的日本，原名高架铁路（Overhead Railway），线路环绕或穿越市区，是城市客运有轨交通系统的一种新形式。

它与原有的有轨电车交通系统不同，它一般有较大比例的专用道，大多采用高架桥的方式，参见图 7-28，局部也采用浅埋隧道的方式，车辆和通信信号设备也是专门化的。其最高时速可达 140～160km。在曲线区段的铁路，曲线外侧也需要加高以避免在离心力作用下车辆倾翻。

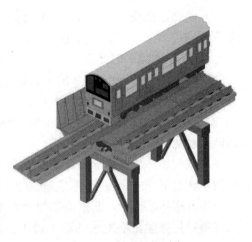

图 7-28　城市轻轨示意

城市轻轨克服了有轨电车运行速度慢、正点率低、噪声大的缺点。它比公共汽车速度快、效率高、省能源、无空气污染等。轻轨比地铁造价低，见效快。自 20 世纪 70 年代以来，世界上出现了建设城市轻轨铁路的高潮。目前已有 200 多个城市建有这种交通系统。

轻轨的运量比地铁小，轻轨每小时的单向运输量一般为 1.5 万～3.5 万人，而地铁每小时单向运输量可达 3 万～7 万人。

轻轨一般采用直流电机牵引，以轨道作为供电回路。为了减少泄漏电流的电解腐蚀，要求钢轨与基础间有较高的绝缘性能。

磁悬浮铁路也是城市有轨交通的一种形式。磁悬浮铁路上运行的列车，是利用电磁系统产生的吸引力和排斥力将车辆托起，使整个列车悬浮在轨道上，利用电磁力进行导向，并利用直流电机将电能直接转换成推进力来推动列车前进，参见图 7-29。目前德国和日本在磁悬浮技术方面领先。

图 7-29　磁悬浮铁路

磁悬浮铁路的优点有以下两方面：

（1）高速、舒适。由于消除了轮轨之间的接触，因而无摩擦阻力，线路垂直荷载小，无颠簸，适于高速运行，目前最高试验速度为 552km/h，可获得高的运输效率。

（2）环保、节能。由于无机械振动和噪声，无废气排出和污染，有利于城市的环境保护；由于无钢轨、车轮、接触导线等摩擦部件，无摩擦能耗，可以省去相当多的维修工作和维修费用。

磁悬浮铁路的缺点有以下两方面：

（1）技术复杂，一次性投资非常高，只有高度发达的工业国家才能使用。

（2）磁悬浮铁路对于土木工程要有更严格的要求。导轨下巨大的混凝土路基梁的尺寸偏差不能超过 2mm，因此土木投资也耗费巨大。

7.5.3 中国地铁的起步——北京地铁一号线

我国地铁建设始于 1965 年的北京地铁一号线，其规划在 1953 年就已经开始了，并且为此聘请了苏联专家，也派出了大量的留学生。中华人民共和国成立之初，北京常住人口不到 300 万，机动车 5000 辆，并无紧迫的交通拥堵问题，其实地铁建设的初衷是青睐地铁的防护功能。

在规划起始，地铁是学习苏联地铁全线深埋入地面 60m 以下，还是像大多西方国家那样浅埋在地下 5~12m？在筹建地铁的十几年当中，方案几经变化。

初步勘探结果显示，北京西部的地下黏土层在地面 40m 以下，东部则在 120m 以下，而地铁最好是修建在不透水的黏土层中。深埋比浅埋施工难度大，技术要求高，投资也大。但从战备考虑，深埋比浅埋具有优势。于是在"战备为主，兼顾交通"的总原则下，结合北京的地质特点，北京地铁最初确定为深埋。

1959 年，设计人员开始对深埋方案展开设计。但这时发现困难远比预想要大。根据新的地质勘探资料，北京地下岩层有较厚而破碎的风化层，地铁的实际埋深将超过原来估算的深度。这样的深度，一者当时电梯无法生产，二者如供电中断或电梯出现故障，乘客根本出不来。于是，设计人员们不得不把目光集中到"全线采用防护性结构浅埋明挖"的方案上来。这种方法不但克服了深埋的诸多不利，也同样能达到防护的战备目的。与此同时，在公主坟和木樨地为深埋方案打的两眼竖井也得出了深埋难以实行的实证。这两眼竖井直径 6m，深分别为 100m 和 120m，当时北京还不是一个缺水城市，地面 2m 以下就有水，而且水压很大。1960 年 5 月，中央正式批准北京地铁采用"浅埋明挖"的方案。一场关于深埋还是浅埋的讨论终于尘埃落定。

1965 年，北京地铁一号线即将开工前，有专家发现，由于经验不足，所有的设计图纸都没有考虑足够的贯通误差。这意味着，如果按照图纸进行施工，分别开工的两个乃至几个施工段，在最后连接的时候，断面位置可能错开。整个隧道将无法对接成一条直线。为此，所有设计人员用三个月时间，修改了三万多张图纸，将开挖尺寸加大，避免了工程事故。

通过第一条地铁，中国掌握了地铁建造技术。此后的中国地铁建设大都摒弃了明挖的方法，改之以暗挖或盾构施工。目前除北京外，中国建设地铁的城市有上海、天津、广州、深圳、南京、武汉、沈阳、哈尔滨、南昌等几十个大中型城市。地铁的建设将极大解决制约城市发展的交通拥堵和空气污染问题，有利于城市的可持续发展，并拉动我国建材业的发展，促进装备制造业的升级。

思 考 题

（1）铁路建设对德国、美国、俄罗斯各国的发展各有何重要意义？

（2）太平洋铁路遇到的难点是什么？成昆铁路遇到的难点是什么？是如何解决这些难点的？

（3）成昆铁路的路线是如何确定的？其建设的意义何在？

（4）试收集资料，阐述我国的铁路建设有何特点？

（5）从土木工程的角度，高速铁路与一般铁路采取的技术有何不同？

（6）什么是整体道床？其有何优点？一般用于什么场合？

（7）在冻土地带的路基有何特殊处理措施？试收集资料，阐述高原铁路还要注意什么问题？

（8）城市有轨交通有何形式？是如何演变的？各有何有缺点？

（9）试从北京第一条地铁建设看地铁方案确定需考虑什么因素？

第8章 桥 梁 工 程

预备概念：

门与门框之间的连接称为铰链式连接，力学上简称铰接。铰接可以约束被固定物体的移动，但不约束被固定物体的转动。而力学上称为刚接的连接方式则使被约束的物体在连接处不能做任何运动，包括转动。约束转动意味着要承受一定的弯矩（受弯曲的程度用弯矩大小衡量）。

古代栈桥在悬崖上凿石成孔，插木为梁；石壁与木梁之间的连接就是刚接，这种只有一个刚接约束的梁在力学上称为悬臂梁，其力学模型如图 8-1 (a) 所示。但如果凿出的孔很浅，插入的梁就有可能转动，这个连接就变成了铰接；插入的木梁发生了转动，栈桥就会塌掉。要想让铰接的梁不塌掉，就需要两个以上的铰支座。两个铰支座位于梁两端的梁称为简支梁，力学模型见图 8-1 (b)；梁悬挑出支座的梁称为外伸梁，见图 8-1 (c)。图中的固定铰支座可以约束竖向和水平两个方向的运动，滑动铰支座仅约束竖向运动，不约束水平运动。

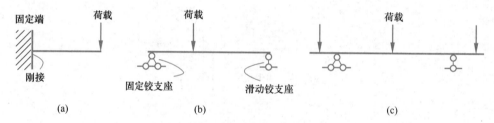

图 8-1　各种连接方式与不同约束状态的力学模型
(a) 悬臂梁；(b) 简支梁；(c) 外伸梁

若以桥梁的结构及外观形式分，桥梁可分为梁桥、索桥（也称吊桥）、拱桥和浮桥这四种基本类型。按照桥梁全长和跨径的不同，可将桥梁分为：特大桥（多孔桥全长大于 500m，单孔桥全长大于 100m）；大桥（多孔桥全长小于 500m，大于 100m；单孔桥全长小于 100m，大于 40m）；中桥（多孔桥全长小于 100m，大于 30m；单孔桥全长小于 40m，大于 20m）；小桥（多孔桥全长小于 30m，大于 8m；单孔桥全长小于 20m，大于 5m）。如果桥跨小于 5m 便称为涵。

8.1　古 代 桥 梁

8.1.1　浮桥

浮桥又称舟桥、浮航、浮桁，从力学上看，是支承在弹性支座上的梁桥。它是跨越较大宽度河流的比较简单的方式，早在三千多年前的《诗经·大雅》中就有周文王为娶妻"亲迎于渭，造舟为梁"的记载。它比西方最早的浮桥还早五百多年。西周时浮桥是稀贵之物，周礼制规定，只有天子才能使用，用毕就要立即撤除。春秋时期"礼崩乐坏"，《周礼》无人遵守，黄河上建的第一座浮桥是由秦国贵族后子针建造的；他因自己所储财物过多，恐被秦景公所忌，在黄河上架起浮桥，带了"车重千乘"的财富由秦国（今陕西）逃往晋国（今山西），时间是在公元前 541 年❶。公元 35 年东汉光武帝时，在今宜昌和宜都之间，出现了架设在长江上的第一座浮桥。木石桥梁出现以后，浮桥主要建于河面过宽、河水过深或涨落起伏大，架设木石柱梁桥困难的地方；架浮桥时两岸多设柱桩或铁牛、铁山、石囷（音 qūn）、石狮等以系缆。隋大业元年在洛阳洛水上建成的天津桥，是第一次用铁链连接船只的浮桥。

浮桥的优点是施工速度快，造价低❷，开合随意，拆除和架设都很方便。因其架设便易，常用于军事目的，故也称"战桥"。浮桥的缺点是载重量小，随波上下动荡不定，且抵御洪水能力弱，洪峰到来需及时拆撤，因此需专人管理；舟船、桥板与系船的缆绳的维护费用昂贵。因此，很多浮桥的最后归宿都向木梁桥、石梁桥或石拱桥发展。

8.1.2 梁桥

梁桥是在竖向移动式荷载作用下无水平反力的桥梁结构体系。其受力特点是：支座不阻滞梁的转动。最早的梁桥是简支梁式的，由于跨中弯矩大，梁的跨度与其他桥型比较相对要小。

中国周代以前，在河中堆集石块供涉水。秦代在咸阳渭水上架了一座用石柱作桥墩的横桥，梁宽 13.8m，长约 386m。每个桥墩约由 12 根石柱组成群桩，桥墩平均间距约5.7m❸，桥身为木梁，这座桥梁按照现代标准衡量，也是一座大型桥梁。

桥墩和桥台是桥梁的支承结构，桥台是桥梁两端桥头的支承结构，是道路与桥梁的连接点。桥墩是多跨桥的中间支承结构。在墩台工程方面，中国古代有创造性的成就，如汉代长安灞河桥采用了卯榫相联结构，并应用若干节叠置的石鼓作成具有柔性墩性质的石柱墩，榫卯为叠置而成的石柱提供了抗水平荷载的能力，参见图 8-2。

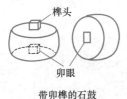

榫头
卯眼
带卯榫的石鼓

西安汉代沈水木桥桥墩

图 8-2　古代桥梁的桥墩做法

---

❶ 《史记·秦本纪》："景公母弟后子针有宠，景公母弟富，或谮之，恐诛，乃奔晋，车重千乘。晋平公曰：'后子富如此，何以自亡？'对曰：'秦公无道，畏诛，欲待其后世乃归'。"另有《左传·昭公 32 年》："秦后子有宠于桓，如二君于景。其母曰：'弗去，惧选。'癸卯，针适晋，其车千乘。书曰：'秦伯之弟针出奔晋。'罪秦伯也。后子享晋侯，造舟于河，十里舍车，自雍及绛。"

❷ 明邹守益《修凤林浮桥记》："若用石梁桥，要费千金，而用浮桥，则费五百金便可，可根据需要而定。"

❸ 《三辅黄图》卷一"咸阳故城"条："桥广六丈，南北二百八十步，六十八间，八百五十柱，二百一十二梁。"秦一步六尺，一丈十尺，一尺合 0.23m。《三辅黄图》一书，相传为六朝人撰写，作者姓名佚失。它是研究秦汉历史，特别是研究秦汉长安、咸阳历史、地理的可贵资料。

虽然已经出现石桥，汉代桥梁依然以木桥为主，历史上著名的栈道、阁道都是木梁桥。2004 年在西安未央区三桥镇发掘了一处跨古沴（音 jué）水的西汉古桥遗址（图 8-2），遗址内有楔入原河河床的木桩 5 排共 160 根。桩现高 1.85～2.6m，桩直径 0.3～0.55m，个别木桩顶端上残留有卯榫结构。木桩楔入河床 1～4m。木桩下部削为三棱锥形，非常尖利。现场表明桥的宽度应在 50m 以上；因为遗址被陇海铁路穿断，无法准确判断桥长度，但根据河床推算应在 100m 以上。桥身为木结构，现场挖掘出的瓦当等物表明，桥上建有保护木梁及行人免受风雨的桥屋（桥上建屋的桥型称为廊桥，现在多出现于南方，但发明于黄河流域）。沴水木桥的桥身曾经被火焚毁，且有修复的痕迹，该桥是目前世界上已发现的规模较大的古代木质结构桥梁。

汉代以后相当一个时期是拱桥灿烂发展的时期，直至宋代才又出现了几座在世界桥梁史上有影响的梁桥；它们都出现在南方，其中以福建省居多。

泉州洛阳桥不仅以其长度，而且以其首创的造桥工艺被载入桥梁史册，该桥位于泉州市东北 10km 的洛阳江上，旧名万安渡，故又称万安桥，宋皇佑五年（1053 年）由泉州郡守蔡襄主持，耗银一千四百万两历时七年修建完成。全长 540m，桥宽 7m。由于该桥址濒临入海口，潮水涨落造成的水头冲击力很大，桥基不易稳固，造桥者巧妙地采用了植蛎固基的作法：先在江底沿桥中线抛石块，建造筏形基础，之后植入牡蛎，牡蛎无孔不入地繁殖分泌出有机胶体把分散的石块胶固成整体，然后在稳固的筏形基础上再用大石块砌出四十六座船形桥墩，上放巨大石梁，然后铺石板，见图 8-3。造桥时利用海上潮汐浮运石料，并用船上起吊工具悬吊石料，桥墩石料有重达 10t 者，实为用水上浮吊进行墩台施工的最早工程实例。

晋江安平桥以有中国古代最长的桥之名而载誉桥梁史册，长 810 丈（2500m），故称五里桥，位于福建晋江的安海镇，始建于绍兴八年（1138 年），历时十三年。桥址原为海湾，河面宽广。桥下采用筏形基础，桥墩用条石按照纵、横分层排列砌筑，其中一些为减小水流冲击砌筑成船形；桥面每节平铺长石板 6～8 条不等，每条石板长 6m 左右，宽与厚为 0.5～0.7m 左右，重达数吨，联成一体，如长龙卧波，气势磅礴，见图 8-4。后世由于飓风、海潮、地震等袭击，曾有六次修理，桥长也因自然淤积而缩短成为目前的 2070m。

图 8-3 植蛎固基的泉州洛阳桥

图 8-4 古代第一长桥晋江安平桥

漳州虎渡桥也是我国古代十大名桥之一，建于南宋（1240年），为世界最大最重石梁桥。此桥总长约335m，某些石梁长达23.7m，沿宽度用三根石梁组成，每根宽1.7m，高1.9m，重达200多吨，该桥一直保存至今，这些巨大石梁桥也是利用潮水涨落浮运建设的，足见宋代加工和安装桥梁的技术是何等高超。1938年为阻止日寇入侵漳州而炸毁、凿毁桥面，现仅存古桥墩5座、残墩基9座，10条巨大石梁保留于新修的钢筋混凝土桥面下。

8.1.3 拱桥

拱桥的主要承重结构是拱券，拱桥的主要受力特点是，在桥面竖向移动荷载作用下桥墩或桥台要承受水平推力。从力学知识我们知道，桥拱越平缓（拱矢跨比越小），水平推力越大。

世界上最早的拱桥是在古罗马诞生的。罗马米尔维安大桥是古罗马最重要的两条道路之间的渡桥。它的拱券坐落在巨大的桥墩上，见图8-5。其最初建于公元前109年前后，公元14世纪重修后至今仍发挥着作用。除供人马通行的大桥外，古罗马人还建造了向罗马城及各领地输水的大型渡槽桥，也采用拱券结构，见图8-6，这些历经两千余年岁月保留下来的桥梁都被联合国教科文组织评为世界文化遗产。

拱桥在中国出现最早见于东汉画像砖上，见图8-7。据郦道元《水经注》记载，公元282年，河南洛阳东面建有一座名为"旅人桥"的石拱桥[1]，这是中国见于文字记载的最早的石拱桥。

图8-5 罗马米尔维安大桥

图8-6 法国境内的古罗马加尔渡槽桥

拱桥分实肩拱和敞肩拱两种。实肩拱是在曲线的拱背上填土以构成路面。因为土重较大，在拱跨较大时不经济。中国对拱桥发展最大的贡献是发明了大拱驮小拱的拱桥形式，称为敞肩桥，人们普遍认为这是在著名的赵州桥上首创实现的。

赵州桥又名安济桥，建于隋大业（公元605～618年）年间，由著名匠师李春主持建造，见图8-8。桥长64.4m，跨径37.02m，高度7.23m，是当今世界上跨径最大、建造最早的单跨敞肩型石拱桥。在主拱券的上边两端上加设的两个小拱，一方面可节省石料二百余立方米，另一方面可减少桥身自重15%，而且能增加有洪峰时的泄流量。在欧洲，最

---

[1] 《水经注 卷十六》："……涧有石梁，即旅人桥也……桥去洛阳宫六七里，悉用大石，下圆以通水，可受大舫过也。题其上云：太康三年十一月初就功，日用七万五千人，至四月末止。"

早的敝肩拱桥为法国亚哥河上的安顿尼铁路石拱桥和在卢森堡修造的大石桥，它们比赵州桥晚了1100多年。此外，赵州桥还在以下方面取得巨大的突破：

图 8-7　东汉拱桥画像砖

图 8-8　隋代李春建造的已有
1400 年历史的赵州桥

（1）改桥拱为圆弧而非半圆。赵州桥矢跨比（拱高与拱跨度的比）大约是 1：5。这样的拱称为"坦拱"，其坡度小，方便通行。同样矢跨比的桥，欧洲比赵州桥晚了 700 年。

（2）以单跨跨越河流。赵州桥以前的拱桥在跨越较宽河流时均以连拱的形式，河中设桥墩以降低建造难度，赵州桥的设计利于桥下行舟，也不易被洪水摧毁。

（3）砌置方法新颖。整个大桥由 28 道各自独立的拱券沿宽度方向并列组合而成，拱券截面高度皆为 1.03m，每券各自独立；每券砌完合拢后移动承担重量的"鹰架（对拱架的俗称）"，再砌另一道相邻拱。这种砌法有很多优点：既可以节省制作"鹰架"所用的木材，便于移动，又利于桥的维修，一道拱券的石块损坏了，只需进行局部修整而不必对整个桥进行翻修。为了克服纵向并联砌筑法整体性差的缺点，用 9 条两端带帽头的铁梁横贯拱背，串联住 28 道拱券，加强横向联系，并且对两块毗邻的拱石，用燕尾铁卡住。

（4）采用浅基础形式。在 1933 年梁思成考察该桥时，曾误认为该桥采用的是深基础❶；而 1979 年由中国科学院自然史组等四个单位组成联合调查组进行的调查表明：自重为 2800t 的赵州桥，其根基只是有五层石条砌成的高 1.55m 的桥台，直接建在自然砂石上。以浅基础提供了巨大的水平推力，不能不说是个工程上的奇迹。

赵州桥建成距今经历了 10 次水灾，8 次战乱和多次地震，1963 年的洪灾水淹到桥拱的拱顶处，站在桥上能感觉桥身的晃动；特别是 1966 年邢台发生的 6.8 级地震，震中距桥址仅有数十公里。面对这一切，赵州桥都没有被破坏；1991 年 9 月，赵州桥被美国土木工程师学会选定为第十二个"国际土木工程里程碑"。

关于古代拱桥，有必要一提隋代的另一项工程杰作——位于河北省井陉县苍岩山的福

---

❶　梁思成 1933 年报告："为要实测券基，我们在北面券脚下发掘，但在现在河床下约 70～80cm，即发现承在券下平置的石壁。石共五层，共高 1.58m，每层较上一层稍出台，下面并无坚实的基础，分明只是防水流冲刷而用的金刚墙，而非承纳桥券全部荷载的基础。因再下 30～40cm 便即见水，所以除非大规模的发掘，实无法进达我们据学理推测的大座桥基的位置。"

庆寺桥楼殿，见图8-9。其架设在峡谷峭壁上，是福庆寺的主体建筑之一，也是我国古代三大悬空寺庙之一，它以桥上建危楼的独特造型称奇于世。桥长15m，宽9m，单孔敞肩式石拱桥，由21道独立弧券纵向排列而成。楼殿建在石桥上，面宽五间，石桥建造年代，据近年考证为隋开皇年间（公元581～600年，因年代、地理和工艺接近，有人猜测造桥者也是李春），如果这个年代属实，则世界最早的敞肩石拱桥应当改写为福庆寺桥楼殿之石桥。

苏州宝带桥建于唐元和十一年至十四年（公元816～819年）建于距苏城3公里的古运河和澹台湖之间的玳玳河上，是我国古代十大名桥之一，是驰名中外的多孔石拱桥，见图8-10。

图8-9　河北井陉福庆寺桥楼殿　　　　　图8-10　唐代苏州宝带桥

宝带桥的建造源于漕运的需要。苏州到嘉兴的一段运河系南北方向，北上运粮漕船秋冬季节正顶着西北风，故需纤夫背纤而行。然而纤道在澹台湖与运河交接处却有个宽约三四百米的缺口，如果填土作堤，就切断了诸湖经吴淞江入海的通路，且路堤又易被汹涌湍急的湖水冲决，因此确定建桥代堤。

宝带桥桥面宽阔平坦，下由五十三孔连缀，全长317m，宽4.1m。北端引道23.4m，南端引道43.06m。桥的拱石带有榫头和卯眼进行拼接。整座宝带桥狭长如带，多孔联翩，倒映水中，虚实交映，有如苍龙浮水；不仅为行人纤夫提供了方便，还为江南水乡增添了旖旎景色，后来清代颐和园十七孔桥就是模仿宝带桥建造的。

卢沟桥也是古代十大名桥之一。其位于北京西南郊的永定河上，始建于金代大定二十九年（1189年），成于明昌三年（1192年），清康熙三十七年（1698年）重修建，见图8-11。卢沟桥工程浩大，建筑宏伟，结构精良，工艺高超，为我国古桥中的佼佼者。

图8-11　卢沟桥迎水面、背水面及望柱上的石狮

桥全长 266.5m，桥面宽绰，桥身全用坚固的花岗石建成，下分 11 个券孔，中间的券孔高大，两边的券孔较小，采用条石弧砌成拱。10 座桥墩建在 9m 多厚的鹅卵石与黄沙的堆积层上。桥墩平面呈船形，迎水的一面砌成分水尖。每个尖端安装着一根边长约 26cm 的锐角朝外的三角铁柱，称为"斩龙剑"。这是为了保护桥墩，抵御洪水和冰块对桥身的撞击。在桥墩、拱券等关键部位，以及石与石之间，都用银锭锁（燕尾铁）连接，以互相拉连固牢。卢沟桥还以其精美的石刻艺术享誉于世。桥的两侧有 281 根望柱，柱头刻着莲花座，座下为荷叶墩。望柱中间嵌有 279 块栏板，栏板内侧与桥面外侧均雕有宝瓶、云纹等图案。每根望柱上有金、元、明、清历代雕刻的数目不同的石狮，其中大部分石狮是明、清两代原物，金代的已很少，元代的也不多。这些石狮蹲伏起卧，千姿百态，生动逼真，极富变化。卢沟桥精美之名，由马可波罗传至西方。

在桥墩的工作原理上，上述拱桥也有不同。卢沟桥的桥墩建得很厚，为的是能承担大的推力。但是这样的桥墩也有缺点：既费工料又挡水。宝带桥则使用的是薄型的柔性墩。由于墩基础面积小，为提高地基承载力，墩下先打设木桩，桩顶置基础石，上安放墩身，拱券的下端嵌在墩上预留的沟槽里。薄型桥墩的创造对桥梁建设的发展是一大贡献。不过，正像世界上的所有事物不能完美无缺一样，薄墩多孔桥也有它自身的缺点：由于桥墩是靠桥孔间相互的推力维持平衡的，因此，如果有一个桥孔遭到破坏，就会使桥墩的受力失去平衡，而产生连锁反应，一孔接一孔地倒塌。清同治二年（1863 年），李鸿章雇佣的洋枪队领队戈登在镇压太平天国起义时，为了使他的"飞而复来"号战船通过宝带桥，拆掉了桥上的第 9 孔，致使有 26 个桥孔连续倒塌，桥梁遭到极大破坏。幸亏桥中间设有一座结实的刚性桥墩隔着，才保住了另外半座桥。抗日战争初期，日军又破坏了南端 6 孔，直至 1956 年全桥才得以修复。

8.1.4　索桥

国际上普遍认为索桥首创于古代中国。目前已查证有名的最早索桥是四川益州（今成都）的筰（音 zuó，竹索之意）桥，又名夷星桥，它由秦蜀太守李冰（公元前 251 年）建造，是当时按北斗七星形状建成的七座桥中的一座。西汉王褒在《益州记》中记载，筰桥在司马相如宅院南一百步，建造时用三个大铁锥来系桥柱紧竹索。《晋书·桓温传》记载，永和三年（347 年）桓温伐蜀进攻成都时，曾与李势战于筰桥❶，时隔近六百年后，筰桥仍在。20 世纪 50 年代研究人员在考察司马相如的抚琴台时，曾在今成都南门大桥西面的锦江河上，发掘出古代桥基下的大铁锥（仅剩两个），证实该处是筰桥的故址。

筰桥在我国西部险峻地形并非偶见。《汉书·西域传》记载有"以绳索相引而度""悬绳而渡筰"的文字。宋《太平寰宇记》认为自《汉书》以下至州郡图籍中所谓的"筰"，即系"土夷人于天水之上置藤为桥"。可见我国西部少数民族对索桥发展作出了重要贡献。图 8-12(a) 为我国西部地区原始索桥的形式。

安澜桥是中国古代的一座著名竹索桥，位于四川灌县都江堰口，横跨岷江内外二江。原建年代不详，宋代以前称"珠浦桥"，宋代重修后改名"平事桥"。清嘉庆八年（1803年）重建后改今名。此桥长约 500m，八孔连跨，最大跨径 61m，宽 3m，用细竹篾编成竹

---

❶　晋常璩（音 qú）《华阳国志》卷 3 蜀志："冰又作筰通汶井江，径临邛……"《华阳国志》卷 9："……比至，温已军于成都之十里陌。坚众自溃。三月，势悉众出战于筰桥……"

索 24 道，12 道为底索及压桥面板用，其余 12 道索分设两侧构成扶栏。整座桥造型别致，布置巧妙，结构稳定，见图 8-12（b）。1964 年因山洪暴发古桥被毁，重建后改木桥桩为混凝土桥桩，扶栏仍以竹藤包缠。1974 年修建外江闸（参见第 10 章内容）时将桥下移了 100m，并改竹索为钢索，该桥已被列入世界文化遗产名录。

在竹索笮桥后，出现了铁索桥。铁索桥最早出现的确切时间尚有不同意见，有汉、唐两说。至现代依然留

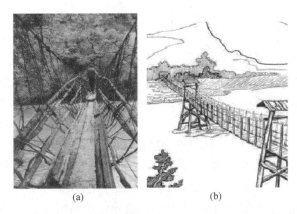

图 8-12　西部古代竹、藤索桥
(a) 西部原始索桥；(b) 古安澜桥

存的最古老的铁索桥是位于云南保山澜沧江上的霁虹桥，于明代成化年间（约公元 1476 年）建造；据有关史料统计，霁虹桥自改为铁索桥以来，大的修建达十七八次之多。霁虹桥全长约 106m，宽约 3.7m，净跨 60 余米。全桥结构由九股 18 条铁链组成，铁链质量约 20 余吨，其中底索 16 根，余下两根分列于两侧，高于底索 1m 多，作为过桥扶手，铁索两端分别固定在两岸的峭壁上。铁链扣环直径约为 2.5～2.8cm，宽约 8～12cm，长约 40cm。桥的两端分别建有一亭和两座关楼，见图 8-13（a）。可惜该古桥于 1986 年毁于洪水，现遗迹尚在。在中国古代铁索桥中，目前最著名、仍在使用的当属泸定桥。

图 8-13　古代著名铁索桥
(a) 1922 年时的霁虹桥；(b) 泸定桥

泸定桥之建造、命名与使用均富传奇色彩。康熙四十年，四川巡抚能泰、提督岳升龙上奏朝廷，拟在安乐坝一处河床较窄、两岸有坚固岩石的地方，仿铁索桥规制建桥以沟通四川腹地与西康之联系。康熙皇帝"诏从所请，于是鸠工构造"，于康熙四十四年（1705 年）兴工，耗四川一年税赋之半，于次年建成。桥身东西净跨 103m，由 12164 个铁扣环锻就的 13 根铁链组成，见图 8-13（b）。为保证工程质量，每环铁扣均铸刻有打制该环的铁匠姓名。架桥时需将铁索运至对岸；当地水流湍急，无法船运；据说是先以风筝（一说射箭）放细线过河，后细线牵细绳、细绳牵中绳、中绳牵粗绳，最后粗绳牵绑扎竹筒的铁索过河。工程竣工后请康熙帝赐名。康熙查阅图志和《水经注》后，误以为大渡河即《水经注》所指之泸水，故赐桥名为"泸定桥"，取泸水平定之意，且御笔题写桥名，后人将错就错，宣统三年（1911 年），泸定桥所在的县名干脆也改称泸定县。

1935 年红军被几十万国民党军队围追堵截，困于大渡河以西。毛泽东命红四团由安顺场出发夺取泸定桥，该团以一天一夜奔袭二百四十里的惊人速度赶在援敌前抵达泸定桥西端。对岸守敌川军兵力也为一个团，已接获蒋介石炸桥命令；深知当年造桥之难的川军未严格执行而仅将桥板拆去。红四团组成 22 人的突击队攀索夺桥。守军弹如飞蝗，且火焚桥头亭，但其中 18 人居然攀爬过了百米铁索并穿过烈火击退了一团之众。

8.1.5　复合型桥

除了上述的梁桥、拱桥等桥型外，在中国古代十大名桥之中，还有一座复合桥型的著名桥梁，它就是广东潮州的广济桥（也有湘子桥、丁公桥等名）。

广济桥位于潮州市广济门外，现桥长 566m，分 20 孔，桥宽 11m，集梁桥、浮桥于一身。宋乾道七年（1171 年）创建，始名康济，初创时为浮桥，后屡屡被洪水摧毁，每次修复时均逐渐以石墩向江中延伸。至明宣德十年（1435 年），桥墩又被洪水冲坏，乃"迭石重修"，"西岸为十墩九洞，计长四十九丈五尺，东岸为十三墩十二洞，计长八十六丈，中空二十七丈三尺，造舟二十有四为浮桥"。"桥之上，乃立亭屋百二十六间"，明正德八年（1513 年），又增 1 墩，减浮船 6 只，至此，便形成了"十八梭船廿（音 niàn）四洲"的独特风貌。1958 年，为满足现代交通需要将中央浮桥部分改为三孔钢桁架的高桩承台式桥梁，1976 年将原 7 米的桥面作为车行道，两侧各加宽 2m 作为人行道。近年将中间浮桥部分又恢复原貌，见图 8-14。广济桥被我国著名桥梁专家茅以升誉为"世界上最早的启闭式桥梁"。

图 8-14　潮州广济桥

8.2　西方的近、现代桥梁

8.2.1　18 世纪的进展——沉井与铁桥

18 世纪中叶，在工业革命的前夕，一些新的材料、工艺、技术尚在孕育中。图 8-15 是 1750 年建成的英国威斯敏斯特拱桥，这时桥梁的形式与用材与古罗马时期没有大的差别，为木拱架支撑砌筑石块拱券，上砌砖桥身，见图 8-15(a)、(b)。但是桥梁的基础施工先取得了发展，一种深基础形式在修建威斯敏斯特拱桥时被发明出来，这就是所谓沉井基础。

沉井基础（Open Caisson）的工作原理与中国古代的井圈护壁下沉是相同的。其上、下口均开敞，侧壁下缘尖锐，随着开挖逐渐下沉，见图 8-15 (c)。建威斯敏斯特拱桥时的沉井是木制的，工程中将木沉井浮运到桥址后，先用石料装载将其下沉，而后砌筑砖石基础及墩。沉井基础的特点是埋深大、整体性强、稳定性好，能承受较大的竖向作用和水平作用。沉井井壁既是基础的一部分，又是施工时的挡土和挡水结构。

二维码8-1　井圈和沉井的工作原理

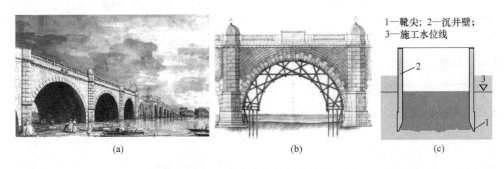

图 8-15　英国威斯敏斯特拱桥

（a）施工中的桥梁；（b）砌筑拱券时使用的木拱架；（c）桥梁墩台沉井施工示意

18世纪60年代～19世纪40年代，英国出现了工业革命，各行各业都受到其深刻的影响；因此，近代桥梁首先出现在18世纪70年代末的英国是顺理成章的事情。其与古代桥梁之不同首先体现在用材方面，金属取代了石材成为建造大跨度桥梁的用材。1770年，英国铁的年产量达到了5万t，由于当时冶金技术的限制，当时高炉出铁后缺少精炼和轧制步骤，故桥梁用材是高碳的铸铁而非钢材，当时桥梁杆件与杆件之间的连接方式是铆接。近代桥梁的另外一个进步在于已经有了初步的计算分析，虽然这种计算还很粗糙。

科尔布鲁克代尔桥（Coalbrookdale Bridge）可以说是世界上第一座较大跨度的金属拱桥，1779年建于英格兰，横跨塞文河，它的建造标志着近代桥梁的诞生。该桥跨约30.5m，矢高13.7m，由五片半圆形拱肋组成。该桥完全模仿木拱桥的形状，以铸铁建造。铸铁抗压强度高而抗拉强度低，正适合于以承受压力为主的拱桥。科尔布鲁克代尔桥曾使用170年，后由于其作为桥梁建设里

图 8-16　科尔布鲁克代尔桥

程碑的价值，目前该桥在原址被拆除后保存于桥梁历史博物馆，见图8-16。

8.2.2　19世纪金属梁桥、拱桥和桥基础的进展

桁架在19世纪出现并替代了传统的实腹梁，使梁桥的面貌发生了巨大变化，梁跨度大为提高。

世界上最早的桁架用于房屋，因为承重小，没有专门的设计计算。最早提出并进行桁架梁设计的人是美国人豪（Howe）。1840年，他设计出一种以他的名字命名的豪氏桁架梁，同年用于美国巴尔的摩至俄亥俄的铁路桥上。此后数年，又相继出现了柏拉特（Pratt）桁架，汤氏（Town）、华伦氏（Warren）桁梁，参见图8-17；当时的桁架一般用铸铁做压杆，用熟铁做拉杆。

19世纪以前的拱桥都是桥面位于拱上方，因此也被称为上承式拱桥。到了19世纪中叶，上承式一统拱桥天下的局面被打破了。

下承式拱桥、中承式拱桥的出现源于1858年奥地利人兰格尔申报的系杆拱桥专利，

由此出现了现代系杆拱桥的早期形式，见图 8-18。下承式桥面位于拱的下方，桥面重量依靠竖直的刚性吊杆传递给拱，故称为下承式拱桥。下承式拱桥非常适用于桥台高度比较低的场合，例如跨度不大的城市桥梁，这样就避免了建造找坡的长引桥；后来随着时代的发展，又出现了桥面位于拱腰部的中承式拱桥，拱桥形式更加丰富多彩。

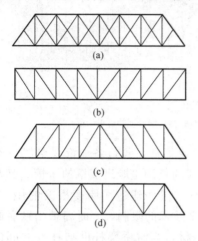

图 8-17　桁架梁

(a) 豪氏桁架；(b) 柏拉特桁架；
(c) 汤氏桁架；(d) 华伦氏桁架

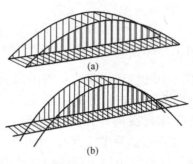

图 8-18　系杆拱桥

(a) 下承式拱桥；(b) 中承式拱桥

二维码8-2　沉箱
法施工桥墩基础

桥梁科学理论也在造桥实践中兴起和发展。1857 年由圣维南在前人对拱的理论、静力学和材料力学研究的基础上，提出了较完整的梁理论和扭转理论。这个时期连续梁和悬臂梁的理论也建立起来。桥梁桁架分析也得到解决。19 世纪 70 年代后，经德国人 K·库尔曼、英国人 W·J·M·兰金和 J·C·麦克斯韦等人的努力，结构力学获得很大的发展，能够对桥梁各构件在荷载作用下发生的应力进行分析。这些理论的发展，推动了桁架、连续梁和悬臂梁的发展。

桥梁跨度增加了，也就需要更深的基础；1841 年，毁誉参半的沉箱基础首次出现在法国。

气压沉箱基础（Caisson）是有密闭顶盖、内加气压的沉井。一般沉井做桥梁基础的一个缺点是有时沉井外的水位高，井外水被压入沉井内，阻碍挖掘地基土。封闭的沉箱借助高压空气将箱内（沉箱工作室）的水排出箱外，以便工人进入工作室内挖土，使沉箱逐渐下沉到设计标高，用这种方法修建的基础被称为沉箱基础，最早的沉箱都是用铸铁制造的。图 8-19 描绘了 1851 年英国在肯特郡修建梅德韦桥时首次采用沉箱的情景。一直到 20世纪中叶，它一直是实现桥梁深基础的主要手段。

沉箱内的气压是需要随着沉箱下沉深度的增加而增加的，然而，沉箱内的气压应保持在进入箱内挖土的工人所能耐受的水平上，所以沉箱下沉深度应有一定的限制；一般下沉的最大深度为水下 35m。这种方法的施工设备复杂，费用高，劳动条件差，工人易发生高压病、氮气麻醉病和减压病等沉箱病，例如 1867～1874 年建造的美国密苏里州圣路易市跨密西西比河的伊兹桥，基础用气压沉箱下沉 33m 到岩石层。施工过程中共发生 119 起严重沉箱病，14 人死亡。1869～1883 年，建造著名的纽约布鲁克林桥时，有 22 名工人死亡，多人终身残疾，包括桥梁的总工程师。

钢桥出现在 19 世纪末。18 世纪和 19 世纪初期所用的铸铁抗冲击性能差，抗拉性能也低，易断裂，连接不便，并非良好的造桥材料。图 8-20 系科尔布鲁克代尔桥铸铁构件出现裂纹及连接的情况。1860 年代欧洲发明了转炉炼钢和平炉炼钢后，钢铁生产能力突飞猛进，19 世纪 70 年代出现钢板和矩形轧制断面钢材，为桥梁的部件在厂内组装创造了条件。至 1890 年英国钢铁年产量达到 800 万 t，丰富的钢材成为建造现代桥梁的重要保证。

图 8-19　早期的气压沉箱施工

图 8-20　科尔布鲁克代尔桥的铸件和连接

正是在上述的材料和理论基础上，英国人根据中国木悬臂桥式，提出锚跨、悬臂和悬跨（也就是外伸）三部分组合的设想，建造了桥梁工程的又一座里程碑——英国福斯桥，见图 8-21（a）。

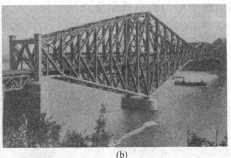

(a) (b)

图 8-21　悬臂式桁架梁桥
(a) 英国福斯桥；(b) 加拿大魁北桥

福斯桥（Forth Bridge）位于苏格兰爱丁堡附近，1890 年由贝格（B. Baker）设计并建成。福斯桥被称为世界上第一座现代化钢桥。其两孔主跨达 521m，耗钢 50000t，属于悬臂式桁架梁桥。作为梁桥，其桁架梁截面高度随所承受的弯矩（指弯曲力的大小）而有非常大的变化，一方面做到受力合理，另一方面其轮廓也表现出变化的美感。福斯桥因其壮观美丽，在 20 世纪的许多经典故事片（例如《三十九级台阶》）中都留下了倩影；该桥目前仍在使用。

虽然 19 世纪末期的造桥理论有了非常大的发展，但依然不够完善，尤其对于施工阶段的受力分析以及钢结构稳定问题认识不足。1897 年设计并开始建造的加拿大魁北桥（Quebec Bridge，见图 8-21b），外观很像福斯桥，也是悬臂桁架梁桥，但跨度超福斯桥达到 549m，在该类型桥梁中主跨居世界第一。在建造中却分别于 1907 年 8 月 29 日和 1916 年 9 月 11 日发生了整体和局部两次垮塌事故，直至 1917 年 3 月才建成通车，建设时间历时 20 年。据说桥梁设计师所毕业的母校为事故深感羞愧，将桥梁垮塌的钢材购回制作成戒指赠送给该校以后的毕业生，提醒学生牢记耻辱和教训，以免重蹈覆辙。

8.2.3　混凝土桥的发明与发展

混凝土与钢筋混凝土拱桥是 19 世纪下半叶出现的新事物。自从钢材成为现代桥梁的主要用材种类之后，钢桥的维修费用问题就困扰造桥人员。钢桥固然有跨度大、自重轻、减少基础费用、施工速度快等优点，但是桥梁是露天结构，其防锈问题非一般建筑结构所能比。钢桥建成后每年均需要刷漆维修，费用惊人，尤其是当轧制钢材取代铸铁后生锈问题更加严重。因此，当波特兰水泥与混凝土出现后，对于一些跨度不是特别大的场合，以混凝土及钢筋混凝土建造桥梁成为桥梁工程师的新选择。1855 年，位于法国东南部的格勒诺布尔市，发明钢筋混凝土之前的法国园艺家约瑟夫·莫尼尔（Joseph Monier）和罗伊斯·维克特（Louis Vicat）在一条水渠上建造了世界上第一座混凝土拱桥，见图 8-22。

1875～1877 年，莫尼尔又建造了第一座钢筋混凝土人行拱桥，跨径 16m、宽 4m。人们除了建造混凝土拱桥外，还建造钢筋混凝土梁桥。

混凝土梁桥中，混凝土并非简单地取代原来的石材作为砌筑材料或者原来巨大的石梁，工程师们充分利用其可浇筑性和钢筋的强抗拉能力，通过把桥身与桥墩混凝土浇筑成整体，创造出刚架桥的新桥型及相应新的桥梁受力形式。

刚架桥的受力特点是在竖向荷载作用下支座有水平推力，但是这水平推力小于拱桥的推力；由于梁与桥墩桥台浇筑成整体，梁端转动受到作为刚架柱的桥墩桥台的约束，梁端承担负弯矩，因此梁的跨中弯矩大为减小，见图 8-23(c)，这就使桥梁可跨越更大的跨度；或者可减小梁的截面高度，桥梁更显轻巧美观，见图 8-23(a)。

图 8-22　莫尼尔和他建造的世界
第一座混凝土拱桥

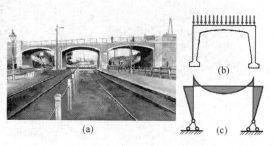

图 8-23　混凝土刚架桥及受力示意
（a）19 世纪铁路上的多跨刚架桥；
（b）单跨刚架；（c）弯矩图

预应力混凝土桥梁究竟何时何地出现有不同的说法，一说 1938 年在德国首先应用，另一说 1940 年法国正在建造世界首座预应力桥，不料工程被战争中断。事实上，预应力混凝土的发明者佛莱辛奈关于混凝土徐变的研究成果就是针对桥梁获得的，但当时只是针对受拉构件而非桥梁主跨结构实施预应力。而德国的那座主跨69m的预应力桥，在建成当时就被确定为预应力效果不佳，后又彻底毁于战火。因此可以认为，预应力混凝土桥梁首次真正出现是在第二次世界大战结束后。1948年佛莱辛奈用预应力技术恢复马恩河上毁于战火的五座桥梁。此后，在欧洲战后重建的热潮中，预应力桥梁迅速普及；1949～1953年建设的500座桥梁，其中350座是预应力混凝土桥。图8-24为1950年在美国建造的一座预应力混凝土桥的下视图，由该图可见，桥下有13条采用后张法施工的肋梁。

继预应力简支桥梁后，1951年西德的芬斯特瓦尔德发明了悬臂施工的预应力混凝土桥梁。所谓悬臂施工也称悬灌法施工，即先浇筑桥墩后，在墩顶向两侧悬吊着支模浇灌部分桥面。桥墩与两侧悬臂桥面形成一个T形整体。在两两T形之间安装预制的预应力混凝土挂梁就可以形成完整桥面，参见图8-25。这种造桥方法的优点有：T形墩的两个悬臂逐渐向外延伸足以保持平衡不倾覆，悬吊支模非常简便；在刚架梁弯矩为零的点作为T形与挂梁的交接点，受力合理且两部分各自施加预应力：挂梁预应力施加于梁底部，T形墩预应力施加于梁顶面，这样就避免预应力筋改变方向造成预应力损失。这种拼装桥的缺点是有强烈地震时整体性差。在20世纪60年代又出现了不设中间铰的悬臂施工预应力混凝土连续桥梁，T形墩的外伸梁两两合拢形成整体的刚架桥，见图8-26。

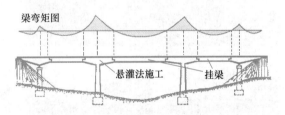

图 8-25　预应力钢筋混凝土伸臂梁桥

图 8-24　早期预应力混凝土桥

图 8-26　悬灌施工刚架桥

预制的预应力混凝土桥梁体积庞大、笨重，如果桥跨度很大，则预制梁的运输和吊装都成问题。能否将预应力混凝土桥梁在桥跨间就分段预制，到施工现场组装呢？从1948年在马恩河上用预应力技术建造桥梁之后，法国桥梁专家佛莱辛奈就开始进行分段预制拼装预应力混凝土桥梁的尝试，至1962年经过简·穆勒改进后终于形成了比较成熟的技术，在全世界推广开来。图8-27表现了分段预制预应力混凝土梁桥的关键施工技术：预制段截面上带有精密的卯榫，现场拼装时各节段卯榫相扣，穿过各节段的预应力筋张拉后，将各节段压实成整体，梁弯曲时卯榫可以很好地传力。

8.2.4 索桥的发展历程

现代悬索桥的一个重要标志是桥面不再像古代索桥那样是弯曲的。1595 年奥地利主教瓦兰佐奥在其著作中设计了第一座有水平桥面的悬索桥：桥有两条主垂索，再从主索上垂下许多吊索，用这些吊索吊住桥板，用不同长短的吊索，可以把桥面调整得很平。1801年美国在宾夕法尼亚的雅各溪上建造了一座长 21m 的悬索桥，但世界上第一座重要的、具有现代意义的悬索桥是英国的梅奈海峡桥。

梅奈海峡桥位于英国的威尔士，1826 年建成，其设计师就是在道路方面有重要建树的特尔福德。该桥主跨 177m，为当时世界上最大跨度的桥梁，见图 8-28。在英国的梅奈海峡桥之后，各国在悬索桥方面又进行了一些更勇敢的尝试，但是遭遇了一些挫折。悬桥可以产生很大的跨径，这是难得的优点，然而，把这么长的桥面拴在两条缆索上，稳定性是一个问题；特别是一刮大风的时候就会引起摆动，摆动大了就会造成桥面的破坏。事实上，刚建成的梅奈海峡桥也存在风中摆动问题，我们在图 8-28 看到的桥已经在 1940 年进行了抗风加固改造。

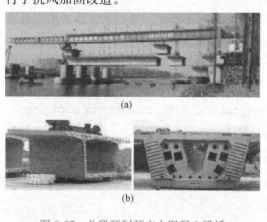

图 8-27 分段预制预应力混凝土梁桥
(a) 现场拼装分段预制件；(b) 带卯榫的预制件

图 8-28 梅奈海峡桥

风振对悬索桥终究是非常严重的威胁；美国人埃勒脱在 1847～1849 年设计建造的跨俄亥俄河的惠林悬桥，跨径 370.5m，创当时的世界纪录。这座大桥的两大主索由 6 根单索组成，各有 550 条钢丝，合起来直径 14cm，强度满足要求。但是，1854 年 5 月 17 日，一场大风就把整个桥梁摧毁了。据统计，从 1818 年到 19 世纪末，由风引起的桥梁振动至少毁坏了 11 座悬索桥。一时间，人们对于建造索桥持谨慎态度。

纽约布鲁克林悬索桥建造于 1869～1883 年，由著名桥梁专家约翰·罗勃林（John Augustus Roebling）设计，见图 8-29。其采用加劲梁来减弱风荷载下桥面震动的经验后来被普遍推广。此后，美国建造的长跨吊桥，大都用加劲梁来增大刚度，该桥的悬索材料也不再采用环扣铁链，而是用组合钢缆，通过在塔顶的马鞍形支座（以免钢索侧向滑脱），组合钢缆将其承受的巨大拉力传递给塔柱。该桥是悬索桥建设的一个里程碑。

值得一提的是桥梁工程师罗勃林一家为布鲁克林桥建设所表现出的敬业和奉献精神。父亲约翰·罗勃林是悬索桥界的权威，倾心研究解决索桥抗风的途径，终获解决方案并设计了布鲁克林桥。但他担任布鲁克林桥总工程师仅三个月，在现场为桥墩定位时被船撞

图 8-29 纽约布鲁克林桥及其设计者

(a) 实图;(b) 加劲梁;(c) 约翰·罗勃林

伤,后感染病逝。其子小罗勃林(Washington Augustus Roebling)继任父亲的职务,见图 8-30(b),全身心地投入建桥工作,经常亲临第一线工作,因在气压沉箱里长时间指导工作,任职第三年不幸瘫痪。此后,病魔缠身的小罗勃林躺在病榻上通过望远镜观察工地现场,继续指挥工作。他发出的指示由他的夫人笔记后向下传达。他的夫人埃米莉(Emily Warren Roebling,见图 8-30c)是位贤惠能干的女人,既要照顾丈夫的生活,又要代替丈夫去实现建桥的指挥工作,表现了顽强的精神和毅力。在罗勃林一家的精心监督下,跨径 486.6m 的布鲁克林桥经受住了时间的考验;1983 年纽约市为它举行了百年通车纪念活动。罗勃林父子媳 3 人献身布鲁克林桥的事迹,也在土木工程史上留下了一段佳话。

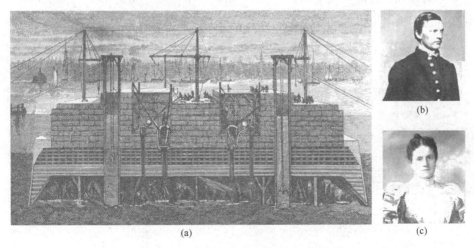

图 8-30 施工中的布鲁克林桥桥墩的沉箱基础和第二任总工程师夫妇

(图片编辑自美国博物馆资料)

(a) 样图;(b) Washington. A. Roebling;(c) Emily. W. Roebling

布鲁克林桥之后，标准的悬索桥组成可参见图 8-31，其传力途径是：桥面荷载→桥面→刚性梁或刚性桁架→吊索→主索→塔柱→锚碇和基础→地基❶。

进入 20 世纪，人们意识到悬臂式桁架梁桥的跨度已经基本发挥到了极限，要建造跨越更大跨距的桥梁，必须采用索桥形式。1933 年，美国开始建设旧金山金门桥，采用了悬索桥形式，其主孔长为 1280m，边孔为 344m，塔高为 228m，相当于 70 多层摩天大楼的高度。桥跨中距

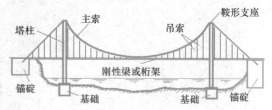

图 8-31　现代悬索桥的组成

水面高度 60m，涨潮时也不影响桥下通航。吊缆由 61 股钢索组成，每股钢索又用 27527 根细钢丝绕成，全部钢索共重 24500t，桥身采用加劲桁架，整个大桥共用去钢铁 10 万 t，见图 8-32(a)。

旧金山金门桥历经了恶劣气候的考验。1951 年 12 月，一次历时 4h 的飓风袭击，桥面竖直运动振幅达 3.3m，左右摆动振幅达 3.66m，而大桥安然无恙。1937 年该桥通车时，首席工程师施特劳斯被封为金门大桥之父，次年他逝世后金门大桥为纪念他设立了塑像，见图 8-32（b）；他长期享有 20 世纪最伟大工程师之一的荣誉。但是近年真相浮出水面，金门大桥的设计和上千笔建桥所需要的重要数学计算，其实是由名为艾里斯的工程师完成的。在大桥开工前，艾里斯被解雇，施特劳斯抢了所有的功劳。艾里斯回到大学教书，于 1949 年默默辞世。土木工程分别记录下了其建造者不同的人品，罗勃林一家与施特劳斯形成了鲜明对照。

悬索桥采用刚性梁或者刚桁架桥面有利于抗风，但是这毕竟会增加桥梁用钢量和造价。既然风荷载与桥梁参数之间尚没有建立科学的关系，降低造价的尝试就有可能酿成新的事故。1940 年建成的美国华盛顿州的塔科玛海峡桥，跨径 853m，建成当年 11 月 7 日就赶上了一场 8 级风。在风速仅为 67.5km/h 的情况下，桥面先是上下波动将近 1m，随后又变成左右摆动，幅度达到 8.5m。最后整座桥梁被摧毁。事故发生时好莱坞有个摄制组恰好在桥边拍摄电影，他们用镜头记录下了桥垮的整个过程，参见图 8-33。这一事件，

图 8-32　美国金门大桥及其桥头颇受争议的塑像

图 8-33　塔科玛桥桥面在振动中扭曲

---

❶　锚碇：悬索桥中主缆索的锚固构造。主缆索的拉力通过它传入地基。

促使人们研究空气动力学同桥梁稳定性的关系。

20 世纪 40～50 年代，匈牙利裔的美国空气动力学家冯·卡门研究了悬索桥的风荷载问题，其于 1954 年在《空气动力学的发展》一书中分析说：塔科玛海峡大桥的设计者想建造一个较便宜的结构，采用了平板来代替桁架作为边墙；不幸，这些平板引起了涡旋的发放，使桥身开始扭转振动，其破坏是振动与涡旋发放发生共振而引起的。此后索桥的风荷载理论逐步完善。

斜拉桥（Cable-Stayed Bridge）是一种先进的新桥型，也出现在二战结束之后。这种桥梁是从塔架上引出吊索斜向拉住桥面，吊索可多可少，有的吊索全从塔架顶端拉下来，好像从塔顶发出的放射线；有的吊索则从上到下均匀固定在塔架上，索线平行就像一架竖琴；还有的索沿塔架从上到下呈扇形放射状。塔架可以是单塔，也可以是双塔或多塔，见图 8-34。

斜拉桥是一种受力合理的桥梁形式。与悬索桥比较，斜拉桥没有粗大的主索，也就可以省略巨大的锚碇，索的拉力在水平方向的分力给桥面施加了免费的预应力，用料经济、结构轻巧，可以达到较大的跨径，桥型美丽壮观。然而，斜拉桥的发展却历经坎坷。

西方最早的斜拉桥出现在 17 世纪，意大利工程师弗朗求斯创建了小跨度的弗朗求斯斜拉桥。19 世纪初，一些西方国家相继尝试大跨度斜拉桥。但是，由于当时还缺乏先进的索缆材料，计算工具又不能满足复杂计算的需要，以致建造起来的斜拉桥接连失事，因此使斜拉桥的名声大为败坏，使其在整整一个世纪里销声匿迹。1955 年，德国人迪辛格设计建造了瑞典的斯特伦松德桥海湾桥，跨径 182.6m，成为世界上第一座现代斜拉桥，见图 8-35。此后，斜拉桥得到广泛应用。

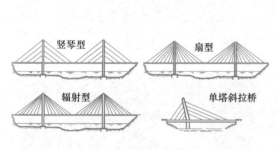

图 8-34　不同的斜拉桥

图 8-35　世界第一座现代斜拉桥
——Strömsund 桥

斜拉桥桥面很容易实现分段预制，桥面一般采用钢箱梁，每安装一节桥面就安装一根斜拉索直至桥梁合龙。此外，斜拉桥还可以采用悬灌施工，桥面每向外延伸浇灌一段就增加相应的斜拉索，见图 8-36。

国外有特色的桥梁数不胜数，不仅在工程上堪称杰作，而且非常强调艺术性，现选取一些有代表性的桥梁实例列于图 8-37 中。

(a)

(b)

图 8-36 斜拉桥桥面的施工方法
(a) 安装分段预制的箱型桥面；(b) 悬灌法施工斜拉桥桥面

日本明石海峡大桥。全长 3911m，主桥墩跨度 1991m。两座主桥墩高 297m，基础直径 80m，水中部分高 60m。两条主钢缆每条约 4000m，直径 1.12m，由 290 根细钢缆组成，重约 5 万 t。大桥于 1998 年竣工

澳大利亚 Gladesville 桥，预应力钢筋混凝土拱桥，主跨 305m。当时排名拱桥世界第六

英国盖茨黑德千僖桥 Gateshead Millenium Bridge，可开启

西班牙 Barqueta 桥，跨度 168m，造型奇特。桥面悬吊在跨越整个桥跨的拱上，拱水平推力由桥身受拉平衡

图 8-37　外国的著名桥梁实例展示（一）

位于美国，建于1893年的莫尼尔式钢筋混凝土公路拱桥，现在被整体搬迁至艾玛国家公园内，已被列入国家历史名胜名录（National Register of Historic Places）

马来西亚兰卡威天堑飞桥（LangkawiSky-Bridge），全球最高的单体结构支撑的桥梁之一，位于海拔高达2000m的山顶，主体为钢结构，长125m，宽不足2m，为半月形步行桥，建于2004年。桥形呈圆弧状

德国玛格德堡水桥非常罕见地提供了水上十字路口，该桥长1km左右,历时6年,耗资5亿欧元,于2003年正式通航

法国米约高架大桥（Millau Viaduct），横跨法国塔恩河谷，是世界最高的交通用桥，最高点高达343m，2004年对外开放通车。七根三角支柱耸立云端，桥身为钢结构。在多云天气，常有云朵从桥下穿过

美国Fermont大桥，主跨383m，建于1973年，当时是世界上第二大跨度的钢桁架拱桥

克罗地亚KRK大桥是世界上跨度最大的钢筋混凝土拱桥，主跨390m，无预应力和钢构件

挪威Stolma跨海大桥，主跨301m，世界跨度最大的预应力混凝土钢构桥，中心跨采用轻骨料混凝土

图8-37　外国的著名桥梁实例展示（二）

美国切萨皮克湾大桥建于1964年。这一世界最长的桥隧综合体全长37km。桥高185英尺，加之没有在桥上修建路肩，很多过桥司机因害怕需请人代驾

丹麦大海带桥，主跨1624m，建于1997年，独特的桥塔和锚碇设计给人以深刻的印象

瑞士甘特（Ganter）桥，建于1980年，造型独特

德国克希兰姆（Kirchleim）跨线桥建于1993年，梁体的流线型外形和弯矩相似给人以力度感

法国奥莱（Orly）桥，S.Fregssinet 设计，建于1958年，细致和优美的曲线给人以强烈的视觉感受

日本多多罗大桥建成于1999年，主跨长890m，连引道全长为1480m，曾经是世界上最长的斜拉桥

德国 Autobahn 桥全长1128m，主梁采用从墩向两侧悬拼施工工艺，桥面板宽31m，上部结构为预应力混凝土连续梁，由每片宽8.6m、高6.5m的箱梁组成，箱梁外桥宽的悬臂部分由斜杆支撑。桥墩高176m，墩身细长呈曲线，颇具艺术性

巴西 Guiaba 河开启桥，全长777m，由21.5m 的引桥，43m 的边跨和 55.8m 的可升降部分组成

图 8-37　外国的著名桥梁实例展示（三）

184

8.3 中国的现代桥梁建设

8.3.1 梁式桥

对于 19 世纪和 20 世纪初的中国，现代桥梁的建造是非常复杂的技术，基本上由西方国家的公司垄断。1892 年，当中国的唐胥铁路向东延长修筑至河北滦州（今滦县）时，在滦河上架设了我国第一座采用气压沉箱来修建桥墩基础的滦河钢结构桥。主持桥梁施工的是英国人，时任塘沽工段工程师的詹天佑参加了桥梁的施工，在英、日、德承包人相继遭遇挫折之后，他提出了很好的解决办法，因此 1894 年英国工程研究会选举詹天佑为该会会员。1908 年詹天佑在京张线上架设了由 7 孔 30.5m 的简支上承钢桁梁组成的怀来铁路桥，见图 8-38。但是，当时中国土地上跨越大型河流的桥梁均贴有外国标签，例如：哈尔滨松花江大桥（俄国造，1901 年通车）、京汉铁路郑州黄河大桥（比利时造，中国人华南圭监造，1906 年通车）、陇海铁路上济南黄河大桥（德国造，1912 年通车）、广东珠江大桥（美国造，1933 年通车）等。

图 8-38　怀来铁路桥

钱塘江大桥是中国人设计的第一座跨越大河流的现代化桥梁。20 世纪 30 年代，国民政府为了建设浙赣铁路和沪甬铁路，筹划在杭州建桥。该桥址处有著名的钱塘江潮涌，汹涌的江潮与随水流变迁无定的泥沙是建桥的两大难题；在这样的条件下造桥需要很高的技术，也吸引了许多国外承包商和桥梁公司前来投标；于美国获桥梁专业博士学位、正在北洋大学任教的茅以升教授经过辛勤踏勘，也携自己的工程方案参与了投标，其方案报价比报价最低的美国华特尔方案还低 200 万大洋，因此一举中标，取得了钱塘江大桥设计权、监造权，参见图 8-39。

图 8-39　茅以升和正在安装的钱塘江桥主桁架

1934 年大桥动工兴建，按照茅以升的设计，大桥全长 1453m，分引桥和正桥两个部分。正桥 16 孔，桥墩 15 座。下层铁路单线行车，上层为公路桥。由于当时中国国力贫弱，尤其缺乏沉箱施工技术，最后施工权由丹麦、英国、德国桥梁公司所取代。尤其令人扼腕的是，桥梁即将建成之际，卢沟桥事变爆发，茅以升强烈的爱国之心和对时局的忧患促使他做出了一个重大决定——在大桥南 2 号桥墩上留下一个长方形的大洞。813 淞沪抗战爆发后，中日两军在淞沪地区拉锯相持。1937 年 9 月 26 日，钱塘江大桥的下层单线铁路桥率先通车，为上海抢运军需。11 月 16 日茅以升接到南京政府命令：如果杭州不保，就炸毁钱塘江大桥。茅以升在南 2 号桥墩留下的长方形大洞就是为此而设。当晚，茅以升指导工兵在洞内装上炸药，而次日就是上层公路桥通车的日子。茅以升后来痛心地回忆说："开桥的第一天，桥里就先有了炸药，这在古今中外的桥梁史上，要算是空前的了！"12 月 23 日，茅以升面对逼近的日军，不得不将通车仅三个月的桥梁炸毁。直至 1948 年，钱塘江桥才重新修通。

中华人民共和国成立后，对桥梁建设非常重视，1953 年 4 月，周恩来亲自批准设立了集桥梁科研、设计、营造、机械制造于一体的建桥专业队伍——铁道部大桥工程局；局址设于当时正在进行长江大桥建设的武汉，揭开中国大规模桥梁建设的序幕。

武汉长江大桥筹建于 1952 年，是建设在长江上的第一座大桥。为此铁道部大桥工程局和铁道部科学研究院引进苏联专家，全面学习研究苏联在钢桥疲劳、焊接、振动，以及桥梁上下结构设计、制造和施工等方面的科学技术。

1953 年，大桥局 9 人携带着武汉长江大桥初步设计方案前往莫斯科请苏联政府帮助鉴定。苏联政府组成了由 20 多名桥梁专家参加的鉴定委员会。会上，委员们大都同意采用气压沉箱基础。唯有一位最年轻的委员西林持异议。西林曾在 1949 年到中国帮助恢复受战争损毁的交通设施，在武汉踏勘过长江，研究过水文地质资料，深感长江水深、流急、风大，如果采用气压沉箱基础，下沉深度大，昂贵且工期长。

我们不妨看一看气压沉箱的工作效率：在水位以下 35～40m 的气室内工作如同在载重汽车的轮胎中工作一样，人体器官已经达到极限，呼吸困难，极易疲倦，同时出现氮麻醉现象。出气闸时的降压阶段必须严格遵循规定时间，否则溶入血液中的氮气形成气泡堵塞血管，使人昏迷，患上"沉箱病"。当时苏联制定的沉箱施工安全规则规定在水深 35～40m 时，每人每天工作时间仅为 2h，这包括：①入闸升压 12min；②下入气室 8min；③气室中工作 24min；④由气室回闸 16min；⑤降压 60min，总计 120min。

二维码8-3 管柱钻孔法施工桥墩基础

被聘请为武汉大桥专家组组长的西林大胆提出了不仅在苏联、甚至在世界桥梁史上也从未用过的全新方案——大型管柱钻孔法：将空心管柱打入河床岩面上，再在岩面上钻孔，在孔内灌注混凝土，使其牢牢插结在岩石内，参见图 8-40(a)，然后再在上面修筑承台及墩身。这种方法使水下作业全部移到水上进行机械化施工，减轻劳动强度，节约造价，大大提高工作效率。

西林的建议在苏联遭到激烈反对，因为完全没有先例；可是在中国却广受干部和技术人员的支持，周恩来总理拍板在岸上进行试验，成功后推广使用。因为使用了这一当时世界上最先进的施工方法，武汉长江大桥原计划 4 年零 1 个月完工，实际仅用 2 年零 1 个月，于 1957 年提前建成通车。大桥总长 1670m，其中正桥 1156m。从基底至公路桥面高80m，下层为双线铁路桥，上层为公路桥，桥身为三联连续桥梁，每联 3 孔，共 8 墩 9 孔。每孔跨度为 128m，参见图 8-40（b）。由于它的建成，京汉铁路和粤汉铁路由此实现了连接（两线也因此而改称为京广线），改变了中国铁路"逢江必断"的历史，也结束了世界上大型桥梁以气压沉箱为桥墩基础的历史。

　　　　　　　　(a)　　　　　　　　　　　　　　　　　　(b)
图 8-40　武汉长江大桥及所采用的管柱钻孔基础
(a) 首次引入我国的管桩基础在振动下沉；(b) 飞架南北的大桥通车后情景

图 8-41　立于桥头堡下的大型
管柱试验实物纪念碑

　　为迎接武汉长江大桥通车 50 周年，大桥局撰文总结长江大桥的重大成果时，将深水桥梁基础工程中创造性地采用大型管柱钻孔基础，且全部材料及重大设备均为国产，排在第一位。后来大桥局修局志，西林作为唯一的外国人入志作传。至今在汉阳莲花湖水上乐园一个僻静的角落，矗立着当年试验管柱改造而成的建桥纪念碑，参见图 8-41，纪念碑上刻着文字"苏联专家西林动议管柱钻孔法"。武汉长江大桥的建设，为中国掌握现代桥梁工程技术、第一座南京长江大桥的自主兴建以及桥梁深水基础工程的发展奠定了基础。

　　南京长江大桥是国内第一座自行设计、施工，全部采用国产材料的铁路、公路两用桥，其建桥技术达到当时国际先进水平。

　　早在 1927 年，国民政府曾邀请美国桥梁专家华特尔来南京实地勘察架桥，因水文复杂、地质条件差，而得出无法建桥的结论。后 1936 年与 1946 年又两度计划建桥也告失败。

　　1956 年，大桥局开始南京长江大桥的勘测设计，发现桥址的自然地理条件非常复杂：江面开阔，比武汉大桥桥址处还要宽 400m；最大水深是 60m；流速每秒约 3m；地质复杂，不仅岩层有破碎地带，而且强度相差很悬殊，如何确保高七八十米、每座面积比篮球场还要大的江中桥墩能稳如磐石？大桥局向中央领导汇报时提出延聘苏联专家作顾问。在得知苏联专家也没有在这样条件下造这样大桥的经历后，中央表态：同样是外行，外行对外行，何必一定要依靠外人？

图 8-42　施工中的南京长江大桥
及其第一任总工程师
（a）梅旸春；（b）桁架双向悬臂施工

南京长江大桥 1959 年 6 月完成定测。9 月，国务院通过建桥设计方案，设计顾问是著名桥梁工程与力学专家李国豪。1960 年 1 月大桥正式开工，参与过钱塘江桥、滇缅公路、武汉长江大桥等工程建设的梅旸春任总工程师（图 8-42a），后积劳成疾，病逝于任上。大桥局工程师陈新等综合了各种基础结构的长处，创造性地采用了重型混凝土沉井、钢板桩围堰管柱、钢沉井加管柱、浮式钢筋混凝土沉井四种方式，使九个桥墩牢牢地固定在江底的岩层上。其中一号墩的重型混凝土沉井下沉入土深达 54.87m，至今仍是中国桥梁工程中下沉最深的沉井。大桥高水平、高质量的基础设计与施工，震动了国际桥梁界。桥身采用悬臂施工，见图 8-42(b)，主跨达到 160m，超过了武汉长江大桥，标志着钢桁架技术取得了很大的进步。1968 年 9 月 30 日铁路桥建成通车。桥长 6772m，铺设长钢轨双线，同年 12 月 29 日公路桥通车，桥长 4588m，路面宽 15m。全桥耗用 10 多万吨钢材，100 多万吨水泥，造价 2.87 亿元（1968 年全国工农业总产值 2015.3 亿元）。

我国梁式桥取得的进步不仅体现在超大桥梁上，也体现在小型桥梁的架设技术上。中华人民共和国建立初期，中国水泥工业产量低，且架桥机械差，当时的小型梁桥架桥机是缺点颇多的悬臂式架桥机。

悬臂式架桥机的工作原理是在双悬臂状态下架梁，前臂吊梁，后臂吊平衡重，用机车推顶至桥位，再行落梁，见图 8-43。这类架桥机结构简单，但由于梁体不能通过机身送到前方，所以必须建设专门的岔线喂梁。此外，这种架桥机是通过吊臂前伸吊梁，整个架桥机就像一组杠杆，桥梁的重量、架桥机的自重以及平衡重，都压在这组杠杆的支点上，也就是悬臂延伸线与桥梁水平线交点的位置。其结果就是架梁时，架桥机的重量比一般的货运列车的重量高出一倍多。这样，势必造成在桥墩和桥梁的设计中要对线路进行特别加固。计算不是针对铁路列车，而是针对架桥机。但即使如此，由于架桥机机身重心高、横向稳定性差，桥头路基只要稍有沉陷不均，就难保不酿成大祸。

二维码8-4　架桥机的改进

因为悬臂式架桥机的缺点，相当长时间里我国铁路桥梁建设提倡就地取材，采用石拱桥形式。所以 20 世纪 50 年代初期建设的宝成铁路建有密集的石拱桥，达 156 座之多。随着我国水泥产量的增加，到成昆铁路建设期间，专家们认为石拱桥的人工量过大，工期过长，难以满足备战要求。在这种情况下，西南铁路建设指挥部和武汉桥机厂联合研制成功了串连式预应力混凝土梁和 130t 的 66 型架桥机（简支式架桥机）。

简支式架桥机的基本特点是：架桥机空载运行到位，以前方墩台为支点，在前方墩台上安装机臂前支柱。通过运梁车喂梁，吊梁小车提梁就位后将梁落下就位。整个架梁过程，在接近简支的受力状态下进行，不需设置岔线，也不需整个架桥机吊梁走行，施工进度快、作业安全可靠，参见图 8-44。

图 8-43　早期的悬臂式架桥机

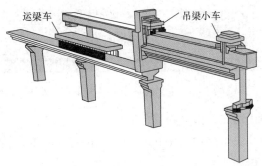

图 8-44　简支式架桥机示意

　　基于 66 型架桥机的优越性，于是，在成昆铁路上也就看不到密集的石拱桥了（只有10 座），而代之以联成串的简支梁桥。

　　进入 21 世纪，中国高铁建设兴起高潮。中国高铁线路大都建设在梁式桥上而不是路堤上，这样一方面减少征地，另一方面利用对水泥、钢铁的消耗拉动国民经济。至 2020年，我国最长的梁桥路段是京沪高铁上的丹昆特大桥，全长约 165km，由四千多孔九百多吨的箱梁组成，它也是目前世界上最长的桥梁。

8.3.2　拱桥

　　世界上跨度最大的铁路石拱桥、公路石拱桥都在中国，前者是建成于 20 世纪 60 年代末期的成昆铁路一线天峡谷上的老昌沟桥，后者是湖南凤凰乌巢河桥。

　　老昌沟桥之所以成为世界跨度最大的铁路石拱桥（图 8-45）其实是有不得已的苦衷。一线天峡谷处于这样一个地方：凉山裂谷，沟两边山壁陡峭，平行相峙，沟深达 200 余米，宽仅 50 余米，故称"一线天"。在地势特别险要的地形建桥，且附近公路尚未修通，如果采用混凝土，运输的费用大增，工期也成问题。一线天桥总圬工量为 1600 多立方米（圬工是个老词，相当于瓦工，一般指砖石结构），如果按照每立方米 2.5t 算，总用材量是 4000t，如果换用混凝土桥，桥梁重量也得 2000t，将这 2000t 材料长途跋涉运到老昌沟确实困难，故采用石拱桥形式；砌石就地打造，平均每块砌石重 0.8t；完成这座桥用了 99 天，45615 工日。在一线天石拱桥的建设过程中，采用了 6 片常备桁式钢拱架，共重 204t，系人力背运到现场组装而成，是一项伟大的工程杰作。

图 8-45　老昌沟铁路石拱桥

　　凤凰乌巢河桥（图 8-46）位于沱江源头的乌巢河峡谷的县道上。乌巢河大桥全长241m，该桥因地制宜，就地取材，综合应用和发展了多年来建设石拱桥的经验，建成桥宽 8m、主跨为 120m 的双肋石拱桥，腹拱桥为 9 孔 13m，南岸引桥为 3 孔 13m，北岸引

图 8-46　世界跨度最大的公路石拱桥

桥为 1 孔 15m。主拱券由两条分离式矩形石肋和 8 条钢筋混凝土横系梁组成。拱轴线为悬链线，拱矢度1/5，拱肋为等高变宽度。肋宽2.5m，高1.6m。该桥横向稳定，视拱肋为平面桁架组合压杆计算，结构轻盈，造型美观。该桥是目前世界上最大跨径石拱桥纪录的保持者，于 1990 年建成通车，由凤凰县交通局设计、施工。

关于拱桥，中国还在 20 世纪 60 年代为世界桥梁界创造了一种新桥型——双曲拱桥。

双曲拱桥由江苏无锡市的基层设计人员发明，见图 8-47。其形式是：施工采用化整为零的方法，预制拱肋和拱波，再组合拼装起来与现浇混凝土拱背层形成拱圈。由于桥除了纵向由拱肋成拱外，横向也由拱波成拱，故称双曲拱桥。双曲拱桥的特点：桥梁结构比较轻盈，小跨度前提下适宜于软土地基上建造，是农村小跨轻载桥梁的合理桥型。然而在"文化大革命""左"的形势下，这种桥型被称为"革命桥"，强行推广于大跨度重载公路干线桥梁，双曲拱桥的构造和施工特点使它难以适应大跨度和重载以及软土地基条件，在使用若干年后出现了不少病害，影响了桥梁的寿命。在"文化大革命"年代建造了许多双曲拱桥，其中著名的有：1972 年建成的主跨 76m 长沙湘江桥（图 8-48），1974 年建成的主跨 116m 湖南罗依溪桥，以及早在 1968 年就建成的中国最大跨度双曲拱桥——河南嵩县前河桥。在地质较好的地区建造的一些双曲拱桥，使用效果很好。

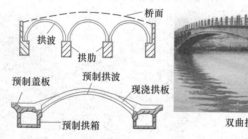

二维码8-5　双曲拱桥

双曲拱桥——无锡卫东桥

图 8-47　中国江南创造的预制混凝土双曲拱桥

为了克服双曲拱桥跨度小、难承重载、对地基条件要求高的弱点，同济大学研制出了混凝土桁架拱桥的新桥型，它由预制混凝土杆件拼装而成，克服金属桁架拱桥用钢量大和防腐处理繁琐的缺点，我国利用这种桥型，先后建成了浙江余杭里仁桥（见图 8-49，主跨 50m，1971 年），江苏苏州觅渡桥（主跨 60m，1973 年）和河南嵩县桥（9m×50m 多孔桁架拱桥，1976 年）。

1997 年，我国又一次刷新了拱桥的世界纪录，建造了世界上跨度最大的混凝土拱桥——四川万县（现为重庆万州）长江大桥，见图 8-50。它是国道主干线（成都—上海）上跨越长江的一座特大公

图 8-48　长沙湘江桥

路桥梁，为劲性骨架钢管混凝土上承式拱桥，净跨达 420m，主拱圈采用钢管与劲性骨架组合的钢筋混凝土箱形截面，采用缆索吊装和悬臂扣挂的方法施工。桥宽 24m，按正线高速公路四车道设计。该桥的建成，使我国的拱桥建筑水平达到世界领先地位。

图 8-49　浙江余杭里仁桥　　　　　　　图 8-50　万州混凝土拱桥

8.3.3　悬索桥

我国建造现代索桥始于 20 世纪 30 年代，滇缅路上的澜沧江功果桥（跨度 90m）和怒江惠通桥（跨度 123m）是最早一批悬索桥。该两座桥的设计者均为当时国民政府交通总段管理处工程师徐以枋。其中惠通桥原为华侨 1936 年捐建的索桥，承载低，由 17 根巨型德国钢缆飞架而成。1937 年末，为了让惠通桥与赶修中的滇缅公路配套，将其进行改建。改建方案是用混凝土将两岸钢架桥塔填实包裹，加固为钢骨水泥结构；两边主索由 2 根增为 8 根，吊杆及横梁均增密加固。1938 年 10 月下旬竣工通车。每次可通行 10t 卡车一辆。1939 年 2 月正式开放，成为滇缅公路上的一座重要桥梁，参见图8-51。徐以枋在中华人民共和国成立后长期担任上海市市政局局长、城建局局长，并兼任上海市政设计院院长职务，主持设计了柳州柳江桥、重庆长江大桥、上海泖港桥等我国著名桥梁。

(a)　　　　　　　　　　　(b)　　　　　　　　　　　(c)

图 8-51　中国最早的悬索桥之一：惠通桥及其设计者
（a）工人在铺设惠通桥的木桥面；（b）徐以枋像；（c）通车后的惠通桥

中华人民共和国成立以后，尤其是改革开放以后，我国在大跨度悬索桥建造方面已经成为世界强国，如主跨 1490m 的润扬长江大桥、主跨 1385m 的江阴长江大桥、主跨 1377m 的香港青马大桥。

由于悬索桥的主索承担巨大的拉力，为平衡这拉力，须将主索固定在坚实的锚碇上。锚碇一般位于岸边，由下沉得非常深的沉井担当这一角色，抵抗拉索传来的巨大拉拔力。

现代沉井一般是钢筋混凝土的多舱室的筒形结构物。通过从井孔内喷射高压水冲击地基形成泥浆，同时吸泥器将泥浆抽出沉井外，以这种方式实现对地基的挖掘（图8-52）。井壁借助自身重量克服与外侧土壤的摩擦力下沉至设计标高，再用混凝土封底并填塞井孔，便可成为桥梁墩台的整体式深基础。

1999年建成的我国江阴公路长江大桥为悬索桥，江北侧需要为系钢索制作巨大的沉井锚碇。其北锚沉井平面69m×51m，下沉深度为58m（体积为20.4万m^3），相当于九个半篮球场那么大的20层高楼埋进地下，比此前世界上最大的美国费雷泽诺桥的锚碇沉井（体积为15万m^3）还要大，堪称当时世界最大沉井，参见图8-53。

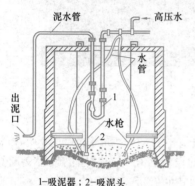

1—吸泥器；2—吸泥头

图8-52 沉井施工原理

图8-53 江阴长江大桥北锚沉井在下沉中

矮寨大桥跨越湖南省吉首市德夯大峡谷，是包头—茂名国家高速公路（G65）的关键控制性工程，桥型为主跨1176m的悬索桥，桥东西两端皆为隧道，桥面为双向四车道高速公路。大桥2007年10月动工，2012年3月通车运营。矮寨大桥地处险要，桥面到峡谷谷底落差达四百余米，被认为是目前世界上已建造的最高峡谷悬索桥；为此在建造过程中需要克服许多额外的技术困难，因此它也创造了技术上的多项世界第一，其建成后屹立于险峻地形上的宏伟雄姿震惊世界。

二维码8-6 矮寨大桥

8.3.4 斜拉桥

现代斜拉桥在20世纪50年代出现后，我国在20世纪70年代初于四川、上海和山东同时开始修建实验桥，其中四川云阳汤溪河桥于1975年2月首先建成，是中国第一座主跨为75.84米的斜拉桥，见图8-54。1980年建成的四川三台涪江桥，主跨已达128m，其斜拉索采用24Φ5高强度钢丝组成。当时的拉索防腐处理采用外涂沥青后缠包玻璃丝布，待全桥完成后再用三层环氧树脂缠绕三层玻璃丝布，工艺十分繁复，是我国早期斜拉桥采用的拉索防腐系统。这种工艺被证明是不成功的，有相当多的桥梁在若干年后不得不全面换索。

图8-54 四川云阳汤溪河桥

20世纪80年代，在斜拉桥领域相继建成上海泖港桥（主跨200m）、山东济南黄河桥（主跨220m）、天津永和桥（主跨260m）等。进入20世纪90年代，以主跨达到605m的上海杨浦大桥建成为标志（建成时跨度世界第一），我国斜拉桥技术取得重大突破，设计、施工水平已迈入国际先进行列。据统计，中国现在已成为拥有斜拉桥最多的国家。2008 年，在世界十大著名斜拉桥排名榜上，中国有 8 座，其中主跨 1088m 的苏通长江公路大桥建成后成为排名世界第一的斜拉桥；日本多多罗大桥屈居主跨 1018m 的香港昂船洲大桥之后，降为排名第三（图 8-55）。

跨越拉萨河的达孜悬索桥，跨径500m。一侧的塔架和鞍座设在山上

武汉天兴洲长江大桥(公铁两用)

苏通大桥

浙江省舟山西堠门大桥，全长5.452 km。主桥桥型为两跨连续钢箱梁悬索桥，主跨 1650m，架设时用直升机吊设钢缆

安康汉江斜腿钢构桥，主跨 176m，1985 年获国家科技进步一等奖

杭州湾跨海大桥，全长36 km

润扬长江公路大桥，其中南汉悬索桥主跨1490m

图 8-55　中国部分著名桥梁

除了跨度因素外，还有其他指标标志中国桥梁的水平。2008 年通车的武汉天兴洲长江大桥是世界上第一座按四线铁路修建的大跨度客货公铁两用斜拉桥，可以同时承载 2 万 t 的载荷，是目前世界上载荷量最大的公铁两用桥。此外，车速的高低也反映了建桥技术的高低，该桥是我国第一座能够满足高速铁路运营的大跨度斜拉桥，时速可达 250km，居世界第一。

表明中国在国际桥梁界强者地位的，还有跨海大桥的建设；中国在 2008 年建成当时世界长度最大的跨海大桥——杭州湾跨海大桥，总长度 36km，它的建成使宁波到上海缩短两小时车程。2017 年 4 月，全长 55km 的港珠澳大桥全线贯通。该桥目前是世界上最长的跨海桥隧一体工程。其中海上桥梁长 29km，海底隧道长 6.75km。

二维码8-7 港珠澳大桥

思 考 题

（1）什么是桥、涵？如何划分桥梁大小？试阐述梁桥、拱桥、刚架桥的受力特点。

（2）中国古代在不同种类桥梁方面各有何建树？

（3）试说明中国古代拱桥的成就。20 世纪 50 年代中国发明了一种什么桥梁？有何特点？

（4）现代悬索桥与古代索桥相比有何不同？索桥在发展过程中遭遇了什么问题？是如何解决的？

（5）试介绍布鲁克林桥和金门大桥的建造者其人其事。

（6）桥墩的基础有什么形式？各有何优缺点？武汉长江大桥为何能提前两年通车？

（7）你认为斜拉桥与悬索桥各有何优缺点？谁的跨度更大？

（8）世界上第一条主跨采用预应力混凝土的桥梁何时建成？设计者是谁？

（9）悬臂式与简支式架桥机的原理各是什么？有何优缺点？

（10）对比国内外桥梁，你认为目前中国桥梁在世界桥梁界是什么样的地位？

第9章 地 下 工 程

9.1 兴建地下工程的社会必然性

建造在岩石中、土中或水底下的建筑工程统称为地下建筑工程。现代地下建筑按照使用功能的不同，分为民用建筑工程（如防空工程、地下商店、地下剧场）、军事工程（如指挥所、通信枢纽、军火库和各种服务性设施）、交通运输工程（如地下铁道、铁路和公路隧道）、工业建筑工程（如工厂、电站）、水工及市政建筑工程（如输水道）、矿山建筑工程（如矿井）和贮藏工程等。

地下建筑的特点是可以形成恒温、恒湿、防震、防振的环境，并能节约地面建筑占地。但是其施工时易发生地质灾害，因为作业面狭窄，施工困难，工程投资较高，使用过程中照明和通风需要耗能。虽然它的建造有很大的困难，但是为了跨越障碍等各种目的，从两千余年前开始，人类就已从事地下工程。

当今世界，不断增长的人口从住、用和衣食诸方面对土地提出了需求。然而，土地对人类的承载不是无限的。于是，耕地与建设用地之间发生了尖锐矛盾。这一问题在我国表现得尤为突出。表 9-1 给出了世界上几个重要国家土地状况。

各 国 土 地 状 况 表　　　　　　　　　　　　　表 9-1

项目\国家	国土面积（万 km²）	耕地面积（亿公顷）	耕地占国土（%）	人口（亿）	人均耕地（公顷）	相当于中国的人均耕地倍数
中国	960	1.0	10	13.07	0.076	1.0
印度	297.4	1.73	53	10.9	0.16	2.1
美国	937.2	1.9	20	3.0	0.63	8.3
加拿大	997.6	0.68	6.8	0.32	2.13	28.0

注：1km² ＝ 100 公顷，1 公顷 ＝ 15 亩。

从表 9-1 可见，中国国土面积虽大，但由于自然地理环境的原因，可耕地严重不足；而每年建设用地对土地的需求正在以极高的速度侵蚀有限的耕地。对于一些西方国家，虽然耕地紧缺问题并不那么严重，但是也非常注重土地利用效率。在一些寸土寸金的商业区，往往密布地下建筑。由此可见，向地下要空间，这是现代社会发展向土木工程提出的一个新需要。

9.2 地下工程的起源

9.2.1 西方最早的地下工程

现存西方最早的地下隧道出现在古希腊，大约公元前 525 年，在希腊的萨摩斯岛上，当时萨摩斯的统治者波利克拉特斯意识到他统治的城市的围墙内没有水井，如果自己的城市遭到攻击，他将被迫投降。于是他下令开凿穿山隧道，将水从山的另一侧引到自己的首府。萨摩斯隧道直径为 2m，穿过一座山达 100m 之长，是一队队奴隶用镐、锤和凿钎从一座石灰岩山中开凿出来的，见图 9-1。

古罗马时期的地下工程与它的地面建筑一样辉煌，在城市中设有先进的地下排水系统。公元前 33 年，罗马帝国开创时期的杰出人物——集军事家、政治家、建筑师于一身的阿格里帕就任罗马市政官，他不仅设计建造了万神庙，还扩建完善了罗马的输水设施和大下水道。罗马城各个区域都有它们的主下水道，分别流进台伯河。其中最著名的一条是 Cloaca Maxima（图 9-2），其长 900 多米，高 4.2m，宽 3.2m，现在还在部分使用。阿格里帕曾亲自坐着小船，进入下水道里视察。由于阿格里帕在城市建设上的杰出成就，以至于屋大维称帝后曾经赞誉："交给他的是一座砖的罗马，他却留给我们一座大理石的。"

图 9-1　古希腊萨摩斯隧道

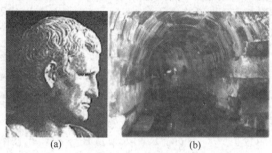

(a)　　　　　　　　　　　(b)

图 9-2　古罗马城的地下设施和它的建造者
（a）阿格里帕像；（b）罗马 Cloaca Maxima 大下道

9.2.2　中国古代地下工程

中国早在公元前 772 年也有地下建筑。据《左传》和《春秋》记载，郑庄公的母亲姜氏偏袒庄公的弟弟共叔段，唆使怂恿其发动叛乱；叛乱被镇压后，庄公发下毒誓：不到黄泉不与母亲见面。过后郑庄公后悔自己不孝，但毒誓已发，难以收回。这时大臣颍考叔出了个主意：掘洞得泉，可谓之黄泉，国君在洞内与母亲见面不算违背誓言。郑庄公如法炮制，这是中国历史上关于地下建筑的早期记载❶。

帝王贵族陵墓是中国古代地下工程的重要方面，主要形式见图 9-3。一般是挖掘墓穴后，再搭盖石柱、梁、板墓室或砌筑砖穹顶墓室和拱券墓道，完成后回填覆盖。还有比较少见的是在山体中开凿墓室，此时需满足山体坚硬完整的条件，用火烧泼水和锤、凿钎开凿而成。例如徐州龟山的西汉第六代楚王刘注夫妻合葬墓，有 15 间墓室，为协助承受墓室顶部荷载，在凿空墓室时留下了支撑柱（图 9-3）。墓室两侧有两条平行程度非常高的甬道，甬道长 56m，高 1.78m，宽 1.06m，沿中线开凿，最大尺寸偏差仅为 5mm，精度达到 1/10000；两甬道之间相距 19m，经现代测量，两甬道夹角仅为 20′，误差为

---

❶　《左传·隐公元年》："遂寘（音 zhì）姜氏于城颍，而誓之曰：'不及黄泉，无相见也！'既而悔之。颍考叔为颍谷封人，闻之，有献于公。公赐之食。食舍肉。公问之。对曰：'小人有母，皆尝小人之食矣；未尝君之羹，请以遗之。'公曰：'尔有母遗，繄我独无！'颍考叔曰：'敢问何谓也？'公语之故，且告之悔。对曰：'君何患焉？若阙地及泉，隧而相见，其谁曰不然？'公从之。公入而赋：'大隧之中，其乐也融融。'姜出而赋：'大隧之外，其乐也泄泄。'遂为母子如初。"

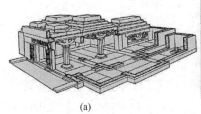
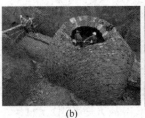

(a)　　　　　　　　　　(b)　　　　　　　　　　(c)

图 9-3　中国古代墓葬所用的地下结构形式

（a）山东沂南东汉画像石墓；（b）三国东吴砖穹顶墓；（c）西汉徐州龟山开凿式墓室

1/16000，是迄今发现的世界上打凿精度最高的古代甬道，表明当时测量技术已经非常高了。

除了墓葬地下工程外，古代还有交通隧道（见第 6 章）、穴居工程和地下军事工程。

目前我国南北各地发现了多处人类穴居遗迹。例如 1984 年在北京延庆县发现的古崖居，见图 9-4。因为没有文字记载，不知确切的建筑时间和建筑目的，有人推断为晚唐时期曾出没在妫（音 guī）州（今北京延庆）北山附近的奚族所建。持这种观点的人认为，奚族为逃避契丹族的统治，在荒凉的深山中开凿了这些洞室。而也有反对意见认为，奚族在当地只生活了 30 年就被契丹驱逐，不可能修建这样宏大的设施；这些争论给我们留下了许多谜团。

而古代以军事目的构筑地下工程的著名实例是三国曹操始建的安徽亳州运兵道。据史书载：曹操多次运用地道战术取得战争胜利，他把数量不多的士兵从地道内暗暗送出城外，再从城外开进城内，反复多次，迷惑敌人，出奇制胜。亳州现存的古地道，系 1969 年挖战备防空洞时发现，发掘时出土了汉、唐时期的物品、装备，因此分析该地道并非三国一个时代修筑使用。该地道经纬交织，纵横交错，布局奥妙，规模宏大，目前已发现长近 8km，结构不一，宽窄不同，高低不等，见图 9-5。古地道距地表深度一般在 2～3m 之间，最深处超过 6m。结构有土木结构、砖土结构、砖木结构、砖结构四种形式。有单形道、平行双道、上下两层道、立体交叉道等几种形式。道内高一般在 1.6～2.1m 之间，宽 0.6～0.9m，道内转弯处均为"T"形道口连接，平行双道相距约 2～3.5m，中间砌有方形传话孔。设有猫耳洞、掩体、障碍券（比正常高度低 30cm 左右）、障碍墙、绊腿板、陷阱等军事设施，还有通气孔、灯龛等附属设施。在古代有如此宏大系统的地下工事，在中外历史上都是奇迹。

图 9-4　北京延庆古崖居　　　　　　图 9-5　亳州古运兵道

9.3　各种地下工程简介

9.3.1　地下军事工程

地下军事工程在第 1 章和本章已有一些介绍，地下工程在军事领域可以起到隐蔽、防护保存自己有生力量、伺机出击敌人等作用。而与军事地下工程有关、经常使用而又容易混淆的概念有地道、坑道、隧道等。

坑道一般指建在山丘地段，采用暗挖方法修建的地下工程。施工时，不破坏工程结构上部自然岩层或土层，并使之成为工程的自然防护层，出入口一般是接近水平的。

地道是指在平地或丘陵地区采用暗挖方法修建的地下工程，往往有竖向出口。当然，这两个概念也不是绝对不同，山区修建的地下坑道工事有竖向出入口的也很多。坑道和地道的建设要非常注意保证内部的通风，因此一般建成有多出入口的形式。

世界上比较著名的、设施最完备的现代军事地下工程有法国的马其诺防线和以色列的巴列夫防线。马其诺防线沿法德边界布置，全长约 390km，于 1924～1936 年修建。其地面部分为装甲或钢筋混凝土的机枪工事和火炮工事，地下部分有数层，包括指挥所、人员休息室、食品储藏室、弹药库、救护所、电站、过滤通风室等。工事之间都有通道连接，通电动车。整个防线共构筑各种用途的永备工事约 5800 个，密度达到每千米正面 15 个。最坚固的钢筋混凝土工事的顶盖和墙壁厚度达 3.5m，装甲塔堡的装甲厚度达 300mm，均能抗 420mm 臼炮炮弹两发直接命中，见图 9-6。巴列夫防线则是以色列在曾经被占领的埃及国土上，沿苏伊士运河东岸修建，有许多油管通至运河，必要时将汽油灌入运河后点火，整个运河都将成为火海；河边建有一条高大陡峭的砂土防坦克堤，其后纵深数公里有密布的地下工事，地下工事上覆盖有厚厚的沙土，能够抵御猛烈的炮火袭击。

(a)　　　　　　　　　　　(b)　　　　　　　　　　(c)

图 9-6　沿法德边界布置的马其诺防线
(a) 马奇诺防线复杂的地下设施；(b) 地下坑道内部情况；(c) 工事外观

遗憾的是上述两项地下防线的土木工程虽然宏伟，但防线在实际战争中却都未能发挥作用。1940 年德军进攻西欧时首先突入比利时，绕过了马其诺防线深入法国腹地，使其成为摆设。巴列夫防线的失效更有传奇色彩，1973 年 10 月 6 日埃及军队发动突然袭击渡过苏伊士运河，进攻前一天夜里，埃及工兵潜过运河用水泥封堵了油管出油口。防线的砂土防坦克堤和地下工事的沙土覆盖层虽然不怕炮火轰击，但是埃及人拿出了经过演练非常有效的法宝——高压水枪。结果，防线在高压水枪的冲刷下土崩瓦解。

这些防线失效的主要原因是其建设过于张扬，强调防线的威慑性而忽视地下工事的隐蔽性，使得握有进攻主动权的对方从容找出破解方法，且防守的军队坐困地下工事不思进取。比较而言，中国军队在抗美援朝时期构筑的地下防线相当成功。

现代大张旗鼓修建军事地下设施的情况已经没有了，但是秘密地下设施的规模则越来越大。有的潜艇基地构筑在海岸大山的巨大坑道内（图 9-7），坑道洞口则位于水下，潜艇进出基地都具隐秘性。有些国家和地区将重要的战斗机机库和部分机场跑道都建在山洞中，战时飞机在洞中启动滑跑，冲出山洞后即可拉升起飞。

近年一种被称为"混凝土粉碎机"的"穿地弹"出现，最近这种炸弹已重达 13t，穿越混凝土的厚度已经能达到 70m；有人据此认为地下军事工程过时了，其实不然。炸弹吨位不可能无限增大，而且每次只能是点攻击，只要地下工程的隐蔽性依然保留，或者有足够深度，其防护作用就不会丧失。

9.3.2 民用地下工程

民用地下工程之地下防空工程和地下商场，两者往往是合二为一的。战时执行前一种功能，平时履行第二种功能。例如我国哈尔滨的地下商业街就是以防空设施改建而成，见图 9-8。此外，寒冷地区的冬季，汽车夜间一般不停放在露天，故停车库也往往利用防空设施。

图 9-7　山洞中的潜艇基地　　　　　　　图 9-8　繁华的哈尔滨地下商业街

对于基础设施比较完善的发达国家，地下设施建设往往是经济萧条时的投资方向。例如 20 世纪 80 年代中期经济泡沫破裂后不久，曾经深受轰炸和核爆惩罚的日本加大对国防与民间两用的大型工程建设的投资，著名的"地下交通百年国土改造计划"，就包括城际地下铁道及其相关的供水、发电、通信和油库等配套设施。到 20 世纪 90 年代的经济大萧条时，这些战略工程又得到了进一步推进，包括 1995 年完成的大阪地下街、横滨 24 街区地下商业区、广岛纸屋町地下街（参见图 9-9），以及 2000 年完工的被称为日本"防卫中枢"的中央指挥所，都是经

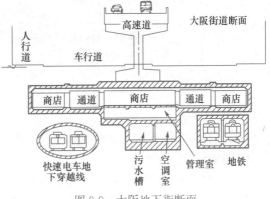

图 9-9　大阪地下街断面

济刺激计划在国防与民间两用领域的体现。不仅通过建成后的商业街带来直接的经济效益,而且产生深远的国家安全效益。

9.3.3 地下工业建筑

地下工业建筑之所以建于地下,如果不是出于防空的目的,往往是利用山势安装设备。例如一些水电站的发电厂房安设在山体内,而山体则作为水库挡水设施的一部分,在山体内安装的发电机机位大大低于水库水面,利用巨大的水落差生产电力。在这里,发电设施之所以没有建在水坝坝身上,是因为此处水坝坝址位于狭窄的峡谷,坝身较短,在坝身只能布置泄洪闸门。所以,厂房需要安设在山体中,见图9-10(a)。

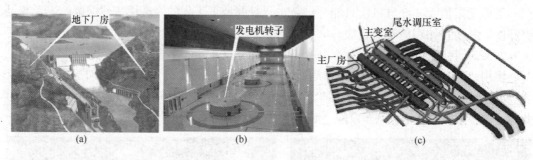

图 9-10　水电站地下厂房

(a) 水电站地下厂房外观;(b) 地下发电厂房内景;(c) 龙滩电站地下厂房纵横交错的洞、室、井

需要注意的是,厂房安设在地下是非常复杂的工程,以 2007 年建成的广西龙滩电站地下厂房为例,要在 0.5km² 的范围内,挖出 119 个纵横交错的洞、室、井(厂房布置参见图 9-10c),施工难度非常大。

9.3.4 矿山地下建筑工程

矿山建筑工程是为获取地下矿产资源而进行的土木工程。如果资源在接近地表的区域大范围集中存在,可以考虑实施露天开采。但是如果资源在山中或地下呈层状分布,则需要开挖各种平硐、巷(音 hàng)道抵达资源;巷道在地下往往是四通八达的复杂系统,为合理运输人员和资源,还需要建设调车场,见图9-11。矿山建筑工程涉及许多专业概念。

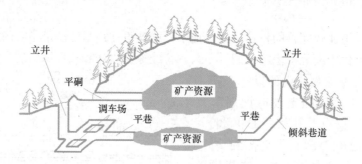

图 9-11　矿山建设工程开挖的各项内容

平硐直接与地面相通,包括担负主要运矿任务的主平硐、担负辅助运输的副平硐和专作通风用的通风平硐等。

巷道是地下采矿时,为采矿提升、运输、通风、排水、动力供应等而掘进的通道。它分为直立巷道、水平巷道和倾斜巷道。

立井也称直立巷道，立井中直接与地面相通、专门或主要用于提升矿石的称主井；作提升废石、矸石、下放器材、升降人员等辅助提升用的称副井。

平巷是与地面不直接相通的水平巷道，其长轴方向与矿体走向平行。布置在矿体内的平巷称脉内平巷，布置在岩石中的称脉外平巷。石门是不直接与地面相通、其长轴线与矿体走向斜交或直交、沟通各条平巷的通道。

9.3.5　地下贮藏工程

地下贮藏工程的含义绝非仅仅是传统的洞库存放货物这样简单。现在贮藏物包括液体、气体、核废料等。

水封油地下贮藏是利用地下裸露岩石洞室储存液化石油气（Liquefied Petroleum Gas）的工程，简称 LPG 工程，其关键技术是所谓水帘密封。比之地面贮藏，地下贮藏不仅节省占地，而且节省维修费用。利用地下水压力来封存液化气，地下水封储气硐库具有优越的防护性、热稳定性和密闭性。

水帘密封原理是这样的：当储藏硐库开挖形成后，周围岩石中的裂隙水就向被挖空的硐室流动，并充满硐室。在硐室中注入油品后，油品周围会存在一定的压力差，因而在任一油面上，水压力都大于油压力，使油品不能从裂隙中漏走。同时利用油比水轻以及油水不能混合的性质，流入洞内的水则沿洞壁汇集到洞底部形成水床，并由水泵抽出，参见图 9-12(a)。这种工程一般岩洞跨度大，高边墙，油品直接与洞壁围岩接触，洞壁裸露不需要支护结构，见图 9-12(b)。

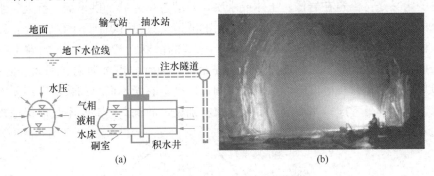

图 9-12　地下水封储气硐库原理与汕头 LPG 工程硐室

核废料贮藏是地下贮藏工程的新需求。在当今世界能源危机加剧的情况下，核电因长期运行成本低且安全可靠而得到迅速发展。伴随而来的是核电站运行产生的大量放射性废料。高放射性核废料有两个特点：①含放射性相当高的长寿命放射性元素，半衰期上万年；②较长时期内会产生大量余热，如 200～300 年后周围温度仍可达到 200℃左右。核发电发明以后的数十年里，各国均采用将核废料以金属罐密封后临时放置的处置方法，见图 9-13(a)。如何安全、永久储存高放核废料是一个世界性难题。

从可行性和经济性等角度综合考虑，最合理的处置办法是深部地质处置：将核废料罐贮存于 500～1000m 的深部地层且封闭于稳定的岩层中，保证其在很长时间内完全与生物圈隔离。地下处置库设计方案如图 9-13(b) 所示，在处置库区域内分布着数十甚至上百条深达千米的平洞，每一平洞中又有多个小立井用以存放核废料罐。立井放入核废料罐后，填入膨润土，如果遇水膨润土将会膨胀，并在金属罐传递的 200℃左右温度下固结，

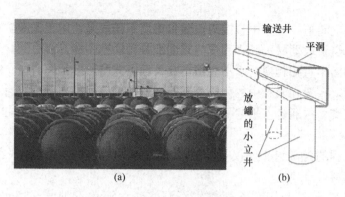

输送井

平洞

放罐的小立井

(a)   (b)

图 9-13   高放核废料地下处置

（a）高放核废料罐；（b）核废料地质处置库

将洞库进一步密封。

美国于 2002 年确定将内华达州 Yucca 山作为美国核废料处置库场址。该处岩层为凝灰岩，周边是戈壁和荒漠，人烟稀少；降雨量少，蒸发量大。自然条件十分有利于高放废物的地质处置，不会导致水和动物沾染核放射性后扩散出处置库所在区域。中国将核废料处置库选择在甘肃省北山地区，地理环境与美国处置库相似。

9.3.6   地下交通工程

地下交通工程是人类使用最广泛的地下工程，涉及使用最广的一个概念——隧道。

隧道的定义是：修筑在岩体、土体或水底，两端有出入口，供车辆、行人、水流及管线等通过的通道。1970 年经合组织（OECD）的隧道会议对隧道所下的定义为：以某种用途，在地面下用任何方法按规定形状和尺寸，修筑的横断面积大于 $2m^2$ 的硐室。对于长隧道，为确保隧道运营通车后的通行能力及安全性，通常要设置照明、通风、防火监控、通信救援等完善的运营机电设施。一般两个洞口标高会有所不同，如果这个高差能够保证正常排水，不必额外考虑排水坡度。如果隧道特别长，而洞口高差又不足以保证排水，可以考虑用双坡排水，如图 9-14 所示。

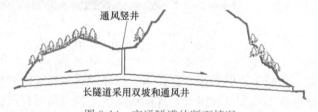

通风竖井

长隧道采用双坡和通风井

图 9-14   交通隧道的断面情况

交通隧道主要有公路隧道、铁路隧道、人行隧道。目前在我国大城市内建设新的跨越大型河流的公路线路时，越来越趋向于采用隧道。因为在一个城市里如果桥梁过多，对于航行的影响过大。故上海、广州等城市出现了许多跨江隧道。2008 年底，在武汉市建成通车了我国第一条穿越长江的跨江公路隧道。

9.3.7   水工及市政地下工程

地下输水道从古希腊和古罗马开始就是地下工程的重要方面，这在本章第一节已有介绍，进入现代，有了更进一步的发展。

我国国土广大，水资源分布不均匀，各种调水工程在遇到山岭或河流障碍时，往往以地下隧道的形式穿越障碍，例如南水北调中线工程，长江水通过隧道穿越黄河。

市政隧道修建在城市地下，除了传统的下水道外，还用作敷设各种市政设施，如电缆、电话线、网络、有线电视、煤气、暖气管线等的隧道，用于在城市中进一步提高居民文化生活条件。

9.4 地下工程建筑技术

9.4.1 地下工程开挖遇到的问题与一般解决措施

在本章第一节中介绍的萨摩斯隧道、徐州龟山汉墓和北京延庆崖穴居，都是在完整的岩体上开凿的地下工程。像这样在坚硬的岩体上开凿隧道，施工时不会有塌方的问题。但是地下工程不能总是遇到这样坚硬完整的岩体；事实上，现代大多数地下工程都是修建在各种复杂的地质条件下，岩体或破碎松散，或泥岩混杂；这样，为避免塌方问题，在施工时就要对已开挖出来的新暴露岩体（围岩）进行支护。另一方面，某些硬岩在开凿后暴露于空气中会逐渐风化，例如延庆崖穴居的围岩就已经呈风化状态。因此地下工程开凿后需要对围岩施以保护层。

围岩就是隧道等地下工程开挖面周围的岩体，原处于三向受压状态，因开挖的原因受力状态发生改变，某些方向出现受拉应力，如果围岩质量差，这可能导致围岩的受拉破坏，开挖面塌方。

衬砌结构（tunnel lining）是在地下建筑中，与岩（土）接触、保证开挖后围岩免于塌方或产生过大变形的围护结构，见图 9-15。衬砌结构一般用钢筋混凝土建造或者用砖砌筑；其作用除了承受岩（土）层和爆炸等静力和动力荷载外，并兼有防止地下水和潮气侵入地下建筑，保护岩体免于风化的作用。

最早的地下建筑所选择的地质条件都相对比较好，衬砌采用砖石砌筑。随着人类向地下进一步拓展空间，需要面对各种复杂的地质条件，一些应对塌方的施工方法陆续出现了。

面临塌方危险依然要挖掘前进的场合首先出现在矿山采掘，矿工一边挖掘一边采用木框架临时支护，见图 9-16；如果有必要再采用分段作业的方式，拆除临时支护砌筑永久衬砌。

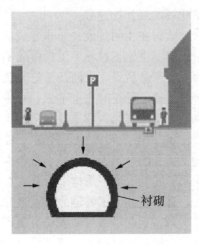

图 9-15 地下建筑衬砌

图 9-16 木框架临时支护

9.4.2 革命性的开挖工艺与发明者们

地下工程施工技术出现革命性的变革是在 1825～1843 年的英国伦敦，当时英国建造穿越泰晤士河的地下隧道，这也是人类在航行的河流下建造的第一条过江隧道。工程负责人是原为法国保皇党、流亡国外的马克·埃山姆巴德·布鲁内尔，他任命他当时只有 19 岁的儿子埃山姆巴德·金登·布鲁内尔（图 9-17）为隧道总工程师，他们父子在这项工程中创造性地发明了一种施工机具和施工工艺——盾构（shield）。

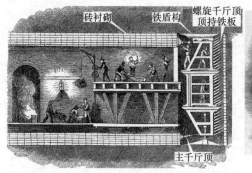

Marc Isambard
Brunel(1769~1849)

Isambard Kingdom
Brunel(1806~1859)

图 9-17 布鲁内尔父子及发明的早期盾构施工工艺（图编辑自英国布鲁内尔博物馆藏资料）

盾构法施工的工作原理类似水平前进的沉井，由金属筒框支撑土（岩）体防止塌方，由千斤顶推动金属筒框水平向前进。

布鲁内尔盾构（图 9-17）是这样工作的：一个矩形断面的铸铁框架支撑着隧道四壁防止塌方，工人站在铁框架平台上挖掘前方的岩土。铁框架前方并非完全开敞的，因为如果地质条件非常差（例如淤泥），大面积开敞的前方也会引起塌方，因此，盾构前方也划分出 12 个区间，每一区间前方也都有许多小的螺旋千斤顶，其顶推着可开启的铁板防止开挖面塌方；开挖在每一个区间轮流进行，每一区间开挖结束马上恢复铁板的压力防止塌方；整个前方开挖完毕后，工人启动千斤顶顶推盾构前进。盾构每前进一段距离，后方迅速砌筑砖衬砌完成隧道支护。如此往复，隧道逐渐向前延伸。当时的推进速度非常缓慢，大约是每周 3～4m；为了保证盈利，投资方甚至以每人 1 先令的价格售票，允许游人到开挖现场参观开挖过程。

图 9-18 当时反映盾构事故的绘画

盾构在发明阶段并非非常成功。在泰晤士河隧道施工过程中工程事故不断。因为工业革命后泰晤士河几乎沦为肮脏的下水道，隧道开挖时恶臭不已，开工不久发生过大量沼气逸入隧道被照明灯点燃的事故，1828 年，河水冲入隧道，两名高级施工员和四个工人死亡，小布鲁内尔被倾泻而下的脏水冲下盾构平台跌成重伤昏过去，直至被冲出了隧道才被人救起，参见图 9-18。这起事故导致投资方破产，隧道停工六年。历经诸多磨难之后，泰晤士河隧道终于在 1843 年贯通启用。小布鲁内尔的健康因这次事故受到终身损害，但是，他作为杰出的发明家和工程师却青史留名。他不仅参与发明了盾构，还发明了世界上第一艘螺旋桨推进的铁甲海船（也是当时世界上最大的船），主持建造了几座著名的桥梁和英国的西部铁路。有后人评价说：小布鲁内尔的工程虽然不都是成功的，但都包含一些革命性的创新。目前在英国保留有一座纪念布鲁内尔父子的博物馆，伦敦街头树立有小布鲁内尔的青铜塑像。

1862 年，桥梁工程师皮特·威廉姆·巴洛（Peter William Barlow）在建造兰伯斯桥时使用了圆形的铸铁沉箱，他受到这个沉箱的启发，由此联想到圆管在水平推进时比矩形断面更能减少阻力。于是他对布鲁内尔盾构原理进行了改进，形成了巴洛盾构。

巴洛盾构形状为圆形，盾构后的衬砌改为拼装的铸铁板，见图 9-19，巴洛将此申请了专利。1869 年，他和他的学生用这种盾构建造了长 428m、穿越泰晤士河的由塔山（Tower Hill）至伯蒙德瑟（Bermondsey）的隧道，这条隧道的盾构直径只有 2.1m，工作面非常狭窄，但是盾构表现非常有效，只用一年时间就贯通了。巴洛还获得用他的盾构建造一条地铁的许可，然而，由于资金筹措方面的原因，工程下马了。

图 9-19　巴洛和他的盾构工作的情景（自英国布鲁内尔博物馆藏资料）
(a) 巴洛盾构操作千斤顶；(b) 安装铸铁衬砌；(c) 皮特·巴洛

盖特黑德盾构比巴洛盾构有了非常大的改进。1869 年开始，巴洛的学生兼助手詹姆斯·亨利·盖特黑德（James Henry Greathead）用这种盾构修建了数条地铁线路，一时名声大振。此后，盾构成为英国修建地铁的主要手段。盖特黑德在实践中将巴洛盾构机不断改进完善，首先是盾构断面面积大为增加，推进动力也改为液压系统，见图 9-20（a 图的盾构机左侧可以看到液压装置）。如同沉箱一样，盾构开挖端施加有较高的气压（每平

图 9-20　盖特黑德以及他使用的盾构
(a) 盖特黑德；(b) 盖特黑德盾构在工作；(c) 气密仓的门

方英寸 5～35 磅)，目的除抵抗地下水，还用气压防止开挖面塌方。盾构有密封的中间仓室，两端开门供人员出入和出料，但两端的门不能同时打开。图 9-20(c) 可见开启的气密门。显而易见，每次出料量不会太大，掘进进度也不会太快。

从当时的一些工程照片可见，盖特黑德盾构基本上是人工开挖，用有轨矿车水平运土，到井口用皮带机将土提升运出。对于高透水性地层，当时的气压法很难彻底解决开挖面塌方的问题。盖特黑德一生还发明了喷射灭火器和灌浆机，并使用灌浆机拯救了许多地基方面的工程灾害。1994 年，伦敦市在一个地铁站附近街头为他树立了一尊全身塑像。

图 9-21　带开挖刀具的盾构机

在 19 世纪，当时的盾构机对地质条件的要求非常挑剔，对于全部为硬岩的地质构造，当时尚不能使用盾构施工法，而需要采用开矿的矿山施工法，先在岩石上开小洞，再将断面逐渐进行扩大，矿山法施工将在下面介绍。德国柏林某些地段是松软的砂土地质构造，当时也无法使用盾构施工，因此先开挖路面，再采用沉箱法施工，将预制的混凝土管段逐渐下沉。

1896 年，德国工程师哈格（Haag）在柏林为第一台泥水式盾构申请了专利，能自主完成开挖的盾构机诞生了。图 9-21 所示为 20 世纪 20～30 年代英国使用的盾构机，在盾构机前方带有旋转的切削刀盘，盾构机可以一边切削土体、一边出料、一边前进。经过多年的改进，现代盾构机已经具备了集开挖、出土、推进、安装衬砌完全自动化的功能。开挖成的断面可以是单圆形，也可以是双圆形、三圆形，如图 9-22 所示。

盾构机施工主要由稳定开挖面（防止塌方）、挖掘及排土、安装衬砌和壁后灌浆（填塞衬砌与开挖侧壁之间的空隙）三大要素组成。其中开挖面的稳定方法是其工作原理的主要方面，分为泥水式和土压平衡式等种类，见图 9-22。

二维码9-1　盾构工作原理

泥水式盾构机（图 9-22a）的开挖可能由刀盘完成，也可能由高压水射流完成，通过加压泥水或泥浆（通常为膨润土悬浮液）来稳定开挖面。其刀盘后面有一个密封隔板，与开挖面之间形成泥水室，里面充满了泥浆，开挖土料与泥浆混合由泥浆泵输送到洞外分离厂，经分离后泥浆重复使用。推进臂顶在衬砌管片上，推动盾构机向前移动，填补土料被开挖后形成的空隙。

土压平衡式盾构机（图 9-22b）是把土料（必要时添加泡沫等对土壤进行改良）作为稳定开挖面的介质，刀盘后隔板与开挖面之间形成泥土室，刀盘旋转开挖使泥土料增加，再由螺旋输料器旋转将土料运出，泥土室内土压大小决定了开挖面是否稳定，而这个压力可由刀盘旋转开挖速度和螺旋输出料器出土量（旋转速度）进行调节。

由于不必像一般盾构机那样考虑开挖面的稳定，有人把在硬岩环境中开凿隧道的机械单独划分出来，称为全断面掘进机（Tunnel Boring Machine，简称 TBM，见图 9-22），也有人笼统地都称为盾构机。有意思的是，最早在硬岩中掘进、也称为 TBM 的机械设备，是在

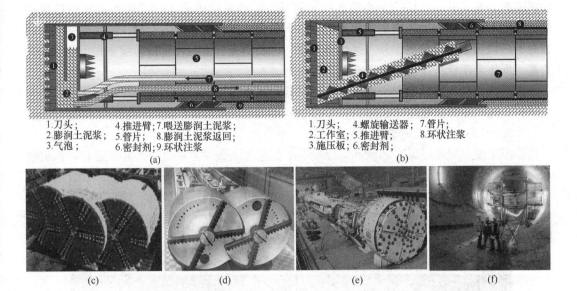

1. 刀头;　4. 推进臂;　7. 喂送膨润土泥浆;
2. 膨润土泥浆;　5. 管片;　8. 膨润土泥浆返回;
3. 气泡;　6. 密封剂;　9. 环状注浆

(a)

1. 刀头;　4. 螺旋输送器;　7. 管片;
2. 工作室;　5. 推进臂;　　8. 环状注浆
3. 施压板;　6. 密封剂;

(b)

(c)　　　(d)　　　(e)　　　(f)

图 9-22　现代的各种盾构机和相应的衬砌

(a) 泥水式盾构; (b) 土压平衡式盾构; (c) 三圆截面盾构;

(d) 双圆截面盾构; (e) 开凿秦岭隧道的 TBM; (f) 拼装成的混凝土衬砌

1851 年由一个叫查尔斯·威尔逊（Charles Wilson）的美国人发明的；它由一台蒸汽机车驱动的多台振动风镐组成，原理与现代的 TBM 相差甚远，其工作时的噪声可想而知。真正能够使用旋转刀盘、大直径切削岩石的现代 TBM，是在 20 世纪 50 年代才出现的。因为只有这个时候，大功率的内燃机才能小得足以驶入隧道为掘进提供足够的动力。

现代盾构隧道的衬砌大都采用钢筋混凝土预制管片拼装而成，见图 9-22。安装管片后，管片与隧道原开挖侧面之间的空隙需要灌注混凝土填充，混凝土形成强度后，整个支护形成并开始工作。如果通道断面小，隧道成为管道，可以直接用顶管法施工。

顶管法一般用于市政工程，工作原理与盾构相似，见图 9-23，属于 20 世纪末期出现

图 9-23　顶管法工作原理及设备

的新工艺。其工具头就是一个小型盾构负责掘进，推进动力由工作井内的液压千斤顶提供，管道在工作井中被连成整体，管道推进到接受井后顶推才告一段落。该接受井也可以成为下一段管道推进的工作井。这些立井今后可以成为管道工作阶段的检查井。值得注意的是，近年来顶管法施工的管道直径越来越大。

由于现代的盾构机非常昂贵，所以如果隧道达不到一定的长度，采用盾构法施工是不经济的，这时应当依靠矿山法施工。

9.4.3 矿山法施工的进步

矿山法施工始终是硬岩环境下进行地下工程施工的重要方法之一。其原理是：由机械或人工在硬质岩石上凿眼，填炸药爆破形成隧道或硐室。

凿眼可以由人工操作风钻完成，见图9-24，但工人劳动强度大，工作环境恶劣；现代大型地下工程多由多臂钻机械化完成。现代的矿山法很少再使用原始的木支架进行支护，其主要支护手段是衬砌台车浇筑混凝土或者进行喷锚支护。

(a)   (b)

图9-24 地下工程凿炮眼的手段

(a) 用风钻人工凿炮眼；(b) 多臂钻凿炮眼

所谓衬砌台车的工作原理如图9-25所示。在硬质且相对完整的岩体开凿成一段隧道后，在轨道上预备好由液压系统组合的钢制模板（称为台车，见图9-25a），在锚固绑扎好衬砌钢筋后，将台车模板驶入隧道，浇筑完一段混凝土且生成一定强度后，液压系统在截面内将组合模板拆解成三段，

二维码9-2 衬砌
台车工作原理

(a)   (b)

图9-25 台车模板用于隧道衬砌的准备与使用

(a) 初砌台车模板；(b) 台车驶入隧道浇筑混凝土

移动台车位置，液压系统重新组装钢模，于新的位置浇筑混凝土，如此步骤循环往复，直至整个隧道衬砌浇筑完毕。

如果岩体相对不完整，开挖出一定的空间后需立即对新裸露的岩体以锚杆进行锚固，之后迅速支模板浇混凝土或砌筑砖石衬砌。如果面对松散的、一边开挖一边塌落的泥岩，需在开挖前向开挖面上方倾斜打入锚杆阻止塌落。

对于矿山法施工，革命性的变化始于安全炸药的出现、喷射混凝土的发明和新奥法工艺。

安全炸药的出现很有传奇性。1847年，意大利化学家苏布雷罗发明了硝化甘油，这种液体除对治心脏病有特效外，还有一个奇特的性质：只要稍振动或加热，马上发生剧烈爆炸。瑞典青年阿尔弗雷德·诺贝尔获悉后，一心想利用其爆炸特性制出威力强大的炸药用于土木工程与采矿业。

1861年，诺贝尔从银行贷到10万法郎，着手进行研究和生产，很快生产出了"炸油"。但它的安全性太差，在运输、贮藏过程中，稍有不慎立刻爆炸，在试验中曾炸死了诺贝尔的弟弟和助手。1866年一年，全世界发生"炸油"意外爆炸事件几百起，人们纷纷向诺贝尔索赔，很多国家相继发布法令，禁售"炸油"。

一天，诺贝尔正在散步，他看见一辆满载"炸油"罐的马车，有几个罐子已破碎，硝酸甘油溢洒出来，一场灾难似乎不可避免了。但马车夫声称他用硅藻土（古生物硅藻的遗骸组成的硅质沉积物）填在罐子之间，防止罐子碰撞，从未发生事故。诺贝尔马上赶回实验室，将硅藻土磨细用以吸附硝酸甘油，"炸油"的性情果然变温和了，需用雷管才能引爆。

1867年7月14日，在英国一座矿山的广场上，诺贝尔向世人演示了他的新炸药：或燃烧加热，或从悬崖上摔下，均安然无恙；埋入地下后用导火索引爆，结果炸出一个几米深的大坑（图9-26）。诺贝尔称新炸药为达纳（dynamite）炸药，并于1867年获得专利。1875年诺贝尔将火棉（硝化纤维素）与硝化甘油混合，得到胶状物称为

Alfred Nobel，1833~1896

1867年7月14日的炸药演示

图9-26 安全炸药的诞生与它的发明者

"炸胶"，它比达纳炸药威力更大，于1876年获得专利；1887年诺贝尔发明了无烟炸药。诺贝尔一生致力于炸药的研究，共获得技术发明专利355项，并在20个国家开设了约100家公司和工厂。通过炸药积累了巨额财富后，诺贝尔苦恼于炸药被用于战争、自己被误解为杀人恶魔，决定身后将全部财产设立奖金，奖励为科学、文学与和平事业做出卓越贡献的人。

很难说诺贝尔奖的设立对文学、科学与世界和平有多少促进，但炸药的发明确实使军事、土木工程、采矿等诸多领域发生了巨大的革命。

喷射混凝土的发明是由一个自学成才的美国自然学家卡尔·艾森·阿克雷（Carl Ethan Akeley）完成的。他平日醉心于动物标本的制作；1909年，当他在进行将动物骨

架复原为动物模型的工作时，制作了一种喷射水泥浆体的设备，喷射料的动力来自空气压缩机，设备的工作原理有点类似左轮手枪，见图 9-27(b)；上层喂料盘不断旋转，当进料仓旋转到与下层出料口对齐时，材料落入出料口，并被压缩空气通过管道输送至喷嘴喷射而出。次年，这种喷射设备在纽约的一个水泥展览会上展出，被土木工程界引入施工领域。由于使用中容易发生输料管被堵塞、混凝土凝固于管道内的事故，一开始并没有大规模使用。后有人对工艺进行了改进，喂料盘及管道输送的都是干拌的混凝土，干料在通过喷枪嘴时再与水混合，这样的做法被称为干喷法。其优点是即使发生堵管，材料也不至于凝固于管中；缺点是工作环境粉尘缭绕，控制混凝土的灰水比（水泥与水的重量比）依靠工人的经验。为克服干喷法的缺点，又有人重走湿喷的路子，在输料管道内有带螺旋的柔性内芯，设备工作时柔性内芯转动，喷射料在管道中被螺旋推动前进，不至于造成堵管问题。湿喷法尤其适合机械手臂操作的自动化喷射，整个过程由计算机控制，见图 9-27(d)。

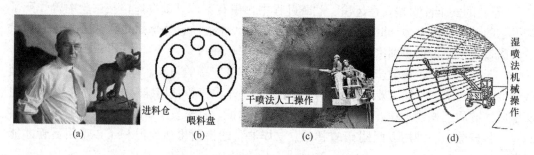

进料仓　喂料盘　　　干喷法人工操作　　　　　　　　湿喷法机械操作

(a)　　　　　　(b)　　　　　　(c)　　　　　　　　(d)

图 9-27　喷射混凝土的发明者及设备

新奥法即新奥地利隧道施工方法（New Austrian Tunnelling Method 简称 NATM），其概念是奥地利学者拉布西维兹（Rabcewicz）教授于 20 世纪 30～50 年代萌生、总结、提炼出来的，它是以隧道工程经验和岩体力学的理论为基础，将锚杆和喷射混凝土组合在一起作为主要支护手段的一种施工方法。

二维码9-3　新奥法施工

传统支护理论认为，围岩是作用在支护结构（衬砌）上的荷载，把支护结构做得越厚实，则其承担荷载的能力也就越大，隧道也就越安全。而新奥法理论认为，围岩不仅仅是作用在支护结构上的荷载，而且自身也是承载结构；施加支护后改善了围岩的受力状态，提高了其自身承载能力，故围岩承载圈和支护体组成受力统一体。因锚杆喷射混凝土支护能够形成柔性（而非刚性）的薄层（一般为数厘米厚），支护后允许围岩继续有一定的协调变形；这样的薄支护是为改善与提高围岩的自身支撑能力服务的，比厚支护受力小。支护后需要加强对隧道变形的监测，如果发现围岩变形过大，就可以进一步加大支护厚度。

新奥法施工顺序可以概括为：开挖→一次支护→测量变形→二次支护。新奥法的贡献在于，按照该理论施工的混凝土衬砌厚度大为减小，支护费用大大降低。新奥法理论出现以后，喷锚技术大为普及，后来该技术又延伸到边坡稳定和基坑支护领域。

9.4.4　建造海底隧道的看家本领——沉管法

沉管法是预制管段沉放法的简称，当水底为淤泥或砂层等无法用 TBM 开挖时，沉管法是在水底建筑隧道的一种很好选择。

　　沉管法施工顺序是先在船台上或干坞中用钢板加混凝土或钢筋混凝土制作隧道管段，管段两端用临时封墙密封后下水，用浮箱协助使其浮在水中，见图9-28。系统被拖轮拖运到隧道设计位置，在浮箱顶上安设有起吊卷扬机和定位卷扬机。管段的定位须在其左右前后另用锚索牵拉，定位后在沉管上加载，使其下沉至预先挖好的水底沟槽内。管段逐节沉放，将相邻管段连接。最后拆除封墙，使各节管段连通成为整体的隧道，然后在顶部和外侧用块石填埋。

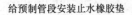
给预制管段安装止水橡胶垫

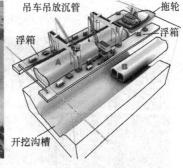

图 9-28　预制管段及其就位与沉放

　　如何保证管段准确对接和密封完整是沉管法具有生命力的关键。对钢筋混凝土制作的矩形管段，现在普遍采用水力压接法。此法是在 20 世纪 50 年代末期在加拿大温哥华隧道实践中创造成功的，故也称温哥华法。它依靠安装在管段前端周边上的一圈尖肋形胶垫，管段相互接触后产生压缩变形，形成一个水密性良好的止水接头（图 9-29）。该法工作原理如下：

　　在每节管段下沉着地对位后，使用预设在管段内隔墙上的两台拉合千斤顶（或利用定位卷扬机），将刚沉放的管段拉向前一节管段（图 9-29 的 A 拉向 B），使胶垫的尖肋略为变形，起初步止水作用。完成拉合后，即可将 A、B 两管段封墙之间被胶垫封闭的水经排水阀抽出，放入空气，两管段封墙之间区域只有一个大气压，作用于 A 管段后端封墙上的巨大水压力推动 A 管段向 B 管段移

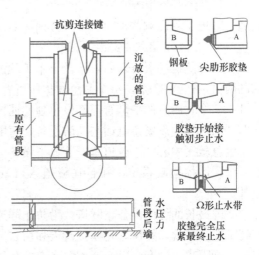

图 9-29　管段的对接与密封

动，再次压缩橡胶垫，达到完全止水。完成水力压接后，便可拆除封墙（一般用钢筋混凝土筑成），使已沉放的管段连通岸上，并可开始铺设路面等内部装修工作。图 9-29 中的抗剪连接键相当于卯榫，相互咬合后，保证两管段连接后不会相互错动。

9.5　隧道设计中的安全因素

9.5.1　惨痛的教训

勃朗峰隧道是意大利法国之间通过阿尔卑斯山的交通要道，宽 8.6m，长 11.5km，于 1965 年建成通车。1999 年 3 月 24 日，一辆满载面粉和黄油的比利时卡车在隧道中失火并殃及前后车辆。大火燃烧产生的高温使隧道混凝土衬砌全部沙化，路面沥青全被烧成泡沫翻腾的黏稠浆体。大火持续燃烧了近三天，造成 41 人死亡，36 辆汽车（其中 24 辆为载重卡车）被毁。隧道没有撤退通道、没有通风井是造成多人死亡的重要原因，且隧道安装的自动灭火和自动排烟系统在火灾发生后也没有自动启动。

图 9-30　大邱地铁冒出的浓烟

勃朗峰隧道火灾后仅两个月，奥地利中部穿越阿尔卑斯山的陶恩隧道发生火灾，导致 12 人死，50 人伤。2003 年，韩国大邱市一名确诊为绝症的市民心理失衡，携带汽油瓶进入大邱地铁纵火，造成 200 余人死亡，其中大部分系浓烟窒息死亡，参见图 9-30。

上述这些事故仅仅是近年来隧道事故的几起实例，但对世界各国已有的和新建的地下隧道工程影响非常大。许多方面按照安全要求进行了改进。

9.5.2　现代隧道的安全措施

勃朗峰隧道耗资修复后，涉及土木工程的改进有：①将庇护所的数目扩大到事故发生前的两倍，达到 37 个，每个紧急庇护所可容纳 50 人；②每隔 100m 安装抽烟管道，总数共计 116 个；所有的抽烟管道都设单独的通风井；③每隔 100m 的隧道墙上设置"安全凹区"，"凹区"内设紧急电话与消防设备，每隔 300m 设置临时停车带；④在隧道中部新建一个紧急救援中心；⑤隧道里安装如下设备：监控摄像机、雷达测速器、激光测量车辆间距系统、遥控拦截系统，并且在隧道入口安装热感器负责将温度过高的车辆拦截在隧道外。

我国最长的终南山公路隧道，为防止隧道内景致单调而引起司机视觉疲劳，在隧道内布置了人工景观，并用灯光模拟蓝天和白云，且凹陷于路侧的安全岛的数量也有所增加。每隔一段距离，设有沟通两个方向隧道的联络通道，有的联络通道可以通过汽车。如果某一隧道发生火灾，这些联络通道可保证隧道内人员甚至车辆转移至另一隧道疏散，参见图 9-31。

20 世纪 90 年代修建的广州地铁一号线和二号线的隧道是圆形设计，隧道内没有预留人行疏散通道，如果是地铁列车在运行中发生火灾，那么列车必须要开到地铁车站才能打开车门疏散乘客。吸取大邱地铁火灾的教训，三号线以后的地铁线路在隧道两边设计了 70 多厘米宽的人行通道，遇到紧急情况，在隧道内就可以停车疏散乘客。

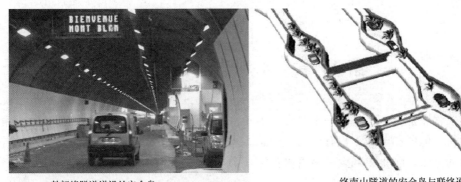

勃朗峰隧道增设的安全岛　　　　　　　　　终南山隧道的安全岛与联络通道

图 9-31　隧道内的部分安全设施

思 考 题

(1) 人类为什么要修建地下结构？试述古代中外的著名地下工程。

(2) 试述地道、坑道、隧道、巷道的定义。

(3) 什么是衬砌？什么是围岩？什么是新奥法？

(4) 试述水帘密封的原理。各国如何规划核废料的储藏？

(5) 什么是盾构？盾构的发明者是谁？在发明中遇到了哪些挫折？

(6) 在 19 世纪都有哪些人对盾构技术进行了哪些改进？

(7) 什么是 TBM？它与盾构机有何联系？什么情况下可考虑采用盾构法施工？

(8) 什么是隧道的矿山法施工？它与新奥法有何关系？

(9) 试阐述沉管法施工海底隧道的原理，如何保证管段密封？

(10) 现代隧道需要配套什么安全措施？

第10章　水利与港口工程

　　水利工程原是土木工程的一个分支，由于水利工程本身的发展，现在已成为一门相对独立的学科，但仍和土木工程有密切的联系。水利工程的目的是控制或调整天然水在空间和时间上的分布，防止或减少旱涝洪水灾害，合理开发和利用水利资源，为工农业生产和人民生活提供良好的环境和物资条件。

　　水利工程包括农田水利工程（排水灌溉）、治河工程、防洪工程、跨流域调水工程、水力发电工程、内河航道工程等。

10.1　中国古代水利工程

10.1.1　中国主要水系的形势及影响

　　历史上的中国水患严重，这决定于其自然地理布局及气象条件。中国的地形是个"三台阶"的布局。由西向东，第一个台阶是地势较高的青藏高原，海拔平均四、五千米，大江大河多发源于此。第二个台阶是海拔一二千米的云贵、黄土高原。

　　以源于青海唐古拉山的长江为例，在第一及第二台阶内的落差都以千米计。出三峡以后，便到了第三个台阶的平原地区。从宜昌到入海口的落差只有 50m，水流缓慢不说，兼有许多支流汇入，使长江流量大增，故第三台阶的泄洪能力较低，极易发生水灾。

　　与长江相比，黄河更是桀骜不驯。这条世界上泥沙最多的河流，在下游流速变缓后，每年把从黄土高原夹带的 4 亿 t 泥沙沿途沉积，抬高下游河床。而中华民族的先祖，就把自己农耕文明的摇篮建立在这一区域。在河床自然抬升与人筑河堤升高的竞赛中，下游黄河成为一条河床高于两岸、极富危险的地上悬河。有史以来，黄河历经 7 次大的改道，千余次决口。洪水泛滥所及，北至天津，淤塞破坏海河水系，南至淮阴，淤塞破坏淮河水系，参见图 10-1，是世界上最难治理的河。

　　治理水患，兴修水利是一个庞大的系统工程，需要统一的组织、管理和民众的服从。在这个过程中，逐渐形成了中国人尊重权威、服从上级的习性并绵延后世。中国第一个奴隶制王朝夏朝，就是在鲧

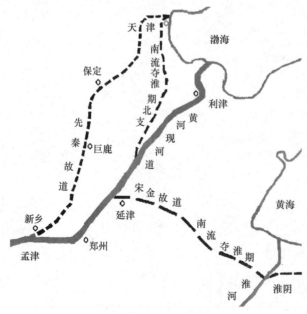

图 10-1　黄河改道示意图

禹父子治水的基础上形成的。植根于治水过程的、为了群体利益可以放弃个人利益的价值观，已经融入中国传统文化，这是其他文明所没有的。

独特的水形势也促进了中国大一统的国家形式的形成。治理像黄河这样的大河，所需动用的人力物力巨大，不是地方政府所能承受的。历代朝廷六部之一的工部，其主要职责之一就是处理河工事宜。汉武帝元光三年（前132年），黄河在瓠（hù）子（今濮阳西南）决口，洪水南侵淮河流域，十六郡受灾。当年堵口归于失败。23年后，汉武帝亲临现场监督，像司马迁这样的大臣都亲负薪柴填堵，终获成功，可见堵口之难❶。在割据战乱的年代，占据水利的一方往往以水代兵，使区域割据难以长期为继。另一方面，在变水害为水利的过程中，也造就了中华民族复杂的民族情感，将制造了诸多灾难、但同时哺育了华夏农耕文明的黄河视为母亲河和民族的象征。

10.1.2 中国古代水利灌溉的典范——都江堰工程

《广雅》曰："堰，潜堰也，潜筑土以壅水也。"其属于人工阻水或引水构筑物。与之相近的概念还有堤、坝、圩垸（音 wéi yuàn）等。堤和坝都是指用土石等材料修筑的挡水的高岸，但堤和坝的使用场合和作用还是有所区别的。堤是沿河、渠、湖、海岸边或行洪区、分洪区（蓄洪区）、围垦区边缘修筑的挡水建筑物。坝的概念更现代一些，现在主要指建筑在河谷或河流中拦截水流的水工结构，用以抬高水位，积蓄水量，在上游形成水库以供防洪、灌溉、航运、发电、给水等需要。圩和垸是长江中游地区对低洼区防水护田、村落的土堤的称呼。

中华民族的主体汉民族的先祖在中原地区创立农耕文明已逾三千年，以水兴灌溉之利，是农耕之本。为保护耕地，河流和湖泊均筑有防洪的河堤或堤垸。而为了给农田提供水源，又有必要修筑一些引水工程，其典型范例莫过于距今两千两百余年前位于岷江上的都江堰工程。

岷江是长江上游的一条较大的支流，发源于四川北部高山地区。每当春夏山洪暴发之时，江水奔腾而下，从灌县进入成都平原，由于河道狭窄，古时常常引起洪灾，洪水一退，又是沙石千里。灌县岷江东岸的玉垒山又阻碍江水东流，造成东旱西涝。

都江堰工程是秦昭襄王五十一年（公元前256年）就任蜀郡太守的李冰及其子二郎，为克服岷江水患而主持修建的世界著名水利工程。

该工程主要有鱼嘴分水堤、飞沙堰溢洪道、宝瓶口进水口三大部分构成，科学地解决了江水自动分流、自动排沙、控制进水流量等问题。其工程主体是将岷江水流分成两条，其中一条水流引入成都平原，这样既可以分洪减灾，又可以引水灌田、变害为利。为此，李冰父子对岷水附近地形和水情作了实地勘察，决心凿穿玉垒山引水。在无火药的时代以火烧石后泼水，利用热胀冷缩致岩石爆裂的原理，终于在玉垒山凿出了一个宽20m、高40m、长80m的山口。

---

❶ 《史记·河渠书》："今天子元光之中，而河决于瓠子，东南注巨野，通于淮、泗。于是天子使汲黯、郑当时兴人徒塞之，辄复坏。……自河决瓠子后二十余岁，岁因以数不登，而梁楚之地尤甚。天子既封禅巡祭山川，其明年，旱，干封少雨。天子乃使汲仁、郭昌发卒数万人塞瓠子决。于是天子已用事万里沙，则还自临决河，沈（同'沉'字）白马玉璧于河，令群臣从官自将军已下皆负薪寘（tián，同'填'）决河。是时东郡烧草，以故薪柴少，而下淇园之竹以为楗（jiàn，堵塞河堤决口所用之料）。……于是卒塞瓠子，筑宫其上，名曰宣房宫。而道河北行二渠，复禹旧迹，而梁、楚之地复宁，无水灾。……余从负薪塞宣房，悲瓠子之诗而作河渠书。"

宝瓶口即为该向成都平原引水的山口，因形状酷似瓶口而得名。开凿玉垒山后留在宝瓶口西侧的小山丘因与其山体相离，故名离堆，见图 10-2(a)。通过宝瓶口的水流低水位时每秒流速 3m，高水位每秒流速 6m。宝瓶口引水工程完成后，因江东地势较高，江水难以流入宝瓶口，为此需要进一步的引水措施予以解决。

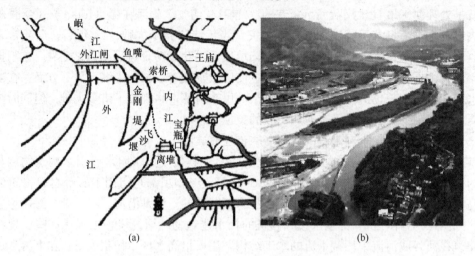

(a)　　　　　　　　　　　　　(b)

图 10-2　都江堰工程全貌

鱼嘴就是为向宝瓶口引水而在离玉垒山不远的岷江上游修筑的分水堰。一个在江心堆成的狭长的小岛由金刚堤围护，堤尖形如鱼嘴。岷江流经鱼嘴，被分为内外两江。外江仍循原流，内江经人工造渠，通过宝瓶口流入成都平原。为了进一步起到分洪和减灾的作用，在分水堰与离堆之间，又修建了一条长 200m 的溢洪道流入外江，以保证水大时内江无灾害，见图 10-2。

飞沙堰为溢洪道前修筑的浅堤，来洪水时，部分内江水流越浅堤而过，与外江水形成环流，江水超过堰顶时，洪水中夹带的部分泥石便流入到外江，这样便不会迅速淤塞内江和宝瓶口水道，故取名"飞沙堰"。

都江堰渠道纵横，密如蛛网，有主要渠道 526 条，支渠 2200 条，全长 1170km，目前灌溉良田面积逾千万亩。都江堰工程是世界历史上最长的无坝引水工程，以灌溉为主，兼有防洪、水运、供水等多种效益，是世界水利史上利用自然而不破坏自然的典范。

10.1.3　漕运制度与运河的开凿

中国最早开凿的运河是哪一条，尚存有争议。一种观点认为：我国历史上最早开凿的运河是太伯渎。太伯渎亦作泰伯渎[1]。太伯系周文王姬昌的伯仓，后封为吴国第一代国君，此人从西岐到东方后率众开挖运河，后世以太伯之名而称运河为太伯渎；该运河位于今江苏无锡、苏州两市之间，长 87 里（43.5km），宽 12 丈（40m），是一条兼用以灌溉和行舟的运河。其开凿的时间应在商朝后期，经后世多次重开，至今尚存。反对这种观点的人认为：太伯渎未见于北宋之前的史书。其开凿时间是后人以讹传讹、牵强附会。持赞同观点的一方辩解说：商代江南地区属于偏远蛮荒之地，开河属民间行为，不入正史很正常。

---

[1] 《周礼·雍氏》："掌沟渎浍池之禁。"汉许慎《说文》："渎，沟也，一曰邑中沟。"此外，中国古代将黄河、济水、淮河、长江称之为四渎。《尔雅》："江淮河济为四渎。"

春秋战国时期，各诸侯国出于各种目的，使得运河工程纷纷兴起，为此汉代司马迁曾经有过追述❶。其中尤为著名的是邗（音 hán）鸿二沟的开凿。春秋末吴王夫差为争霸中原而修筑邗城，并开凿"邗"（公元前 486 年）沟通淮河与长江❷。邗地在今江苏扬州东南，吴王夫差由此向北开运河，经射阳湖至末口（今江苏灌南县北）与淮河相通，随后又再向北开凿，使与沂水（泗水支流）、济水（在山东境内）相连，见图 10-3；后来举世瞩目的京杭大运河就是在此基础上建设形成的。至战国时，魏惠王开凿"鸿沟"，系从河南荥阳起开运河引黄河水向东南与淮河水系贯通而成者。

秦始皇攻南越时为沟通湘江与西江水系运送军粮，截断了湘江上游，另开两条分水渠：一条较短，为北渠，引水七分，绕道再入湘江；另一条长达 33km，为南渠，引水三分入漓江，南渠就是著称于世的灵渠，见图 10-4。工程中所谓的天平是自动调节水量

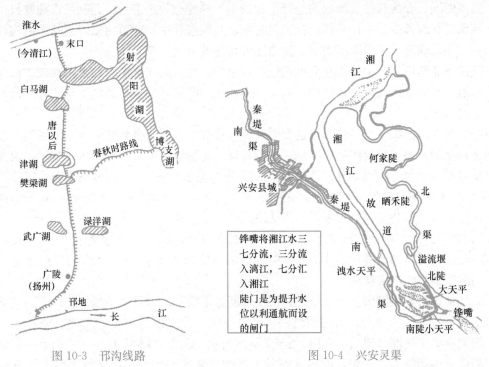

图 10-3　邗沟线路　　　　　　　　　　　图 10-4　兴安灵渠

的堤堰，平时拦河蓄水，汛期多余的水越过堤面泄入湘江故道，既可拦水，又能泄洪。汉代和唐代均对灵渠进行过整治。灵渠上的陡门，或称为斗门，是世界上最早的船闸，其最早见诸记载为唐代。在 20 世纪 30 年代湘桂铁路通车后，灵渠虽已不再发挥运输功能，但迄今依然发挥灌溉作用。

汉代以后，我国历史上出现了一项重要的政治经济制度——漕运。由于我国幅员辽阔，各地经济发展不平衡，需要将富庶产粮地的粮食向京畿与军事重地调运以供宫廷消

---

❶　《史记·河渠书》："荥阳下引河东南为鸿沟，以通宋、郑、陈、蔡、曹、卫，与济、汝、淮、泗会；于楚，西方则通渠汉水、云梦之野；东方则通（鸿）沟江淮之间；于吴，则通渠三江五湖；于齐，则通淄济之间；于蜀，蜀守冰凿离堆，避沫水之害，穿二江成都之中。"

❷　《左传》哀公九年："（公元前 486 年）秋，吴城邗，沟通江淮。"

费、百官俸禄、军饷支付和民食调剂。所谓"车运谷曰转，水运谷曰漕"。由于古代中国工匠始终未解决四轮车的转向问题，畜力车始终为载运量有限的两轮车；对转运粮而言，中国有古谚曰"千里不运粮"，意指转运粮的运途过长，所运粮米仅够运输人员消耗，故历朝历代运粮倚重漕运。狭义的漕运仅指通过运河并沟通天然河道运输漕粮而言。

楚汉相争时，萧何将关中粮食转漕前线。西汉定都长安后，每年需从关东运输大量谷物以满足关中地区需求，转漕逐渐制度化。汉武帝时用民工数万人开凿与渭河平行的漕渠，全长100多公里，既运输也灌溉。另外，据《汉书·地理志》记载，滹沱水和漳水之间（今河北省中间）有一条大白渠是一条人工运河；西汉鼎盛时漕运量一度达到每年六百万石，漕运用卒达六万人。东汉时开挖了阳渠，把洛阳同中原和江淮等经济区域密切地联系起来。此外，东汉中期曾对吴王夫差所开的邗沟进行过改造。

三国时期，曹魏和孙吴政权均进行了大量运河修建与改造工程。尤其是曹魏政权，地处河流水网相对稀少的中原地区，在征讨袁绍、乌桓过程中，向黄河以北开挖了白沟、睢（音suī）阳、利漕、平虏渠等沟渠，使漕运可北达塞上。

经过南北朝以后，中原人士大批南迁，江南地区经济文化逐渐发展繁荣，成为富庶的产粮基地，与设立在北方的政治中心和军事重镇遥相呼应，建造沟通江南与北方的漕渠成为历史的必然。

隋朝对中国的统一给经济和社会发展提供了极好的机遇。公元604年隋炀帝杨广继位后即迁都洛阳，为了控制江南广大地区，使长江三角洲地区的丰富物产运往洛阳，也为了满足从洛阳乘船直达美丽富庶的扬州的个人享受，于公元605年下令开凿洛阳到江苏清江（淮阴）约1000km长的"通济渠"，先引洛水入黄河，又折向东南，把洛水、黄河、淮河联系在一起；又于公元608年下令开凿从洛阳经山东临清至河北涿郡长约1000km的"永济渠"；再于公元610年开凿江苏镇江至浙江杭州（当时的对外贸易港）长约400km的"江南河"，同时对邗沟进行了改造。这样，洛阳与杭州之间全长1700多公里的河道，可以供隋炀帝乘舟船泛游江南。

隋炀帝杨广不恤民情、为政暴虐，很快就断送了隋朝。但是他主张修建的大运河却留给了后代一份丰厚的遗产，对国家统一、经济发展、促进沿河城镇的发展、便利交通运输、繁荣社会文化都起到重大作用。"半天下之财赋，悉由此路而进"，大运河是一条名副其实的南北大动脉。至北宋，欧阳修在其编撰的《新唐书》中，首次将历代人工开挖的"沟""渠""水"称之为运河。

至元七年（1270年），元世祖忽必烈采纳督水监郭守敬的上奏，调用夫役250余万，在隋朝大运河的腰部，平地凿渠250余里。此段河道南起济州，北接临清，通过截弯取直，一下子将原河道缩短700多里，被元世祖命名为"会通河"。至元十三年（1276年），郭守敬又提议废永济渠，改行通州至天津的潞河水道，元世祖稍加改动，便颁旨施工。至元十七年（1280年）完工后，仍称潞河，明朝后期改称北运河。至元二十九年（1292年），为使漕粮直接入京，元世祖又采纳郭守敬的建议，兴工开凿通州至大都城里的运粮河，漕船直达现北京什刹海。这样，新的京杭大运河比绕道洛阳的大运河缩短了900多公里，名副其实的京杭大运河也由此正式定型。

10.1.4 运河维修管理的痛楚与衰败

运河繁荣时，沿河两岸钱庄、青楼、酒肆林立，客商云集，无数人依靠运河生活，见

图 10-5。操船的漕帮具有高度的组织性，从中衍化出了一度能影响中国政治的帮会势力青帮。总之，运河漕运在古代乃至近代中国政治、经济中都占有举足轻重的分量。然而，到清朝末年，大运河终于逐渐衰败了，原因何在？

图 10-5　描绘清代大运河上漕运繁忙景象的绘画

运河之水来自其穿越的各条自然河流，河水中的泥沙也被带入运河，尤其是历次黄河泛滥和改道，更易使运河浅梗。上述的许多古代沟渠，诸如鸿沟等，即因年久失修导致河床淤积而逐渐废止。当黄河河床抬高、形成对运河的倒灌之势后，不得不在运河河口修筑土坝，漕船到此卸运空载，空船用绞盘拖过土坝后再重新上载。对于黄河，运河管理者既要"引黄济漕"，又要"拒黄保漕"，陷入两难之境地。为保证漕运，明清两朝都对运河进行疏通，或者进行局部改道处理。至道光年间，运河淤积深处达一丈数尺，行船搁浅严重❶，不得不实行所谓倒塘灌运，即在运河汇黄河口门处建御黄坝，在临近淮河口门处建临清堰，在御黄坝与临清堰之间形成塘河。塘河宽大，可容数百只、上千只漕船。在黄河水位较高时，南来船只开临清堰入塘，再闭临清堰。此时车水入塘河，待塘内水位与黄河水位相平时，开御黄坝出船，用土坝来代替船闸功能。塘河每进出一次大约需要 8 天时间。倒塘灌运付出的代价非常惨重，不惜淹没了大量农田。中国第四大淡水湖——洪泽湖也是在这过程中形成的。

清咸丰五年（1855 年），黄河在河南铜瓦厢决口，从此结束了其长达 700 年的"夺淮入海"的历史，在今山东阳谷县张秋镇将运河拦腰截断，漕运受阻。后京津、京浦铁路的兴修，从根本上动摇了大运河作为中国南北交通大动脉的地位。至光绪二十七年（1901年）清政府下令停止了历时千年的大运河漕运。

历代漕运保证了京师和北方军民所需粮食，保证了经济中心向南转移之后政治中心依然维持在北方，有利于国家统一，并因运粮兼带商货，有利于沟通南北经济和商品流通。

10.2　中国古代治水技术

10.2.1　重疏导轻填堵的治水思想
堤堰自动调节水量的思想是中国古代治水技术的一大创造，都江堰和灵渠皆采用之。

---

❶ 《清史稿·河渠志二》载，道光五年（1825 年）两江总督琦善上奏："借黄济运以来，运河底高一丈数尺，两滩积淤深厚，中泓如线。向来河面宽三四十丈者，今只宽十丈至五六丈不等。河底深丈五六尺者，今只存水三四尺，并有深不及寸者。"

都江堰治水"三字经"中有"分四六，平潦旱"的说法，意思是春耕时分，岷江来水量少，而下游成都平原农民灌溉需水量大，外江河口正对岷江来水，口宽 96m；内江则向左偏转，口宽约 130m；外江、内江从鱼嘴按口宽比例约四六分水，但到了夏秋洪水时期，灌区需水减少，主流漫过河心滩，急流直趋外江，内江分流比乃减少至四成。又因宝瓶口宽仅 20m，进水受到节制，一部分进入内江的洪流从飞砂堰顶漫溢，重入外江，使洪水不至为患灌区。而灵渠的铧嘴则发挥了与都江堰鱼嘴相同的功能，调节进入南渠与北渠的水量，见图 10-6。总之，修筑时铧嘴或鱼嘴偏向哪一侧，哪一侧的进水量就减少。洩水天平则起到与飞沙堰相同的作用，使洪水期多余的水量越过浅堤排向河之故道。

都江堰的鱼嘴分水　　　　　　　　　　　灵渠的铧嘴分水

图 10-6　古代水利工程的分水设施

都江堰治水"三字经"中还有"深淘滩，低作堰"六字诀。"深淘滩"指为防河床壅塞而定期掏挖河床；"低作堰"乃用以减低水之阻力，因势利导，以杀水势，所用"竹笼石"法就地取材，经济简易，尤为后人普遍采用。淘滩又有铁板为准则，据传古为石马，今为明万历年间所埋卧铁，见"铁"则深浅适度。这些都是治水千年经验所积成，至今沿用，所谓"循之则治，失之则乱"。

10.2.2　明、清两朝的治理黄河之策

治理黄河水患是明、清两朝的要务。因为自宋建炎二年（1128 年）黄河南徙夺淮入海后，其下游沉砂日复一日、河床抬升，随时可能再次改道引发灾难。

针对黄河入海口呈现出河口淤积的现象，明嘉靖、万历年间总理河道的潘季驯提出采用"束水攻沙"的措施：黄河下游两岸修筑系统大堤，提高河水流速，并引其他河流的清水入黄河。他认为这不仅能刷深河道，而且可冲开河口❶。

康熙十六年（1677 年），靳辅出任河道总督，他在继承潘氏"束水攻沙"方略的同时又有所发展。他认为，束水攻沙虽然是治河良策，但河身淤土有新老之分，三年以内新淤之土，筑堤刷沙之策可以奏效，久淤之土则必须辅以人力疏浚；提出于枯水期在淤积河床内顺流开浚三道小河，谓之川字河，以所起之土修筑两岸大堤。如此，洪水到来时，存留于小河之间的沙土必致冲刷殆尽，三小河也将并作一大河，可谓事半功倍。这一计划被批

---

❶ 潘季驯《河议辩惑》："水分则势缓，势缓则沙停，沙停则河饱；水合则势猛，势猛则沙刷，沙刷则河深；筑堤束水，以水攻沙，水不奔溢于两旁，则必直刷乎河底，一定之理，必然之势，此合之所以愈于分也。"

准实行后取得较好效果。但是，这不能解决黄河倒悬的总体趋势。到道光年间，黄河险工段堤外河滩高于堤内平地至三四丈之多，治河大臣判断：破堤只是迟早的事情。咸丰五年（1855 年），黄河堤防终于在兰阳铜瓦厢（今属河南兰考）溃决。

10.2.3　古人的测量技术

高程测量是治水的基础。因为必须以河渠各点的高程控制水的流向，古代中国从治理水患、发展水利起始，就已经使用原始的测量工具。

早在文字记载之前，城市建筑中即采用了水准测量。考古发现在河北藁（音 gǎo）城商代中期建筑遗址的基槽壁上有用云母粉画出的水平线，这可能是用作基础整平的标志线。可以推测当时使用了类似水准仪的工具。《周礼·考工记》建议采用"水地以县（悬）"的方法来解决城市建设过程中的方位确定和土地平整问题。就是在建筑工地的四角竖立四根木柱，然后用水平法观测其高度。四角地面的高程确定后，再根据建筑物各个部位对地面高程的要求去平整开挖。春秋末年晋国修建智伯渠时，也是先设"水平"观测所修工程的高低，然后据此确定是否可以引用晋水淹灌敌军。

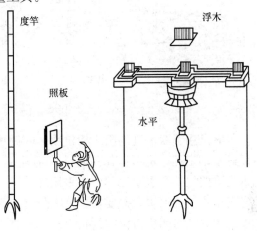

图 10-7　古代水平仪

图 10-7 所示是由《四库全书》收录的、唐代李筌《太白阴经》中记载的古代水平仪，是目前所能见到的中国最早的水平仪图形。它主要由三部分组成：水平、照板和度竿。观测时，首先向水平槽三个相互通连的小池中注水，三浮木随之浮起，浮木上的立齿尖端自然保持在同一水平线上。如此，观测者便可借助这些立齿尖端，水平地瞄望竖立在远处的度竿。由于当时没有望远镜，度竿的刻度太小，施测距离较远很难看清，于是用照板来解决这一难题：一人手持照板在度竿前上下移动，当观测者见到板上的黑白交线与其瞄准视线齐平时，就招呼持板人停止移动，并由持板人随即记下度竿上的相应刻度。

与水平不同，另一种不用水的测量水准的仪器叫"旱平"，它主要利用水平方向与垂球垂线相垂直的原理制作而成。此外，《营造法式》中也阐述了用两个直尺并联而进行的水准量测，工作原理与"旱平"相同。

10.2.4　筑堤堵水的材料与方法

竹笼是战国时成都平原已经开始使用的筑堤堵水材料，就是使用竹编的笼子装盛河道中的卵石，见图 10-8。其刚柔相济、用途广泛，除了鱼嘴、堤堰外，堵口、施工截流等都能用上。灵渠的陡门船闸也是由竹笼构成。蓄水时在渠中横向放置几个阻水竹笼提升水位；通航放行时以绳索将竹笼提起或转为沿河渠的纵向放置，则船只随水流下泄而去。

杩槎（音 mǎ chá）是由三根木桩绑扎而成的三脚，见图 10-8。若干个杩槎相互交叉紧靠，加上土木石料等辅助材料就形成了临时性的挡水工程。杩槎的挡水功能与竹笼类似。特点是可以随时回收，所以在临时性应急需求时往往选用杩槎。

干砌卵石是不采用任何胶结材料，以卵石为材料，以专门的砌筑工艺修筑的工程，用来修筑渠道基础、堤防、护岸等，见图10-8。卵石石质坚硬，其抗磨特性甚至比混凝土还好，并且其良好的渗透性对地表水的回归以及生态环境皆有好处，用于水流较缓处。

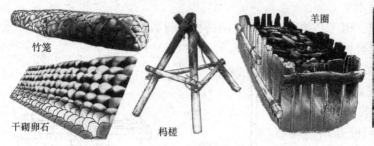

图 10-8　筑堤堵水的材料与方法

　　羊圈是用于激流处的阻水构筑物。其做法是用木桩构成的框架，内填大粒径的卵石，可以做基础工程，也可以修筑堤防和溢流堰，比竹笼工程更稳固、耐久，见图10-8。我国古代重要河工和引水工程中皆采用之。

　　对于决口的河堤，需要竭尽全力封堵。河堤的决口处称为口门，西汉时期古人就创造了平堵和立堵封闭决口口门的技术。

　　平堵是先用大竹、木或巨石沿决口口门横向插入河底为桩，竹木由疏到密，使口门水势减缓；竹木可以搭成跨越口门的桥梁。然后，由口门的桥梁上向河底平行逐层抛料填高，抛填的柴草填塞于桩与桩之间，最后压土压石，使口门最终合拢截堵水流，见图10-9（a）。这是由汉武帝瓠子堵口所创造的方法。当时为堵口，砍光了一个在战国时期就非常闻名的竹园——淇园的所有竹子。

(a)　　　　　　　　　　　　　　　(b)

图 10-9　堵口的不同方法（图来自网络）

(a) 平堵；(b) 立堵

　　立堵是从决口口门两端向水中进堵，使口门逐渐缩窄，最后留一定宽度的缺口，再进行封堵截流，见图10-9（b）。这一方法也诞生于西汉，为建始四年（公元前29年）河堤使者王延世主持东郡（今河南南乐县一带）堵口时所创。这次堵口比瓠子堵口晚了80年，但在方法上却有了很大的不同。在立堵中，抛沉竹石笼，堵合口门，应是在口门缩窄到一定宽度后进行的。

　　黄河决口有分流和全河夺溜（整体改道）之分。因此，在实施堵口工程时古人还十分重视对堵口时机的选择，并摸索出了一整套严格的方法步骤。如在大堤决口后，要特别注意水势观测，及时测出口门宽度，分流多少，口门土质及冲刷情况。在初决时马上备料，适时裹护上下两坝头，防止口门扩展，以利进堵。在确定堵口工程实施的时间上，尽量选择在冬春黄河的枯水季节进行。若堤防多处决口，一般是先堵小口，后堵大口；先堵下口，后堵上口（如小口在上，也可先堵上口）。

堵口的枯水期，裸露出部分滩岸，故决口口门又有靠河近和靠河远之别。若决口口门距大河很近时，如不是全河夺溜，在堵复中可不挖引河，适当时候在口门上游修坝挑溜，迫使溃水回入正河；如果是全河夺溜，需开挖引河，修筑挑水坝，引导溃水归入正河。如果口门距正河较远（如某一堤段是由滩面串沟过水后冲决的），说明导致决口的管涌通路长，需要在滩岸串沟进水口或在口门前修围堰进行堵合。

10.3 西半球的运河

10.3.1 从陆地通向海洋

古美索不达米亚人和古罗马人都曾经建造运河。中世纪之后欧洲各国纷纷重启运河建造。16～18世纪是欧洲运河大发展的时期。法国于1642年建成了布里亚尔运河，把卢瓦尔河与塞纳河连接在一起。这条运河沿线建有40座船闸。1681年完成的朗格多克运河长250km，把比斯开湾和地中海连接在一起。这条运河沿途建有108座船闸，一条165m长的隧洞和三座大渡槽。一些小溪则利用涵管暗渠从运河下面通过。在德国，开挖了运河把易北河、奥得河和威悉河连接在一起。

图10-10 英国运河上的驳船运输

英国运河体系的全盛期也是16～18世纪（图10-10）。这一时期，英国的采矿、冶金、陶瓷业和殖民地海外贸易开始蓬勃发展，由此，地处英国内地的产品需要大量向口岸运输。那时候道路刚刚才摆脱中世纪的泥浆，特尔福德路面和马卡当路面还未出现或处于萌芽状态，马车每次只能携带一两吨货物，到了雨季，一长串的驮马是通过公路进行原材料和成品运输的唯一途径。第一批运河推动者是斯坦福德郡的陶器制造商，因为他们的产品是最需要平稳运输方式的。于是，在商人们的大声呼吁和政府的不断支持下，英国逐渐成为世界上第一个建成全国性运河网络的国家，这个网络几乎覆盖英格兰以及威尔士的主要城市（苏格兰也有运河，但它们没有和英格兰运河连通）。随着建筑技术的提高，各条老旧的运河通过矫直、筑堤，设置隧道、渡槽和水闸等技术措施不断加以完善。当时的驳船一般一次能载运30t货物，雨季也不受影响，运输效率大增。运河水上运输体系在英国工业革命时期发挥了重要作用。

在美洲，美国于1825年完成581km长的伊利运河，沿河建造了82座船闸，从而促进了中西部大草原地区的开发。1829年，加拿大兴建了韦兰运河，其长44km，建成后使南方的伊利湖和北方的安大略湖之间能通航大船。

进入19世纪中叶，铁路运输的出现使得建造新运河的必要性大为削弱。到了19世纪下半叶，运河在与铁路的竞争中，在速度和成本上都居于劣势，很多运河转为铁路公司拥有；内陆运河不可避免地衰败了，运河运输转向海运发展。

10.3.2 从海洋通向海洋

苏伊士运河是世界上三大海运河中的第一条，位于埃及境内，连接亚、非两洲的苏伊士地峡上，如果它能够沟通地中海和红海，就可大大缩短从欧洲和北美洲通往印度洋沿岸各国的航程。

在地峡上早就留下过古埃及时代运河的遗迹，但只是内陆运河。法国大革命后，代表新兴资产阶级政权的法国与护卫欧洲旧王权的英国成为宿敌，独享海上霸权的英国封锁了法国通往大洋的通路，于是，渴求东方殖民地的法国只能在地中海另辟通往东方的捷径。1798年，拿破仑率领法国军队占领埃及，希望沿着古希腊亚历山大大帝的道路远征属于英国的印度。在埃及，拿破仑研究了古运河的遗迹，萌发了修筑穿越地峡的海运运河的念头，他下令组织了对地峡的勘测。拿破仑帝国覆灭后，建立海外帝国的企图转变为追求商业利润的梦想；如果这条运河沟通，欧美船只经该运河赴印度洋沿崖要比绕道好望角缩短8000～10000km的航程，节省10～40天的航行时间，而且使海船免于风暴的袭击，商业价值非常可观。

法国资本家和工程师于1834年和1846年对运河再次作了研究，并积极游说当时埃及的宗主国奥斯曼帝国统治者。终于，一个名为斐迪南·德·雷赛（Ferdinand de Lesseps）的法国前外交官因为与奥斯曼帝国驻埃及总督赛义德帕夏（Sa'id Pasha）是同学的关系，获得了施工特许状，为此法国专门成立了苏伊士运河公司。1856年，苏伊士运河公司又获得了运河通航后99年经营权的特许。

工程于1859年动工，用了10年完工。刚修成的运河全长162.5km，水面宽52m，水底宽22m，河床深7.5m，共计耗资1800万埃镑。因为地中海和红海的海平面持平，因此运河没有设置船闸。由于19世纪中叶的施工机械化程度不高，由赛义德帕夏负责强行征集了大量埃及劳工，其中12万人死于恶劣气候、霍乱流行和公司盘剥导致的饥饿等，占埃及人口的2.4%。

苏伊士运河是联系欧、亚、非三洲的交通要冲，战略位置十分重要（图10-11）。1882年英国攻入埃及，运河第一次关闭。在其他列强的干涉下，1888年，英国不得不与法、德、奥斯曼帝国等九国签订了《关于苏伊士运河自由航行公约》（《君士坦丁堡公约》），规定运河实行中立化，无论平时或战时均对一切国家的商船和军舰开放。但英国经常根据自己的国家利益，以技术理由限制运河的使用。日俄战争期间，俄波罗的海舰队增援太平洋舰队，但偏袒日方的英国以吨位太大为理由拒绝几艘新型主力舰通过运河，这几条主力舰只能绕道非洲好望角，耽误了数月时间，这也是导致俄国战败的原因之一。在占领运河的74年间，英国每年攫取运河收入的97%，埃及却没有从运河得到什么利益。1956年，埃及宣布运河收归国有，同年10月英法为此发动侵略战争，运河又遭关闭。1967年中东战争，以色列占领埃及西奈半岛，兵临河岸，苏伊士运河再次被迫停航8年之久，直到1975年6月5日恢复航运。

1980年12月苏伊士运河完成第一期扩建工程后，运河全长195km、宽365m、深16m、复线68km，可以通航满载15万t、空载37万t的油轮，战略、经济地位愈发重要。

基尔运河是世界上三大海运河中建成的第二条。该河又名北海-波罗的海运河（Nord-

224

雷赛　　　　　　　赛义德

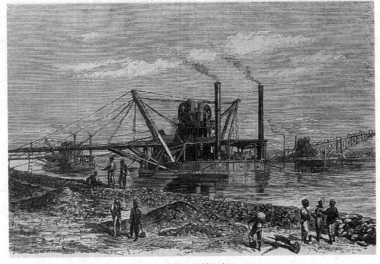

1869年通航后的挖泥船

图 10-11　苏伊士运河及其筹划者

Ostsee-Kanal)，其位于德国北部，西起北海畔易北河口，向东到达波罗的海的基尔湾，全长 98.7km，一般通过运河只需 7～9h，是一条极重要的水道。其建成后，北海到波罗的海的航程缩短了 756km 之多。早在 1391～1398 年，德国就曾建成了从劳恩堡至吕贝克的施特克尼茨运河，沟通了北海和波罗的海，但当时的运河狭窄，通航能力非常有限。新

运河修建的意义远不止运输本身，德皇威廉筹划该运河的首要目的，是为其在波罗的海的舰队兵出大西洋时不必绕道日德兰半岛，以免被英国舰队封锁于狭窄的出海口。

　　基尔运河河面宽 103m，深 13.7m，可通航吃水 9m、载重 2 万 t 的海船。运河上设有 8 座船闸。德国以日耳曼人特有的精细，在运河通水前沿河修建了 7 座高桥，桥高达 40 多米，是按照规划通过的最大吨位之战列舰桅杆高度确定的，参见图 10-12。工程 1887 年破土动工，1895 年建成通航；

图 10-12　德国基尔运河建成后通过的巡洋舰

1907 年又开始对河床进行拓宽和加深，改造工程于 1914 年第一次世界大战爆发前几周完成。

除了在两次世界大战中发挥军事作用外，在商业上，基尔运河现为北海与波罗的海之间最短、最安全、最便捷和最经济的水道。基尔运河地处欧洲繁忙的航运线上，是通过船只最多的国际运河，是北欧的芬兰、瑞典，中欧的波兰以及东欧的俄罗斯、爱沙尼亚、拉脱维亚、立陶宛等波罗的海沿岸国家通往大西洋的海上捷径。

巴拿马运河是目前世界上最大的海运运河。其实早在 16 世纪西班牙殖民时期，就有探险家提出过在中美洲地峡的某处挖掘运河，这样可使大西洋至太平洋间的航程大幅缩短，节省船只航行时间，降低航行的风险。当时列出四个位置，分别是墨西哥的台宛太白地峡、尼加拉瓜、巴拿马与达连（其中尼加拉瓜与达连两地，至今仍是兴筑第二运河的候补位置）。对于这些提议，当时的西班牙国王菲利普二世予以拒绝。从后来建造运河的复杂情况看，当时也确实不具备建造运河的技术和财力。

1821 年巴拿马摆脱西班牙殖民地的地位，成为哥伦比亚国的一州。1869 年苏伊士运河开凿完工鼓舞了巴拿马运河的筹划，斐迪南·德·雷赛虽然已是 60 多岁的老人，但仍充满壮志，相信同样能成功开凿巴拿马运河，于是在巴黎成立"全球巴拿马洋际运河公司"，募集资金，向哥伦比亚政府购买运河开凿权。1881 年，巴拿马运河正式动工。但是雷赛过度乐观，忽略了气候、地形的差异对工程的影响程度。巴拿马地区属于热带丛林气候，天气潮湿闷热，多暴雨洪水，又有疟疾、黄热病等热带传染疾病肆虐，需要开挖的土石方远远超过苏伊士运河。在工程进度严重滞后、大量工人死伤、耗费巨额资金之后，1888 年，雷赛宣布工程失败、公司破产，并寻求愿意接手的国家与公司。

1901 年，西奥多·罗斯福任美国总统，开始对于美洲事务采取积极介入的态度。他认为，美国若能控制运河，可获丰厚利润，更能加深对于中南美洲经济上的影响力。1903 年，美国决定接手运河工程后，哥伦比亚政府认为其所提开河条件太过苛刻不能接受；当年，罗斯福政府派军舰支持巴拿马当地的独立，结果巴拿马共和国成立，并与美国签订不平等条约，规定了美国以一次偿付 1000 万美元和 9 年后付给年租 25 万美元的代价，取得永久使用巴拿马运河区（约 14.74 万公顷）的权利。除此之外，美国还得到修建铁路和设防驻军的权利。

美国人吸取了法国人失败的教训，首先着手进行灭蚊工作，1905 年大致控制住热带传染病。总工程师约翰·史蒂文（John Steven）用大吨位爆破和蒸汽挖掘机提高了挖掘效率，修筑了铁路迅速地将挖掘的土石运走，由于不必考虑耐久性问题，这种临时铁路不设专门的道床，可以随时拖拽移动到挖掘机所在位置。施工过程中，雨季时附近河流的洪水冲入挖掘好的、低洼的运河河道。眼看工期将受延误，史蒂文大胆放弃把整条河道挖掘到海平面以下标高的原建造方案，而是建造巨大的梯级船闸，并兴建水坝围住流入地峡的河流，形成一个巨大的人工湖——加通湖（Gatun Lake），作为储蓄调节运河水位、提供发电的水库，同时也形成近三分之一长度的运河水道。这一新方案的河道高出海平面许多，大大减少了土方工程量（图 10-13）。1907 年，史蒂文承受不住职责带来的巨大精神压力，不辞而别离开了工程。美国政府任命了一位陆军上校继任他的职务。巴拿马运河终于在 1913 年完工，开凿过程中，共挖掘出三倍于苏伊士运河的土石量（达 2.59 亿 m³），先后花费近 7 亿美元资金，最多同时有 4 万多工人同时进行施工，高达 7 万人死亡。

西奥多·罗斯福　　　　　约翰·史蒂文　　　　　机械挖掘土石方

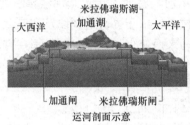

运河剖面示意

运输开挖土石的铁路

三层船闸

通过运河船闸的美国战列舰

通航后第一艘通过运河的船只

图 10-13　巴拿马运河的推动者、建造者、建造过程与通航

　　约翰·史蒂文利用水梯的概念建造的数组大型水闸，水闸长约三百公尺，宽仅容一艘大型船舰通过，水闸封闭时，利用电动马达抽水灌注，使水位升高，得以接续上较高位置的河道，就像上楼梯一样，通过最高处之后，仍利用电动马达抽水降低水闸内的水位，回到海平面的位置高度。巴拿马运河沿线共有五个大型水闸，加勒比海与太平洋的海平面并不相同，通过梯级船闸不仅解决了海平面不同造成的通航难题，而且使工程兼有发电之

利，减少土石方工程量。船闸成为当时世界上最大的混凝土工程，而整个运河是当时世界上最大的土木工程。

运河通航后，一般需要花费8～15h就能通过长约82km的巴拿马运河。由于巴拿马运河的开通，太平洋与大西洋之间的航程比原来缩短了5000～10000km。现在，每年大约有1.2万～1.5万艘来自世界各地的船舶经过这条运河。

由于一旦开挖了海上运河，战略位置陡升，容易成为世界列强争夺的焦点，因此，一些弱小的国家轻易不敢开挖海运运河。例如，东南亚的马六甲海峡是印度洋至太平洋的主要通道，如果在泰国那狭长的国土上开挖一条运河，将使航运免走那狭窄、弯曲的海峡，给泰国带来显著的经济效益并提升国家战略地位，但由于畏惧遭到埃及和巴拿马那样的命运，而且视马六甲航运为经济命脉的新加坡、马来西亚也强烈反对，泰国一直不敢实施这一计划。

10.4　现代水利水电工程

10.4.1　现代水利工程的功能与组成

1878年，世界第一座水电站建成于法国，从此以后，在现代水利工程中，除了以堤、坝、引水渠等工程构筑物完成防洪、航运、灌溉等功能外，水力发电也成为重要组成部分。为达到此目的，需要借助上述工程构筑物于山谷、河道或低洼地区提升水位，形成人工水域，称之为水库。

水库在远古就有，历史上的古埃及、古印度、古巴比伦等几个文明古国都是农业高度发达的社会，为了改变水资源在时间和空间上的分布不均匀，都修筑水库。

水库的作用是：积蓄上游水量，利用水库的防洪库容调蓄洪水、拦蓄洪峰或错峰，以减免下游洪灾损失，并利用库容保证水库附近地区枯水期的灌溉用水；水库的水位提升后与河流下游之间产生很大的水落差，蕴含了巨大的水势能，电能就是从这势能转化而来。目前世界上库容最大的水库是位于非洲乌干达境内的欧文瀑布水库，总库容达2048亿 m^3。而世界面积最大的水库也在非洲，是位于加纳境内的沃尔特水库，1967年建成后面积8482 km^2，库容1480亿 m^3。

我国第一座水电站是1912年在昆明附近修建成的石龙坝水电站，当时发电量480kW。由于中国具有独特的地势优势，大的江河大都发源于第一、第二台阶，故水电资源丰富，无论是理论蕴藏量、技术可开发量还是经济可开发量，中国水电资源均居世界第一，分别达到7亿kW、5.4亿kW和4亿kW。2004年，中国水电装机容量已经突破1亿kW，超过美国成为世界水电第一大国。近年国家加大对水电的投资，到2020年发电量接近3亿kW。

水电站阻断河道，为保证航运，需与船闸等配合，这样可形成水利枢纽。

水利枢纽指在江、河、渠、湖或沿海的适当地点，为了有效地利用水利资源，集中兴修各种水工建筑物，使之成为既各自发挥作用，又彼此协调的综合体，具有防洪、发电、航运、灌溉等综合利用效益。我国葛洲坝和三峡工程等均为水利枢纽工程。为了防止下游重要城市的洪涝灾害，有的防洪工程还在上游附近预留低洼的泄洪区，泄洪区除了周围挡水的堤埂，区内不设大型工程。

10.4.2　水坝的分类

坝是建筑在河谷或河流中拦截水流的挡水结构，用以抬高水位，积蓄水量，在上游形成水库以供防洪、灌溉、航运、发电、给水等需要。坝体上有时安排泄洪闸、溢洪道、排沙口、发电站等设施，参见10-14（a）。有时这些设施安排在坝身附近的山体内。

坝体按结构特点和所用材料分为重力坝、拱坝、双曲拱坝、重力拱坝、支墩坝、连拱坝、橡胶坝等。

重力坝对地形、地质条件的适应性强。任何形状的河谷都可以修建重力坝，但目前多是建在河流下游河床开阔处。重力坝坝身宽厚，依靠坝身重量在坝底形成的巨大水平静摩阻力抵抗侧向水压产生的水平推力，维持坝体稳定性，见图10-14（b）。

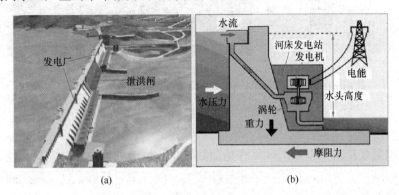

(a)　　　　　　　　　　　(b)

图 10-14　混凝土重力坝形式，组成及受力

重力坝按照材料区分，可以分为土石坝、混凝土坝。因为河面较宽，如果是混凝土坝，一般沿坝身布置发电厂，因厂房位于河床内，称为河床式发电站，见图10-14。

拱坝一般建在河流上游河谷狭窄处，拱背面向水库的迎水面，主要由嵌固于山体中的坝肩提供平衡所需要的推力，从而使得拱身主要承受压力，充分发挥混凝土材料优良的抗压性能，这样拱壁可以做得非常薄，节约材料，见图10-15。

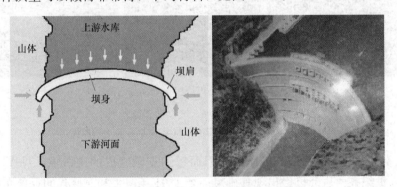

图 10-15　混凝土拱坝

拱坝相对于其他种类的坝身更短。在坝身上布置泄洪闸后，有些情况下已经没有位置再布置发电站了。故此时发电厂房往往布置在山体内部，成为地下厂房（参见第9章）。

双曲拱坝是双向（水平向及竖向）弯曲的拱坝。它是拱坝中最具有代表性的坝型。双曲拱坝的水平向弯曲可以发挥拱的作用，竖直向弯曲可实现变中心、变半径以调整拱坝上下部的曲率和半径。双曲拱坝受力比单向拱更合理。由图 10-16 可见，双曲拱坝上部半径大些，拱壁也就薄一些（上部受力也小）；下部半径小些，拱壁也就厚一些（下部受力也大）。因此，双曲拱坝一般均采用变中心、变半径布置。目前世界上最高的双曲拱坝是位于我国四川省凉山彝族自治州雅砻江上的锦屏一级水电站大坝，其设计坝高 305m，正常蓄水位以下库容 77.65 亿 m^3，调节库容 49.1 亿 m^3。

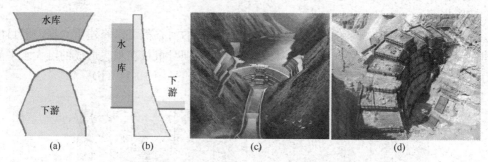

图 10-16　双曲拱坝及其实例（右两图来自葛洲坝集团公司）
(a) 双曲拱坝平面；(b) 双曲拱坝截面；
(c) 锦屏一级水电站工程效果图；(d) 施工中的锦屏水电站大坝

重力拱坝主要是按照拱坝的计算理论而划分出的坝体种类，顾名思义，就是受力状态兼有重力坝和拱坝的特点，在拱坝中属较厚实的一种坝型。其形式可以是单曲拱坝、双曲拱坝等。世界上第一座按照重力拱坝理论进行分析计算的拱坝是美国于 1936 年建成的胡佛坝，按照重力拱坝计算分析后，可以比单纯按照拱坝分析节约材料和工程造价。

支墩坝是由一系列倾斜的面板和支承面板的支墩（扶壁）组成的坝。面板直接承受上游水压力和泥沙压力等荷载，通过支墩将荷载传给地基，其形式有点类似我国古代发明的临时挡水构筑物挡搓。所区别者，现代支壁坝的面板和支墩连成整体，见图 10-17 (a)。

图 10-17　支墩坝、连拱坝和橡胶坝
(a) 混凝土梯形支墩坝；(b) 混凝土连拱坝；(c) 橡胶坝

连拱坝是支墩坝的特殊形式，是由拱形面板和支墩组成的支墩坝，见图 10-17 (b)。连拱坝于 16 世纪在西班牙已经出现其雏形。至 1891 年澳大利亚修建的贝鲁布拉砌砖连拱坝，上游面倾角 60°，才具备了现代支墩坝的特点。我国于 1954 年和 1956 年在淮河上相继建成了佛子岭和梅山连拱坝，坝高为 74.4m 和 88.24m。前者是中国当时建成的第一高坝，后者是当时世界上最高的连拱坝。与其他形式的支墩坝比较，连拱坝有下列特点：①拱形面板为受压构件，承载能力强，可以做得较薄，支墩间距可以增大。②面板与支墩整体连接，对地基变形和温度变化的反应比较灵敏，要求修建在气候温和地区，且地基比较坚固。③上游拱形面板与溢流面板的连接比较复杂，因此很少用作溢流坝。

橡胶水坝出现于 20 世纪 50 年代末，由高强度的织物合成纤维受力骨架与合成橡胶构成，锚固在基础底板上，形成密封袋形，充入水或气，形成水坝，见图 10-17 (c)。与传统的土石、钢、木相比，橡胶水坝具有造价低、施工期短、抗震性能好等优点。但是它挡水的高度有限，一般用在流量不大的场合。

10.4.3　特殊的载荷

水工结构与一般工程结构显著不同之一是渗透水对结构的影响很大。一方面如果渗透水在坝基形成渗水通道，将使坝基内土石不断通过通道被渗透水冲刷而出，通道越来越大形成所谓管涌，坝基稳定性受到破坏；另一方面渗透水在坝基内对坝基形成所谓扬压力。

扬压力可以这样来理解：就像船只在水中受到向上的浮力，坝体底部也受到地基内渗透水的浮力，而水库内水位增高会使得地基内的渗透水压提高，而扬压力就是指地基内的渗透水对建筑物的浮托力与渗透压力之和。与重力方向相反的扬压力抵消了部分重力作用。扬压力对坝的安全性有影响，见图 10-18 (a)。重力坝的稳定非常依赖坝体的重力，且坝基面积比较大，扬压力也就相当大，更需要注意避免因扬压力过大破坏坝基稳定。在坝基安排防水帷幕可以拉长渗透水抵达坝底的距离，从而减小扬压力，见图 10-18 (b)。防水帷幕可以由 SMW 工法形成（SMW 工法参见第 5 章有关内容）。

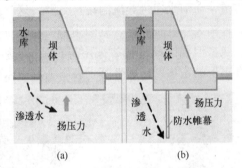

图 10-18　坝体扬压力与减小措施

10.4.4　坝体所用的材料

坝体混凝土也对坝体安全性有影响，因为坝的体积非常大，水泥与水反应放出的热量（称水化热）大、不易散发，容易在混凝土中形成温度裂缝。轻者影响坝体的抗渗透性，严重的影响坝体整体性。故在现代水利工程中，对坝体混凝土的配合比有特殊考虑，一般掺入大量粉煤灰等矿物外掺料替代部分水泥用量，可以减少水化热。

按照混凝土的流动性，可以将混凝土分为流动性好的常态混凝土和流动性差的干硬性混凝土，由于干硬性混凝土难以用振动的方法使之密实，往往采用机械碾压的方法，故这种工法也称为碾压混凝土。碾压混凝土材料自身的防渗性非常好，为了提高坝体碾压混凝土的整体防渗性能，防止沿碾压层面水平渗漏，在每一碾压层面采取专门处理措施。

常态混凝土以混凝土泵输送，施工时大坝分缝、分块、柱状浇筑，参见图 10-18 (b)。

10.4.5　水坝的修筑技术

修筑大坝需要截断河流，而截断河流期间又需要保证河水下泄，故可以在坝的上下游分期修筑围堰阻水，在围堰内分段修筑大坝。有的河流还要在筑坝期间保证航运，故筑坝期间设置临时船闸和升船机以免航运中断，例如三峡大坝就是采用这种方法施工的，见图 10-19。有的大型桥梁的桥墩也是采用这种分段修围堰的方法施工的。

有的大坝设置在河流转弯处，如果河流枯水期流量非常小，可以在河流转弯的内侧山体内设置导流洞、泄流洞、排砂洞等；待泄洪碉室管道在山体内施工完毕后修筑围堰截断

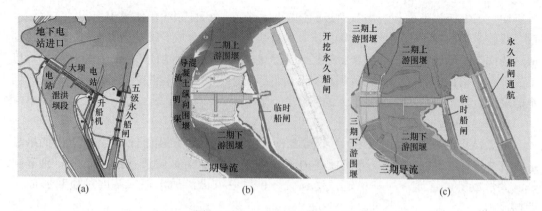

图 10-19　三峡工程及施工顺序

(a) 三峡工程局部平面；(b) 施工右侧大坝、永久船闸；(c) 施工左侧大坝

河流，使河水通过导流洞排至下游，这时再修筑大坝，例如我国近年在都江堰上游修建的紫坪铺大坝就是如此，见图 10-20。该工程坝体系混凝土面板堆石坝，即坝体为土石堆积而成，但坝体表面附之以钢筋混凝土面板。工程从左岸山体开挖土石方修筑围堰和坝体，发电厂的主、副厂房坐落于右岸下游河床上。

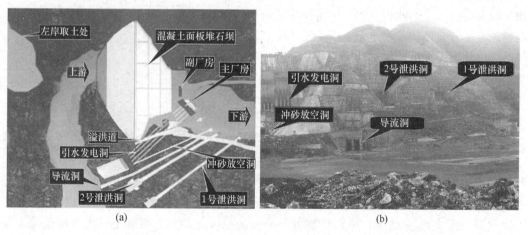

图 10-20　紫坪铺工程

(a) 紫坪铺工程局部平面；(b) 右岸部分硐室布置

10.4.6　水利水电工程对环境的影响

过去，人们只注重水利工程对河流生态环境有积极作用的一面，即认为通过兴建大量的水利工程，保护了生态环境，使其免受侵害。如通过调节水量丰枯，可以抵御洪涝灾害对生态系统的冲击，同时也改善了干旱与半干旱地区生态状况以及调节生态用水。

进入 20 世纪后 10 年，人们开始关注到水利工程对河流生态环境所产生的一些不利影响。首先是一些大型水利工程易引发地质灾害；有的水库蓄水后，库区沿岸产生滑坡，有的导致周边地区地震频发。1963 年 10 月 9 日，意大利阿尔卑斯山脉托克山山体崩塌，山下是瓦扬特（Vajont）水坝形成的水库；顷刻间，数百万吨泥土石冲入水库，水溢出大坝，下游数个村庄被激流横扫，死亡两千余人，皆因坝址错误设置在山体不稳处致有此祸，这是工程引发地质灾害的一个著名实例。

此外，人们还发现，一些水利工程建设造成河流形态的均一化和不连续化，其后果是生物群落多样性水平下降。所谓河流形态的均一化主要是指自然河流的渠道化或人工河网化。所谓河流形态的不连续化是指在河流筑坝形成水库后，造成水流的不连续性。有的河流进行梯级开发，更形成河流多级非连续化的格局。水库蓄水后，淹没了原有的河流两岸的陆生植被，使得丘陵和平地岛屿化和片断化，陆生动物被迫迁徙；被搬迁的城镇及废弃的农田沉入库底，未清除的垃圾、工业废料及化肥农药残留统统进入水库。这样就改变了生态环境多样性。

我们需要认识到：虽然水利工程对环境造成了一些不利影响，但是，这只是人类为自身发展而从事的诸多活动中的一环，水利工程的利弊需要客观分析。我们不妨假设：如果废止水电建设，人们对电力的需求并未停止，将转为向火力发电、核电等领域，同样会对环境产生不利影响，甚至是更为严重的影响，因此，我们既需要加强对环境的监控，找到缓解问题的方法，也不能因噎废食，在目前阶段放弃水电建设。

10.5 港 口 工 程

10.5.1 港口及其组成

港口是具有水陆联运设备和条件、供船舶安全进出和停泊的运输枢纽；对于在内停泊的船舶，港口要具有保证其免遭自然的风、浪损坏之能力。世界上最古老的港口具体是哪一座，现在有不同的说法，但肯定位于最早掌握了海洋文明的（属于古埃及、古巴比伦或者古希腊）地中海区域。最原始的港口是天然港口，有天然掩护的海湾、水湾、河口等场所供船舶停泊。亚历山大大帝曾经对现属于埃及的亚历山大港进行人工改造，用砌筑工艺修建了举世闻名的灯塔，塔高200余米，参见图10-21，伴有供马拉柴草至塔顶的坡道。可惜这个宏伟的建筑后被地震彻底摧毁。

除非在面对大海方向上，附近有比较大的岛屿作为天然屏障，一般情况下天然海岸港湾的抗风浪能力是不足的，故古代船舶在风暴来临时，往往驶入内河以避之。大江河入海口附近水面宽阔、水深有保证，湾叉多能避风，适宜设置港口，在这里设置的港口称之为河口港。需要注意的是，河口港也属于海港的范畴而不属于内河港（例如我国长江口的上海港和珠江口的广州黄埔港）。天然的海港如果要提高抗风浪能力，需要建设防波堤，形成人工港口。

防波堤是为阻断波浪的冲击力，围护港池，维持水面平稳以保护港口免受坏天气影响，以便船舶安全停泊和作业而在港湾外修建的堤坝式构筑物。防波堤还可起到防止港池淤积和波浪冲蚀岸线的作用。

图 10-21　古代亚历山大港灯塔

在公元 1 世纪中期，罗马皇帝克劳狄乌斯在罗马的外港奥斯提亚（Ostia）港北面
3km，建了一个人工海港 Portus，见图 10-22。这是一项浩大的工程，两条大型防波堤围
成一个港湾，在南防波堤的尽头是一座以亚历山大灯塔为原型的灯塔。为了加固灯塔的地
基，一艘载重量约 1300t 的巨轮被灌满火山灰混凝土沉入海中。据估算，该工程以 3 万人
工和 1000 头牛耗 20 年时间完成，为庆祝港口的建成，还铸造了纪念金币。建成的新港
可以停靠大型海船，但仍会受天气影响，公元 62 年的一次大风暴破坏了港内的 200 条船。
2 世纪初，图拉真皇帝在海岸后挖了一个六边形的大池子，深 5m，面积 32 公顷，同时挖
了一条 45m 宽的运河直通台伯河。从此罗马城才算有了一个可以全天候使用的外港。
Portus 港是较早见诸记载的关于人工防波堤的建设工程。现代防波堤的形式和组成材料有
多种，有的以混凝土块体或石块散乱堆积而成，有的则由混凝土浇筑成整体，
见图 10-23（a）。

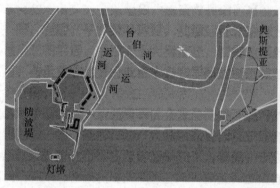

克劳狄乌斯皇帝

图 10-22　古罗马 Portus 港工程

(a)　　　　　　　　　　　　　　　　(b)

图 10-23　现代防波堤实例

（a）混凝土斜坡式防波堤；（b）外侧防波堤内侧码头

　　码头是港口中的重要组成，是港口中供船舶停靠、装卸货物、上下旅客、补充给养的
水工建筑物。

　　在一般情况下，防波堤和码头各自独立存在，完成自己的实用功能，但在某些情况下

两者合二为一，防波堤面向大海的外侧发挥防浪作用，面向港内的一侧发挥码头的作用，见图 10-23（b）。

10.5.2 码头的分类与布置

码头结构形式有重力式、高桩式和板桩式，主要根据使用要求、自然条件和施工条件综合考虑确定。

重力式码头依靠建筑物自重和结构范围的填料重量保持稳定，结构整体性好，坚固耐用，损坏后易于修复。有整体砌筑式和预制装配式等形式，适用于较好的地基。目前的大型港口，大多采用预制钢筋混凝土沉箱或沉井作重力式码头，参见图 10-24。

(a) (b)

图 10-24　重力式码头

（a）古罗马时期砌筑的重力式码头，前面的挡石适应船体的形状；
（b）现代的钢筋混凝土沉箱或沉井形式的重力式码头，预制后由驳船驳运至指定地点下沉

板桩码头系由板桩墙和锚碇设施组成，并借助板桩和锚碇设施承受地面使用荷载和墙后填土产生的侧压力，见图 10-25。板桩码头结构简单，施工速度快，除特别坚硬或过于软弱的地基外，均可采用，但结构整体性和耐久性较差。

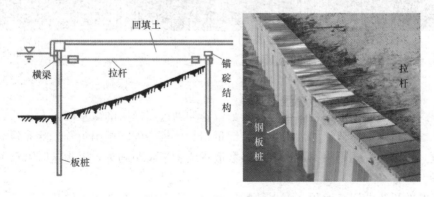

图 10-25　板桩码头及其结构

高桩码头由基桩和上部结构组成，桩的下部打入土中，上部高出水面，上部结构有梁板式、无梁大板式、框架式和承台式等，参见图 10-26。高桩码头属透空结构，波浪和水流可在码头平面以下通过，对波浪不发生反射，不影响泄洪，并可减少淤积，适用于软土地基。近年来广泛采用长桩、大跨结构，并逐步用大型预应力混凝土管柱或钢管柱代替断

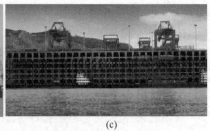

(a)　　　　　　　　　　(b)　　　　　　　　　　(c)

图 10-26　高桩码头

（a）正在浇筑承台混凝土的高桩码头；（b）高桩码头正在打钢管桩；（c）配合三峡工程的框架式高桩码头

面较小的实心桩而成管柱码头。

自从 19 世纪初出现了以蒸汽机为动力的船舶，于是船舶的吨位、尺度和吃水日益增大，为建造人工深水港池和进港航道需要采用挖泥机具以后，现代港口工程规模宏大，陆上交通尤其是铁路运输将大量货物直接运抵和运离港口码头。究竟应该如何布置码头，是一个事关经济和效益的问题。

码头布置有顺岸式、突堤式和挖入式三种基本形式，见图 10-27。顺岸式一般土木工程量相对较少，但是安排船只停靠的泊位也少，尤其是内河港口应用较多。挖入式能够沿岸多布置泊位，但是土方工程量大，需要大型挖泥船参与施工，是大型港口常用的码头布置形式。

(a)　　　　　　　　　　(b)　　　　　　　　　　(c)

图 10-27　码头布置形式

（a）顺岸式码头；（b）突堤式码头；（c）挖入式码头

突堤式可以与防波堤结合，很容易将泊位延伸到远离岸边的深水区，尤其适合码头设施比较少、船只吃水比较深的油码头和装卸量相对比较少的军用码头等。除非将突出部建得非常宽，否则突堤式码头不适合于大多数散货或者集装箱码头，因为这时附近无处安设货物堆场。

为了节约码头的用地面积，许多散料码头上建有集中式筒仓用以储装散料，这样可以将货料的储藏向空间发展。筒仓由皮带机向仓顶口装料，通过仓底漏斗卸料；漏斗离地面有一定距离，运输车辆可驶至漏斗下直接接料。需要注意的是，由于卸料时筒仓内料流的突然下泄会对筒仓结构产生很大的冲击，如果设计不当筒仓会受到严重破坏，世界范围内因此出现过许多起严重事故。

货物堆场是码头的必要设施。一个港口按照装卸的货物品种分为若干作业区，如散货作业区、集装箱作业区、油品作业区等；每个作业区内有若干个货物堆场，每个堆场的面积从数千平方米到数万平方米不等，一般由混凝土六边形预制件拼装（参见图 10-28a）或者大块混凝土现浇而成。因为承载非常大，堆场混凝土层厚度一般超过 250mm。堆场设计需要考虑一定的坡度以满足排水要求，并辅之以排水暗沟渠。此外，堆场设计还要合理设置铁路和汽运交通流线，有的还设有专用起重设备，参见图 10-28（b）。

船坞是建造或者修理船只的设施，分干船坞和浮船坞两种，与港口码头联系密切的是干船坞，其工作原理与船闸类似：干船坞的三面接陆一面临水，其基本组成部分为坞口、坞室和坞首。坞口用于进出船舶，设有挡水坞门，船坞的排灌水设备常建在船坞口两侧的坞墩中，坞室用于放置船舶。当船舶进入干船坞修理时，首先向坞内充水，待船坞内与坞外水位齐平时，打开坞门，利用牵引设备将船舶慢速牵入坞内，之后将坞内水体抽干，使船舶坐落于坞内。修完或建完的船舶出坞时，首先向坞内灌水，至坞门内外水位齐平时，打开坞门，船出坞，参见图 10-29。

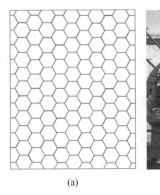
(a)

(b)

图 10-28　货物堆场
（a）预制混凝土块拼成的堆场；（b）集装箱堆场

图 10-29　干船坞码头

10.6　中国港口建设

10.6.1　古代的辉煌

我国古代文明虽然属于陆地文明，但是与海洋打交道的历史非常悠久。考古发现，河姆渡文明遗址有出土的木浆，证明中华民族的先民已经有出海渔猎的经历；他们居住在干阑式建筑内，可以肯定其船码头也是高脚干阑式的平台。

春秋战国时期，水上运输已十分频繁，港口应运而生，当时已有渤海沿岸的碣石港（今秦皇岛港）。至秦代，秦始皇遣徐福携三千童男童女出海求仙；船队出发地有河北秦皇岛和黄骅说、浙江慈溪和舟山说、江苏海州（现连云港赣榆县）说、山东登州湾（龙口市黄县）及胶州湾徐山（青岛）琅琊、成山头说。可见这些地方在当时都已有容纳船队的港口码头设施。汉代的广州港以及徐闻、合浦港，已与国外有频繁的海上通商活动。长江沿岸的扬州港，兼有海港与河港的特征，到唐朝已是相当发达的国际贸易港。宋、元崇商，对外贸易发达，广州、泉州、杭州、明州（今宁波）是当时四大海港。尤其是泉州，是著名的"海上丝绸之路"的起点。到明代郑和下西洋时，中国的造船能力居于当时世界第

郑和的宝船

哥伦布的旗舰
圣玛丽娅号

图 10-30　庞大的海船需要大码头

一，郑和的宝船与哥伦布探险船队的船只比较大许多倍❶，参见图 10-30。可以想象，造船的码头和船停泊的码头都规模宏大。

10.6.2　重塑辉煌的努力

中国在郑和之后进入闭关锁国的阶段。待帝国主义打破国门，中国沦为其原料产地和商品销售地，港口建设都围绕着这两个目的蹒跚发展。到 1949 年，全国仅有大小泊位 200 多个，其中仅沿海 6 个港口拥有深水泊位，码头长度仅 3 万多米，年总吞吐量只有 500 多万吨。

在整个 20 世纪 50 年代～70 年代初期，西方帝国主义对我国实行经济封锁，我国当时的对外贸易量非常少。沿海港口除了满足极少量的外贸需求之外，主要满足国内南北物质交流运输，因此，港口建设缓慢。到 1972 年，全国主要港口泊位数 617 个，码头长度 5.1 万 m，年吞吐量 6000 多万吨。

自从尼克松访华之后，西方封锁的坚冰开始打破，对外贸易剧增；中国猛然发现，现有港口吞吐能力远远不足，压船压货严重，为此国家每天都需向被压船的外轮赔付高额罚金。因此周总理要求三年改变港口面貌。经过三年大建港口，港口吞吐能力有了大幅提高。到 1978 年底，全国主要港口泊位数增加到 735 个，码头长度增加到 6.5 万 m，6 年间新增吞吐能力一亿多吨。

改革开放以后，我国港口建设更是驶入了快车道，短短 30 年间，完成了从名不见经传的港口小人国到世界港口巨无霸的转变。到 2008 年，以吞吐量计算，中国大陆在世界排名前十名的港口中占有五席。目前我国最大港口是上海港。

值得注意的是，因为建港条件较好的地方基本已经用完，目前我国新建港址只能选择在一些自然条件很困难的地方。比如河北黄骅港，曾是一个很平缓的海滩，距已建港口的位置 11km 处，天然水深仅 2m 多。由于泊船的需要，要把港内码头挖到－14～－13m，这也直接导致工程造价上涨。曹妃甸港每米码头要花费 25 万～26 万元，而洋山港每米码头造价更是高达一百多万元。有专家指出，须设法提高技术水平，降低工程投入，否则港口利润空间会很有限。

10.6.3　洋山港的建设

建设洋山港的原因是基于这样一个事实：当时中国最大的港口上海港的现状已经远远不能满足经济发展的需要了。上海港位于长江与黄浦江交汇处，2004 年它是世界第三繁忙的港口（前两者分别是鹿特丹和纽约）。该港的主要水道平均水深为 9m，而且容易受淤积影响，装载 5000 个标准集装箱的大船无法停泊。大型船只有时必须等 5 个小时，待潮水上涨 2m 后再驶入，以致运输出现瓶颈。为解决这一问题，另辟新港址作为上海国际航运中心的依托势在必行。

洋山港的地理位置比较优越，其位于杭州湾口、长江口外上海南汇芦潮港东南 27km 处，距离国际航线仅 104km，是离上海最近的具备 15m 以上水深的合理港址。

---

❶ 《明史—郑和传》："宝船六十三号，大者长四十四丈、阔一十八丈。"（明官尺等于 31.1cm）

洋山港的建港优势在于：海域潮流强劲，泥沙不易落淤，海域海床近百年来基本稳定。岛链形成天然屏障，泊稳条件良好，符合世界港口向外海发展的规律。通过建设跨海的东海大桥，将孤悬外海的港口与大陆连成整体。

洋山港一期工程包括港区工程、东海跨海大桥、芦潮港辅助配套工程等三部分。东海大桥总长约 32.5km，按双向六车道高速公路标准设计，桥面宽 31.5m，设计行车速度 80km/h。大桥全线设 5000t 级主通航孔（通航孔净空高 40m）和 1000t 级、500t 级辅通航孔各一处。

港区工程包括：将崎岖列岛中的数个岛屿以码头相连（岛屿作为防波堤），形成庞大的深水港口（图 10-31a）。以往海外建港多采用劈山填海的方法形成码头所需陆地，洋山港则将劈山填海变为吹沙填海，即充分利用小洋山山体作为屏障，不劈山，完全靠挖泥船在海底吸取的泥砂吹喷而出形成陆地。这些泥砂取之于海，又还于海，都是天然的海洋砂，不会对海域产生污染（参见图 10-31b）。洋山港工程一期陆域形成围填区最深处达 39m，相当于填进去一座 13 层的高楼。在短短 1 年半时间里，施工单位共抛吹填 2350 万 m^3，在海上造了 125 万 m^2 的陆地，创造了中国围海造陆规模和吹填方量之最。

(a)　　　　　　　　　　　　　　　　(b)

图 10-31　上海国际航运中心洋山深水港

(a) 施工建设中的码头和跨海大桥；(b) "新海龙" 轮在洋山港区吹填作业

洋山港码头可停靠全球最新一代超巴拿马型集装箱船舶❶，码头岸线长 1600m，码头面积 1.53km²，年吞吐能力 300 万标准箱以上。现洋山港已并入上海港，成了世界上最大的港口。

思 考 题

(1) 中国的水形势有何特点？水患和治理水患给中华民族性格带来了什么影响？

(2) 都江堰、灵渠工程是通过什么样的技术、如何实现水利的？中国古代的运河是如何发展演变的？

---

❶ 能通过巴拿马运河最大的船型称为巴拿马型，这种船一般排水量为 7 万 t，集装箱为 4000 标准箱；超巴拿马型可达 6000 箱，新一代超巴拿马型则更大。

（3）中国古代治水的思想是什么？在实际工程中是如何运用的？

（4）什么因素导致漕运最终衰败了？如果是在今天有无解决的良策？

（5）古代堵水治水使用什么方法和材料？

（6）现代水利工程中，什么是水利枢纽？水坝有何分类？什么是扬压力？如何减少扬压力？

（7）试收集资料，阐述三峡工程概况。

（8）水利水电工程对环境有何影响？

（9）港口有何主要设施？码头有何分类？各有哪些优缺点？码头有哪些布置方式？

（10）试叙述为什么要建造洋山港？有利因素与不利因素是什么？其是如何建设的？

第11章　古代园林与现代景观

现代人居设计非常关注环境对人的影响，如何营造自然优美的居住环境成为居住设计需要认真考虑的问题。在这样的时代背景下，景观设计随房地产开发而逐渐进入人们的日常生活，成为现代居住小区的重要组成要素，而景观设计则来源于古典园林。可以说，中国和西方古典园林的精华孕育了现代景观。因此，了解中、西园林的造园理念，掌握中国古代园林的造园手法和其中的文化内涵，学习现代景观设计的原则，都非常有必要。

11.1　中西方园林的源起、区别

园林主要是满足人们对于游憩、文化娱乐、起居的要求而兴建的场所。中西方园林从造园理念上存在巨大差别。中国园林的特点是：移步换景、渐入佳境、以小见大，自然、淡泊、恬静、含蓄；造景往往从立体的角度考虑。对比之下可以看到西方园林的特点：一览无余、宏大、平面呈规则的几何图案、人工雕凿痕迹明显、色彩艳丽、奔放，造景主要从平面的角度考虑。这种造园理念上的差别是因为园林的起源不同造成的。

11.1.1　规则整齐的西方古典园林

西方园林起自于西亚的古代波斯。由于西亚的气候干燥，干旱与沙漠的环境使人们只能在自己的庭院里经营一小块绿洲。而沙漠中的绿洲往往就是围绕某个喷涌的泉眼形成的。在波斯人的心目中，水和绿荫对于身处贫瘠荒沙中的他们显得特别珍贵，认为天堂（即后来基督教所说的伊甸园和古兰经中的天国）就是一个大花园，单词"paradise"即源于古波斯语"围墙环绕的花园"，花园里面应当有喷涌的泉眼，水在沟渠内潺潺流动，渠旁绿树鲜花。既然那个绿洲是与实际环境相悖的，是人工创造的，造园当然就强调它的人工属性，留下人工的痕迹。因此，其造园的特点是用纵横轴线把平地分作四块（内部可以再细分），形成方形的"田字"形，在十字林荫路交叉处设中心喷水池，水通过十字水渠来灌溉周围的植株。那个交叉处的中心喷水池就象征着富足的天池，认为是人与神相会之所，见图11-1。后来水景由单一的中心水池演变为各种明渠暗沟与喷泉，这种水的运用后来深刻地影响了欧洲各国的园林。既然沙漠地区以平坦的地势为主，缺少山地，波斯园

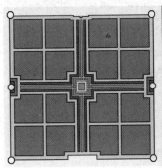

图 11-1　波斯一个围绕泉眼水池修建的绿洲花园

林的造景当然就主要从平面的角度考虑问题。固然，古巴比伦也出现过立体的空中花园，但毕竟是绝无仅有的产物，而且由于其与自然过于相悖，后彻底毁于地震。

古希腊马其顿国王亚历山大的东征促进了不同文明的交流，他的大军从希腊通过波斯远达印度，将希腊文化带到所征服地区，史称希腊化时代，但同时也吸取其他文明的精华。古希腊于公元前 4 世纪逐渐模仿波斯的造园艺术，后来发展成为四周为住宅围绕，中央为绿地，布局规则方正的柱廊园。随后希腊的园林为古罗马所继承，他们不仅继承了以建筑为主体的规则式轴线布局，而且出现了整形修剪的树木与绿篱，几何形的花坛以及由整形常绿灌木形成的平面迷宫，见图 11-2、图 11-3。

图 11-2　古罗马府邸花园的图画

图 11-3　罗马乡村别墅花园的喷泉

11.1.2　自然写意的中式园林

中国古典园林建造的起源不是为了简单地营造一个人工的绿洲和水景，而是为久居深宫和闹市的君王、士大夫提供农耕、狩猎等贴近自然的活动场所。其起自何时至今尚无明确的定论，传说夏的最后一个君主桀在后花园造"酒池肉林"，与宫妃嬉戏追逐其间。如属实，当为最早的人造园林了。甲骨文是商代留存的中国文化的纪录，与园林有关的园、圃、囿等字已经出现于甲骨文中。这三个字分别代表栽种果树、菜蔬花木和放牧百兽之地❶。

因此，耕种、欣赏、采摘、捕猎活动中的游乐性质确定了园林中应当出现的几样事物：山、水、植物、动物、潜藏、搜索……人欲完全置身这样的活动中，于是在这环境中修建提供居住的建筑。既然游玩有兴，就值得用文字记录心境与人同赏。由此，也就确定了中国古代园林的六个组成要素：筑山、理池、植物、动物、建筑、文字书法（匾额、楹联与刻石）。既然是追求贴近自然，造园的原则就是不留人工痕迹。自然决定了园林中充满不可预见的变化，各组成要素不是一览无余的，而是相互掩隐的。

除了人工与自然风格的差别外，中、西造园艺术还有一个巨大差别，就是西方园林写实、中式园林写意。

---

❶ 《周礼》："园圃树果瓜，时敛而收之。"《说文》："囿，养禽兽也"，"种菜曰圃。"《周礼·太宰》："树果蔬（音 luǒ，意：草本植物的果实）曰圃。"《周礼地官》："囿人，……掌囿游之兽禁，牧百兽。"说明囿的作用主要是放牧百兽，以供狩猎游乐。

11.2　中式园林的特点与构筑

11.2.1　中式园林的分类与写意特点的形成

中国园林在其发展过程中，形成了皇家园林和私家园林两大系列。皇家园林宏大、严整、堂皇、浓丽，而私家园林则以小巧、自由、精致、淡雅、写意见长。按照地域特点又可分为北方园林、南方园林、岭南园林等。

在园林发展的早期阶段，帝王拥有广袤的苑囿，例如秦汉的上林苑，苑内人工产物相对很少，除开挖的太液池、堆成的神山和建筑，森林植物是原始的，山水动物也大都是自然真实的，故这时中国园林主要是写实的。

魏晋南北朝时期，是中国古代园林史上的一个重要转折时期。文人雅士厌烦战争和政争，玄谈玩世，寄情山水，风雅自居。豪富们纷纷建造私家园林，把自然式风景山水缩写于自己私家园林中。这些私家园林不同于帝王苑囿，因范围和财力都有限，例如不能将自然的山收于园中，只能叠石为山；不能将自然的江河收于园中，只能以池塘水洼模拟湖泊河流，这样山水的构筑就只能写意了；有如象形文字，看着相似但不严格相像，意思到了就行了。这时期，产生了许多擅长山水画的名手，他们善于画山峰、泉、丘、壑、林和云雾等，见图 11-4。为此，在山水画的出现和发展的基础上，由画家所提供的构图、色彩、层次和美好的意境往往成为造园艺术的借鉴。以后，私家园林特别受到唐宋文人写意山水画的影响，画家将大尺度山水浓缩于一画之内，而造园则将大尺度的山水浓缩于一园之内，呈现"移天缩地"之功力，是文人写意山水模拟的典范。

清代康熙、乾隆多次下江南，对江南私家园林的精巧写意非常欣赏，在圆明园、清漪园中大量模仿，故发展到晚期的皇家园林，也大量地汲取了私家花园的"写意"手法。

11.2.2　中式园林的组成要素与构景

筑山是中国园林不可缺少的构景要素之一，宋代以后园林审美情趣对假山石的要求是所谓瘦、透、漏、皱。瘦是孤峙无依，透就是彼此相通，似有道路可行；漏是指石四面有眼，挺立秀削；皱是指石身褶皱形同云立，纹如波浪，体现变化美。山石除了本身构景之外，还有一个非常重要的作用，称之为抑景。

抑景是指不让人一眼就看到最好的景色，最好的景色往往藏在后面，即"先藏后露""欲扬先抑""山重水复疑无路，柳暗花明又一村"。采取抑景的办法，才能使园林移步换景，显得有艺术磁力。景致前挡以山石的处理叫做山抑，见图 11-5。

图 11-4　古人勾画的写意山水

图 11-5　山石与山抑处理

水景的处理在中国园林中称为理池。水对园林构景的艺术影响力非常大，著名的苏州拙政园，水面面积占全园面积五分之三。

理水之法，一般有三种：一曰掩，指以建筑和绿化，将曲折的池岸加以掩映，使人产生水面很大的错觉；二曰隔，指以桥、堤、步石横断于水面，如此则可增加景深和空间层次，使水面有幽深之感；三曰破，指当水面很小时，可用乱石犬牙交错，并植配以细竹野藤、朱鱼翠藻，破坏水面的完整，那么虽是一洼水池也显得充满变化。因此，临水建筑皆前部架空挑出水上，水犹似自其下流出，或临水杂木迷离，造成池水无边的视觉印象，见图11-6。

(a)　　　　　　　　　　　　　　　　　　(b)

图 11-6　理池中的处理手法
(a) 隔和掩；(b) 掩和破

图 11-7　月夜下的水景

宋代朱熹有诗称："半亩方塘一鉴开，天光云影共徘徊，问渠哪得清如许，为有源头活水来。"可见活水之美。活水在财力和技术上都不是容易做到的事情，尤其是缺水的北方。即使是王公大臣，园林活水只有在特殊情况下才采用。清代北京的宅园中引入活水须得到皇帝特许。

既然活水如此难得，自然式园林便以表现静态的水景为主，以表现水面平静如镜或烟波浩渺、寂静深远的境界取胜。在中国造园理念中，即使是静水，也能获得动态的艺术效果：满池清水倒映着园中的景色，随风泛起涟漪，随着一天中时间的变化，景色也跟着变化，待到皓月中天时，月光、灯光、池水波光交相辉映，蛙鸣阵阵，具有说不尽的诗情画意，形成了静中有动的艺术效果，见图11-7。

花木犹如山峦之发，水景如果离开花木也缺乏美感。对花木的选择主要根据园主追求的精神境界，欣赏其姿、色、香。竹子因有节且坚韧，象征气节高尚；松树四季常青生命旺盛，象征坚强和长寿；梅开放于腊月，与众不同；松、竹、梅并称"岁寒三友"（图11-8），象征了人品的高贵和超凡脱俗，是一些园主喜爱采用的植物种类。古代官员服装颜色代表了等级，以紫色布绸最难漂染，故唐代定紫色为等级最高官员的服色。于是，中国传统文化中，一般黄色、紫色、花朵大和珍稀的花品，例如桂花、紫薇、牡丹（图11-9a）、玉兰等，往往代表富贵和高官厚禄。此外，莲花象征洁净无瑕（图11-9b），兰花象征幽居隐士；石榴象征多子多孙。

图11-8　岁寒三友——松、竹、梅

花木在园林构景中常用作所谓"夹景"与"添景"处理。

夹景是指当风景点（山、塔、桥等）在远方，它们本身都很有审美价值，如果视线的两侧大而无挡，就显得单调乏味，如果两侧用建筑物或树木花卉屏障起来，引导视线指向风景点，这种构景手法即为夹景。图11-9（c）即为画面两侧的树木对远处的建筑作夹景处理。如果没有夹景，画面将显得非常单调乏味。

(a)　　　　　　　　　　(b)　　　　　　　　　　(c)

图11-9　分别代表富贵、洁净的花木以及花木的添景与夹景

添景是指当风景点在远方，如没有其他景点在中间、近处作过渡，就显得虚空而没有层次；如果用乔木、花卉在画面的中间、近处作为过渡景，则景色显得有层次美，这中间的乔木和近处的花卉，便叫作添景。图11-9（c）即为画面近处花草作添景处理。

动物之供围猎的作用从苑囿阶段转换到私家园林后已经消失了，由于食物供应、卫生等原因，私家园林中饲养的动物种类有限，主要是色彩斑纹的金鱼和一些毛色鲜艳的水禽，如鸳鸯、绿头鸭、白鹅等，见图11-10。现代也有用仿真雕塑替代真实珍稀动物的情况。

建筑形式在中国自然式园林中是多种多样的，有堂、厅、楼、阁、馆、轩、斋、榭、舫、亭、廊、桥、墙等；建筑名称的不同体现了不同的功能和建造特点。

厅堂是园主在园内待客与集会活动的场所。厅堂一般坐北朝南，向南望是全园最主要景观，其形式见图11-11（a）。

阁原指底部架空、四周设隔扇或栏杆回廊，供远眺、游憩、藏书和供佛之用的楼房，

图 11-10　水禽与游鱼

厅堂通常建于水面开阔处，临水一面多构
筑平台，这成为明清时代构园的传统手法

(a)

楼阁在视野内要有可赏之景，其体量处理要
适宜，避免造成空间尺度的不和谐而损坏全园景观

(b)

图 11-11　厅堂、楼阁的处理方法

也专指藏书之地，参见图 11-11（b）。现在楼与阁已经接近通用，很难说清如果将黄鹤楼
称为黄鹤阁或者将滕王阁称为滕王楼有何不可。园林的布局要考虑从楼阁高处视角赏析的
要求。

　　馆可供宴客和供客人留宿之用，与厅堂稍有区别。大型的馆，实际上是主厅堂。也有
将园林中的一个小院及其内建筑统称为馆的，例如《红楼梦》中的潇湘馆。

　　斋则供读书用。其环境要求安静，见图 11-12（a）。对环绕建筑的花木品种要精心选
择，既要求树高叶茂保证隐蔽性，还要寄意园主的追求。常附以小院，植芭蕉、梧桐等阔

斋的环境当隐蔽清幽，尽可能避开园
中主要游览路线。建筑式样崇尚简朴

(a)

园林中榭建于水边或花畔，一般多开
敞或设窗扇，以供人们游想、眺望

(b)　　　　　　　　　　　　　(c)

图 11-12　斋和榭的运用

叶树木和花卉，以创造一种清静、淡泊的情趣。

榭原指在高土台或水面（或临水）上的房屋，也指无室的厅堂，为藏器（乐器或兵器）或讲军习武（古有所谓"将谋于榭"的说法）的处所。在园林中以水榭居多，水榭一般要三面环水，见图11-12（c）。

轩是指有窗槛（音 jiàn）的、玲珑精致的小屋，现在往往也做成无门扇开敞的形式，供游园时憩息用，见图11-13（a）。

轩往往也做成无门开敞的小屋。室内简洁雅致，室外或可临水观鱼，或可品评花木，或可极目远眺

舫大多将船舱的造型建筑化，在体量上放大船舱，便于在内部建筑空间的活动，并注意与周围环境和谐协调

(a)   (b)

图 11-13 轩与舫的运用

舫是仿造舟船造型的建筑，常建于有相对较开阔水面的池中，见图11-13（b）。出于对水景素材的偏爱，南方和岭南园林常在园中造舫。比较著名的舫有南京煦园不系舟（太平天国天王府遗物）、苏州拙政园的香洲等，都是舫中佼佼者。

亭是一种完全开敞的小型建筑物。亭者，停也，主要供人休憩观景。亭在园林建筑中体量最小，因此在造园艺术中也应用最广泛，其在园林空间上也容易安排，见图11-14。有时可以与桥共处、与廊相通。由于是游人停留之处，对周围景致的构景要求较高。

亭在空间上独立自在，可立山巅、傍岩壁、枕清流、临涧壑、处平野、藏幽林。体型或圆或方或角，用材或木或竹或石……

图 11-14 园林中亭的运用

桥在园林中讲究造型，一般采用拱桥、平桥、廊桥、曲桥等形式，它不但有增添景色的作用，而且用以隔景，在视觉上产生扩大空间的作用。也就是说，桥在交通上起联络空间的作用，在视觉上起分隔空间的作用，见图11-15。

图 11-15　园林中桥的联络作用与分隔空间作用

路、廊在园林中不仅有交通的功能，更重要的是有引导观赏的作用。中国园林的路宜曲不宜直，有所谓"曲径通幽处"之妙，见图11-16（a）；其可引导游人移步换景，仔细品味周围景色。廊是独立有顶的通道，有单廊（图11-16b）与复廊（图11-16c）之分。其既可使游人免曝晒和雨淋，又可合理分隔安排园林的空间和景致；可以蜿蜒曲折，也可以高低起伏。

单廊若在庭中，可观赏两边景物；若在庭边，墙上通常有碑石可以欣赏书法字画。复廊于中间分隔墙上开设众多花窗，两边可对视成景，既移步换景，又改变了园林的空间

(a)　　　　　　　　　　　(b)　　　　　　　　　　(c)

图 11-16　园林中的路和廊

园墙是围合空间的构件。园林中的建筑群又都采用院落式布局，园墙是不可缺少的组成部分。此外，园林通常在园墙上设漏窗、洞门、空窗等，形成虚实对比和明暗对比的效果，并使墙面丰富多彩。空、漏窗的外形可以是长、圆、扁等各种形状。漏窗的花纹图案也是灵活多样，见图11-17。

"框景"和"漏景"是中国园林构景手段的两种重要手法，一般是借助建筑和围墙上的门窗完成的。门、窗、洞，甚至乔木树枝抱合成的框景，往往把远处的山水美景或人文景观包含其中，类似画藏于框中，这便是框景。而透过漏窗的窗隙，可见园外或院外的美景，这叫作漏景。在"框景"和"漏景"中，随着观景者与门窗距离的不同，框中与漏出的景致是变化的，这也体现出中国古典园林移步换景之妙处，见图11-17。

匾额、楹联与刻石是中国园林的特色之一，也是其写意性的一个具体体现。由于中国

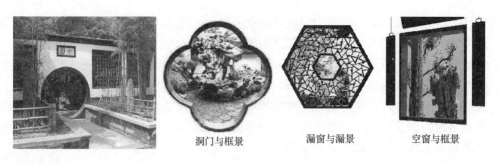

洞门与框景　　　　漏窗与漏景　　　　空窗与框景

图 11-17　建筑和围墙上的洞门、漏窗和空窗

园林构景含蓄，一个景象，不同的人观察得到的体会可能各不相同，园主往往寄托文字给与提示，以期引起游人与自己情感上的共鸣。

匾额是指悬置于门楣之上的题字牌，楹联是指门两侧柱上的竖牌，刻石指山石上的题诗刻字。园林中的匾额、楹联及刻石的内容，主要反映园主的立意和园林的景象，多数是直接引用前人已有的现成诗句，或略作变通。苏州拙政园远香堂的名字就取自周敦颐《爱莲说》之"香远益清"一句。匾额、楹联内容的产生过程，我们可以借鉴古典名著《红楼梦》对大观园的描写，从中有所领略❶。由名家手书的匾额尤其珍贵，例如长沙的"爱晚亭"系毛泽东手书。这些出现在园林中的文字和书法，不仅能够陶冶情操，抒发胸臆，也能够为园中景点增加诗意，拓宽意境，见图 11-18。

(a)　　　　　　　　　　(b)

图 11-18　中国园林的文字和书法意境

(a) 匾额题词与楹联；(b) 刻石

11.2.3　中式园林的赏析方法

中国造园艺术到明清时发展到鼎盛期，理论上有重大突破。明崇祯年间江苏吴江人计

---

❶ 《红楼梦》第十七回"大观园试才题对额，荣国府归省庆元宵"介绍：贾政带着宝玉、贾珍和一些门客巡视为迎接元妃省亲而新建的园子。其中一处院内栽有很多潇湘斑竹，宝玉题名为"有凤来仪"，这取自《尚书·益稷》"箫韶九成，凤凰来仪"。箫韶为舜制的音乐，这里说箫韶之曲连续演奏，凤凰也随乐声翩翩起舞。传说凤凰以竹为食，故宝玉见竹子联想到凤凰，凤凰比后宫，"有凤来仪"意为凤凰来此栖息，此题有称颂元妃省亲之意。又来到另一个院内，主房门前各植一株芭蕉和一株海棠。一门客题"蕉鹤"，借鹤顶红形容海棠；一客题"崇光泛彩"，形容蕉叶润滑泛光。众人都称好，只有宝玉道："此处蕉棠两植，其意暗蓄'红''绿'二字在内。若只说蕉，则棠无着落；若只说棠，蕉亦无着落。固有蕉无棠不可，有棠无蕉更不可……依我，题'红香绿玉'四字，方两全其妙。"元妃游园后，对各院择其喜者赐名。题其园之总名曰"大观园"，正殿匾额云"顾恩思义"，对联："天地启宏慈，赤子苍生同感戴；古今垂旷典，九州万国被恩荣"，这是感谢父母养育和叩谢皇帝隆恩准许省亲。又把"有凤来仪"改为"潇湘馆"，"红香绿玉"改作"怡红快绿"，赐名"怡红院"。

成写成《园冶》一书，是一部有关园林建筑的系统性的总结性的专门著作。全书共三卷，计三万多字，并有插图两百余幅，不仅介绍园林组成要素本身的构建技术，还介绍了它们组合的构景原则。上面介绍过的抑景、添景、夹景、框景、漏景等构景手法即为计成所提炼。此外，计成还总结了另外两种赏景与构景的手法——对景和借景。

对景既是一种构景手法，也是一种赏景手法。对于构景来说，指景观在构筑时要注意不同景点之间的相互对应，不要此有彼无，形成景点的不对称。从赏景的角度说，即所谓从甲景点观赏乙景点，又从乙景点观赏甲景点的观赏方法，寓意人生如同游园一样，要善于站在对方角度看待问题。实例如图 11-19 所示，（a）图看到的世界是圆的，（b）图看到的世界是方的，方的、圆的景象都是不全面的，只有经过对景过程，才能领略全面真实的环境。当然我们还可以从中获得其他人生感悟，例如管中窥豹，可见一斑……最美的永远是局部……中国园林中寓意了许多哲理问题，需要人们在游赏过程中细细体会。

二维码11-1 构景一

二维码11-2 构景二

(a)   (b)

图 11-19 对景实例

借景是指要善于借助园林之外或者一些随时变化的因素构筑或者欣赏园林景色。因为任何园林的空间都是有限的，景致也是有限的，只有在时间和空间各方向上让游人扩展视觉和联想，才可以小见大，丰富眼界；最重要的办法便是借景。所以计成在《园冶》中指出"园林巧于因借"。借景有远借、邻借、仰借、俯借、应时而借之分。

远借是指借遥远处的山；借邻近处的大树叫邻借；借空中的飞鸟叫仰借；借池塘中的鱼，叫俯借；借四季的花、落叶或其他自然景象，叫应时而借，见图 11-20。

(a)   (b)   (c)

图 11-20 借景的实例

(a) 远借与邻借；(b) 俯借；(c) 应时而借

游园赏景一方面要参照造园的一般原则，体会造园者的心境和构景意图；另一方面游人也要善于联想，自行开发赏园意境。每个人都可根据自己对自然、对文化的理解，同时结合自己现实的心情，提炼所观赏的景致。图 11-21 为两个赏景实例。图 11-22 为我国著名园林的景观，读者可根据本章前面介绍的内容，尝试赏析构园手法与图画意境。

图 11-21　赏景的实例
（a）植物做框景；（b）落叶做俯借

图 11-22　中国著名园林的景色
（a）苏州网师园；（b）苏州怡园；（c）苏州拙政园

中国园林建筑艺术是我国灿烂的古代文化的组成部分。它是我国古代劳动人民智慧和创造力的结晶，也是我国古代哲学思想、宗教信仰、文化艺术等的综合反映，获得西方造园界的高度赞誉。其造园理论在经历了漫长的提炼之后，今天已经被我们所继承和发展，在现代景观中予以发挥应用。

11.3　现代园林小品与城市景观

11.3.1　西方现代园林的演变

从文艺复兴时期开始，欧洲单个园林规模扩大。到法国的路易十四称霸欧洲的时代，欧洲的园林出现新的飞跃，凡尔赛宫开始兴建，园内一切都突出表现人工安排，布局规划方整端正，充分显示出人类征服自然的成就与豪情壮志。所以，西方园林的风格是场面宏大且一览无余，道路笔直或者变化呈现规律性，造园处理不营造神秘感，故有人说西方园林是从空中欣赏的艺术，见图 11-23。

此后的数百年内，凡尔赛宫园林成为欧洲各王室园林竞相模仿的对象，巴洛克艺术在

图 11-23　空中欣赏的西方园林

欧洲园林中得到了尽情的展现，这种几何的欧洲古典园林达到了它辉煌的高峰，其影响甚至达到中国。传教士郎世宁为乾隆监造的圆明园海晏堂就是巴洛克风格的园林，万花阵的迷宫也有欧洲园林的痕迹，传说为香妃祈祷之所的方外观，我们也能看到巴洛克和西亚园林的烙印，参见图 11-24。

(a)　　　　　　　　　　　(b)　　　　　　　　　　　(c)

图 11-24　圆明园内的域外园林景观——欧式的万花阵、海晏堂和伊斯兰风格的方外观
（图来源于网络上流传的圆明园复原景观）
（a）万花阵；（b）海晏堂；（c）方外观

在英国，18 世纪出现了由地方政府或独立委员会负责出租的小块配额土地，其初衷是为某些个人自己种植蔬菜食物提供场所。但是，工业革命开始后，被污染和拥挤的城市折磨得透不过气来的人们向往自然的景致甚于食物，后来一些这样原用于种菜的配额土地被人开发成了为城乡人们提供游乐的商业花园。例如，1732 年，英格兰公布了扩大伯明翰市区的规划，城市由种植蔬菜食物的配额出租绿地环绕着，后来演变成了环城花园，直至今日，某些这样的绿地依然存在，参见图 11-25。1876 年，英国议会通过法律，删减穷人自耕地以满足上述配额绿地的需要，从法律上肯定了配额绿化带的作法，这促进了英国园林的发展。

图 11-25　现存的英国配额绿地

此外，英国的园林还受到另一方面事物的很大影响，就是此时的英国已经拥有广袤的海外殖民地和广泛的海外贸易，其视野已经超出欧洲的局限。当一种文明强大时，它往往有更强大的自信去吸收其他文明的长处，从而使自身更为完善、更为强大。此时，从美洲无尽的原始风光到亚洲的奇花异草，开始丰富英国园林的内涵。仅从中国，探险家们就先后引入了上千种珍奇植物；尤以菊花和月季最受重视，因为菊花盛开于秋天花少的季节，而月季则在温暖气候下四季都开花（中国俗称月月红，它先从广州被带到了印度再转到欧洲，一度被认为原产自印度），作为时令花卉，它们的观赏价值都十分突出。此后，从掠夺和贸易中获得了巨大财富的贵族和富豪乐于构造具有异域风格的花园，用以展示各种来自异域的珍奇花草，于是出现了所谓探险园，参见图 11-26 （a）、（b）。

(a)   (b)   (c)

图 11-26   18、19 世纪的英国探险园、自然风致园

（a）英国第二家探险园；（b）专展北美洲风物的探险园；（c）"能人"布朗在谢菲尔德构造的园林

开放的眼界也触动了英国园艺界的造园理念，尤其是中国园林的自然风格给他们留下了深刻印象，英国涌现出一些有创造性、离经叛道的园艺家。著名的诗人兼园艺家蒲柏（Alexander Pope）首先将革命的矛头对准了园林中的人工痕迹，呼吁英国人在造园时参考真实的自然，表达出对自然和自由的热爱。一个仆人出身的园艺家布朗（Lancelot Brown）在造园实践上造诣很深，由于他能够满足不同客户的各种需求而获得了"能人（Capability）"的绰号。他受东方园林的启示，造园时废除了灌木篱墙、栅栏和整齐划一的植物栽种，池塘岸边作了崎岖蜿蜒的处理，见图 11-26 （c）。此后，在园林引入中国元素如此时髦，以致出现了一种被法国人称为"英中式园林"（Jardin Anglo-Chinois）的造园风格，这股风潮传遍了欧洲。由于缺乏完整正确的了解，一些所谓"中国式"的景象（例如亭子等）经过别出心裁的发挥，沦为了一种不伦不类、格调庸俗的怪物。英国人钱伯斯（William Chambers）在广州实际看到了中国园林后，于 1773 年著书《东方园林论述》（A Dissertation on Oriental Gardening），书中对比中国园林，对布朗一派的田园风景之类的作品斥之为肤浅。钱伯斯指出：中国造园同样是取法自然，其作品能够如此之深刻，是因为中国造园家具有渊博的学识和高深的艺术素养，而布朗等人是蔬菜园艺家兼搞园林创作。

英国园林中的人工痕迹减弱而偏向自然风物后，被称为英国自然风致园，这种园林发展衍生出了当代美国新园林，也就成为现代景观的雏形。应该说，东西方造园艺术之间的影响并非单向的，而是相互的，这可以从"鸽子树"的传奇窥见一斑。

19 世纪末，欧洲人从一张传教士自中国寄回的照片上发现了一种不知名的乔木，枝叶上盛开着许多形如白鸽的美丽花朵，西方人痴迷地称之为"鸽子树"（dove tree）。1899

年，英国园艺学者威尔逊（E. H. Wilson）受遣踏上了中国土地，在传教士拍照的湖北四川等地搜寻鸽子树。威尔逊在历时数年的探险旅行中，逐渐认识到中国花卉对世界各国园林产生的举足轻重的影响。鸽子树——珙（gǒng）桐的种子被威尔逊找到后，培植繁衍于英国乃至整个西方，广泛栽种在园林和林荫道旁，成为世界著名的观赏树木。1913 年，威尔逊著书《一个博物学家在华西》，此书在 1929 年再版时易名为《中国——园林之母》（图 11-27）。半个多世纪以来，"中国是园林之母"这个提法，已普遍被植物学者和园艺学家所接受。1954 年，周恩来总理赴瑞士参加日内瓦会议期间，对旅馆园林内的鸽子树大为赞赏，在获悉了它其实来自中国后，立即布置寻觅树种并在园林和林荫道广为推广。被西方人发现的植物奇葩又回来丰富了中国园林的内涵。

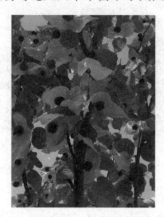 

图 11-27　威尔逊带到西方的鸽子树和他的论著

11.3.2　现代景观的组成要素及与中国古典园林要素的关系

现代景观与中国古代私家园林有显著不同。首先由于景区环境相对广大，不再突出强调一些遮掩手法，可以更加彰显自然界开阔的一面和各种色彩、形状、种类的搭配，参见图 11-28。也由于环境的扩大，有足够的空间施展变化，不必再追求写意的怪诞，更加注重写实手法。建筑的平面尺度、高度都大大增加，欣赏景观的角度也发生了变化，需要考虑新的视角。现代艺术设计景观的基本成分可分为两大类：①软质景观，如树木、水体、和风、细雨、阳光、天空等；②硬质景观，如铺地、墙体、栏杆、各种景观小品构筑等。

图 11-28　现代景观开敞的视觉效果

软质景观通常是自然的，包含了中国古代园林中组成要素中的理池、花木、动物以及构景手段中的各种借景。硬质景观通常是人造的。当然也有例外，山体是硬质的，但有时它是自然的。总结起来，硬质景观大致包含中国古代园林组成要素中的筑山、建筑等。

11.3.3 景观设计中的硬质景观

铺地是园林景观设计的一个重点，要尽量发挥铺装对景观空间构成所起的作用，不需片面追求材料的档次，可利用铺装的质地、色彩等来划分不同空间，产生不同的使用效应，见图11-29。除了交通和视觉效果外，还出现了一些新理念；如在一些健身场所可以选用一些鹅卵石铺地具有按摩足底之功效。盲道应加以区分，从而方便盲人行走。

图 11-29　现代景观的铺地实例

墙体的形式和种类都发生了很大变化。砖、石墙多采用诸如蘑菇石等各种贴面，提高了实墙面的装饰性墙，虚墙面则大量采用玻璃等材料，做到实者更实、虚者更虚。一些浮雕墙和一些只具备象征意义的墙也受到人们的青睐；甚至出现了用墙状的鱼缸来满足墙体功能的实例，尤其在夜晚鱼缸内灯光的投射下，墙体晶莹剔透，游鱼攒动、水草摇曳，煞是喜人。总而言之，随着时代的发展，墙体已不单是一种防卫、隔绝的象征，它更多的作用是将不同的景观予以划分，使空间更加规则，给人以一种艺术感受，见图11-30。

(a)　　　　　　　　　　　(b)

(c)　　　　　　　　　　　(d)

图 11-30　各种墙体实例

(a) 通透的玻璃墙面；(b) 浮雕墙面；(c) 隔音墙；(d) 只具备象征意义的矮墙

景观小品是现代景观的重要组成要素。园林小品的种类繁多，如坐凳、花架、雕塑、灯柱、健身器材等。另外，在传统园林中被归于建筑范畴的凉亭、水榭等，归于筑山范畴的假山，在现代景观中也都可归于小品的范畴，见图11-31。

图 11-31 各种景观小品

作为现代技术的产物，灯光柱可以为夜间景观增添无限魅力。这是古代园林构景手法无法比拟的。有的情况下，一截玻璃灯光短墙也起到同样作用，这时，你很难说这一截短墙仅仅属于围墙范畴而不属于景观小品。

植物造景比传统园林有了较大区别。现代景观设计更善于综合利用乔木、灌木、藤木、草本植物来造景，并发挥植物的形体、线条、色彩等自然美，配置成一幅美丽动人的画面，供人们观赏。植物造景区别于其他要素的根本在于它的生命特征，这也是它的魅力所在。所以对植物能否达到预期的体量、季节变化、生长速度要有深入细致的考虑，此外还不能忽略植物栽植地点、小气候、外部干扰等众多因素。

由于现代植物移植技术的提高，一些特殊地理条件下的植物也能够大规模移植，极大地丰富了景观植物种类。因此，在确保成活率高的基础上，可以充分利用植物造景，形成疏林与密林相结合、天际线与林缘线优美、植物群落搭配美观的园林植物景观，见图11-32。

西方草坪对现代景观设计中植物选取影响很大，一度有取代野草之势。其优势是造景整洁，色彩鲜艳；然而，草坪的价格昂贵且对护理要求高，对水的需要量也大，使用太频繁也显单调。野草生命力旺盛，能自主繁殖，有草籽吸引飞鸟落下，且遮掩效果好，自身的优势明显，现广为提倡。

水景设计与古代园林之理水比较有两个特点：一是更加注重动态水的使用；二是干脆作枯水处理。

动水处理包括喷泉、瀑布、溪涧等。现代景观构筑理论认为：单纯的静水难保水质，而且滋生蚊虫，视觉感受单调不足，且无听觉感受。与传统园林的静水比较，动水能保证水质和环境，现代技术上也已经能够提供支持。在现代水景中，尤其以喷泉和瀑布的应用可谓普遍与流行。喷泉和瀑布可利用光、声、形、色等产生视觉、听觉、触觉等艺术感

图 11-32　植物造景实例

受，使生活在城市中的人们感受到大自然洁净的流动水的气息，见图 11-33。

图 11-33　各种动态水景——喷泉、瀑布、溪涧

　　枯水处理是考虑静水的水质差、易生蚊蝇，但动态水的代价太过昂贵，故现代景观有时采用这样的处理方法：在设计为水景之处铺放卵石，但平时部分或完全裸露滩岸，形成所谓枯水景。这样的水景在雨季时有浅水，一旦天晴数日，就成干涸状。这种枯水处理手法来自日本园林，采用后确实可以形成独特的艺术效果，见图 11-34。

图 11-34　水景的裸岸与枯水处理

　　在南方炎热地区，住宅小区中还可结合水上娱乐设施构筑水景，既起到美化环境的作用，又提高住宅小区的品质档次。此外，结合植物变化装饰水景，湖岸不再一定拘泥于中国古代园林的遮掩手法，而可以采用几何划一的处理手段，岸边或水榭或栈桥，配以多种植物，植物高低搭配，布置整齐划一，也体现一种韵律美感，见图 11-35。

(a)　　　　　　　　　　　　　　　　　　(b)

图 11-35　水景的其他处理
(a) 水景与水上娱乐设施结合；(b) 水景与植物的结合

　　在现代，除了为住宅小区提供环境装饰外，现代景观设计还装饰各种休闲广场和一些大型餐饮、商业办公区域。

　　在广场设计中，采用立体造型比平面处理更加能拓展游人的视野，植物则少采用高大的、叶密的树木，多采用草坪和低矮的灌木，增加广场的视线通透性。通过植物色彩的改变来避免景观单调，如有水景则一般均采用气势磅礴的瀑布、喷泉，见图 11-36。

图 11-36 城市广场的景观实例

　　大型商业写字楼的层数一般非常高，体积庞大，需要配备一定绿化景观面积。与之配套的景观采取的风格一般整齐庄重，用材档次高。而餐饮行业的景观则尽量色彩艳丽、构景自由无拘束，营造一种轻松自然的气氛，见图 11-37。

(a)　　　　　　　　　　　(b)　　　　　　　　　　　　(c)

图 11-37　商业与餐饮行业的景观设计

(a)、(b) 商业写字楼的景观往往雄浑、整齐、庄重；(c) 餐饮行业的景观往往轻松自然

11.4　后工业景观

二维码11-3　后工业景观

　　工业化是指工业生产活动在国家或地区国民经济中取得主导地位；而后工业化则是服务业的产值和就业超过工业和农业的情况，这是经济发展进入发达行列的一个标志；两者都是人类文明发展的重要进程（注意：后工业化不一定是去工业化）。在后工业化地区的城市改造，其景观建设是否有必要片面追求自然、消除人类的工业化痕迹呢？答案是否定的，近年来，后工业景观应运而生。

　　后工业景观是指工业生产活动停止后，对遗留在工业废弃地上的各种工业设施、地表痕迹、废弃物等加以保留、更新利用或艺术加工，并作为主要的景观构成元素来设计和营造的新景观。这些工业设施可以是工厂、矿山等。设施包括生产设施、仓储设施、交通运输设施、动力设施、给水与污水处理设施、管理与公共服务设施等。

　　北杜伊斯堡景观公园位于德国鲁尔工业区的杜伊斯堡，建造于 1991 年，其原址是煤矿、炼焦及炼钢厂的集合体，百年的工业生产使周边地区严重污染，于 1985 年废弃。园林的建设目的是为了理解过去的工业，而不是拒绝。

　　该园林设计中将游乐设施与原来的工业设施结合得非常好。例如，废旧的贮气罐被改造成潜水俱乐部的训练池；用来堆放铁矿砂的混凝土料场，被设计成青少年活动场地，墙体被改造成攀岩者乐园，参见图 11-38；一些仓库和厂房被改造成迪厅、音乐厅，交响乐演出可以利用巨型的炼钢炉作为背景。著名的埃姆舍尔河曾经是鲁尔工业区污染最严重的主要排污河。经过治理以后，它已变成了一条供游人泛舟游览的河流，河流滨水区的整体改造与设计使这个休闲园区充满了魅力。园林设计者彼得·拉茨也因此设计于 2000 年获得第一届欧洲景观设计奖。

图 11-38 德国北杜伊斯堡风景园

(a) 料仓花园中的儿童活动场地；(b) 料仓改造的攀岩场地；
(c) 保留的铁路和车辆；(d) 净化水池和净化水渠

随着我国城市化和现代化发展进程，我国的后工业景观也不断涌现出很好的范例。例如首钢工业遗址公园、上海宝山区钢雕公园和黄石国家矿山公园等。

思 考 题

(1) 中西方园林各有何主要特点？差别产生的原因是什么？
(2) 中国园林的组成要素是什么？
(3) 中国园林都有什么构景、赏景的手法？
(4) 英国园林都有哪些演变经历？
(5) 与中国古代园林比较，现代景观都有哪些特点？对水景有哪些不同的处理？

第12章　绿色建筑与未来建筑

所谓绿色建筑，又称为可持续发展建筑、生态建筑、回归大自然建筑、节能环保建筑等。在这里，绿色的核心是生态和节能。

中国目前每年城乡新建建筑竣工面积近 15 亿～20 亿 m^2。到 2020 年底，全国房屋建筑面积比 2006 年新增 250 亿～300 亿 m^2。如果延续 2006 年的建筑耗能状况，每年将消耗 1.2 万亿 $kW \cdot h$ 电和 4.1 亿 t 标准煤，接近目前全国建筑能耗的 3 倍。加上建筑材料的生产耗能，建筑总能耗约占全社会总能耗的 46.7%。因此，建筑节能是土木工程界面临的一个重要课题。此外，除了建筑使用阶段的节能技术措施之外，建造过程的绿色化和减排提效也提上了日程，建筑工业化和施工装配化、建筑结构数字化、BIM 技术以及 3D 打印建筑都在飞速发展。并且，随着网络技术和自控技术的发展，人们已经可以自动控制或者远程控制建筑的设备（包括节能设备）、建筑内的其他（诸如办公）设备、防火系统、保安系统等，开始实现建筑使用的智能化。环保、节能和智能是未来建筑的发展趋势。

本章将介绍涉及建筑节能和建筑智能化的概念、新设备和新技术。此外，本章还将介绍为解决未来城市问题而可能出现的建筑结构方案。这些新技术和建筑结构方案有可能在未来若干年内，使得我们这个世界上的建筑以全新的面貌出现。

12.1　绿色建筑的节能技术

12.1.1　围护结构节能技术

1. 热传递方式

热传递是物质内热量转移的过程，也是造成建筑热量流失的原因。热传递的方式有三种，分别是热传导、热对流和热辐射。

热传导是热量从系统的一部分传到另一部分或由一个系统传到另一系统的现象。

对流是流体（液体或气体）中较热部分和较冷部分之间通过循环流动使温度趋于均匀的过程。

热辐射是指物体因自身的温度而具有向外发射能量的能力，这种通过辐射实现热传递的方式叫作热辐射。热辐射以电磁辐射的形式发出能量，温度越高，辐射越强。

在了解了热传递的知识之后，我们就大致知道了建筑节能技术的关键就是在考虑建筑围护结构的过程中，通过各种措施减少室内与室外之间的热传导、热对流和热辐射。

2. 墙体节能

墙体结露即在冬季采暖建筑的室内外存在温差的条件下，室内的湿热空气向室外渗透，空气中的水蒸气在墙内"露点"温度处凝结成水珠的现象（所谓"露点"温度就是使水蒸气达到饱和时的温度）。当温度低于空气露点时，室内的湿空气以对流方式将湿热传递到内表面，同时以对流传质的方式将水分传递到壁面，在壁面上结露。如果墙体的质量差，进入墙体的水分过多，墙面会潮湿霉变，见图 12-1。潮湿的墙面更加速了室内热量

图 12-1 冬季采暖地区潮湿霉变的
墙体与顶棚

通过导热穿过墙壁至外壁面，最后以辐射对流方式散发至外部环境空间，导致能量损失。

保温复合墙体技术的应用改善了墙体的热工性能，这种墙体一般必不可缺地由实墙体、保温层和保温层的保护层这三个基本部分组成，保温材料有岩棉、玻璃棉、聚苯板、发泡聚氨酯等。复合墙体按照保温层在墙内的位置主要有内保温式、夹心式和外保温式三种形式。目前外保温式以保温效果好、墙厚小等优点居主导地位，见图 12-2。由于其强调自身密实性，复合墙体内水汽的对流程度降低，结露霉变现象也相应大为减少。

外挂式复合节能墙体应用的早期，人们意识到墙体潮湿不利于保温效果和节能，于是在保温层和外防护层之间增加了防水防潮的薄膜层，认为这样可以解决结露问题，做法见图12-3（a）。但后来的实践证明，尽管防潮膜能有效阻止外部气流及水的侵入，但由室内产生的潮气同样无法排出室外，从而积聚在围护结构内部，依然导致墙体潮湿并影响建筑的节能和舒适使用。

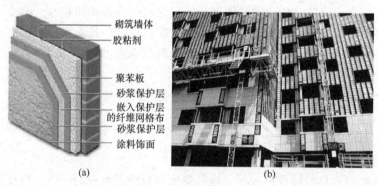

砌筑墙体
胶粘剂
聚苯板
砂浆保护层
嵌入保护层
的纤维网格布
砂浆保护层
涂料饰面

(a)   (b)

图 12-2 外保温式复合墙体技术及应用

（a）采用聚苯板做保温层的复合墙体；（b）以喷涂聚氨酯做复合墙体保温层的欧洲某住宅

防水透气薄膜的出现使上述传统防水防潮层的弱点得以克服，该薄膜系由高密度聚乙烯材料制成的具有三维立体结构，形成了数百万超微孔道的无纺布。其具有高防风性、高防水性、良好的透水蒸气性和可靠的耐久性，可以阻挡水分却不阻挡水蒸气通过，因此人们称之为可呼吸的生态薄膜，见图 12-3。防水透气膜在加强建筑气密性水密性、避免室外水分进入墙体的同时，又令室内水汽可以排出，有效地解决了墙体潮气问题。据美国国家标准与技术研究所（NIST）的报告指出，仅就暖通能耗来说，使用防水透气膜的建筑比未使用的建筑供热和制冷能量费用节约率最多时可达 40％左右。目前欧美 80％以上的新建建筑使用了这种薄膜，而且我国近年来也开始引进这项技术。

3. 窗玻璃的节能

Low-E 玻璃技术（Low Emissivity Coated Glass），又称恒温玻璃，Low-E 玻璃具有可通过可见光而阻挡远红外线（人体所感受的热即是远红外线）透过玻璃的特性，见

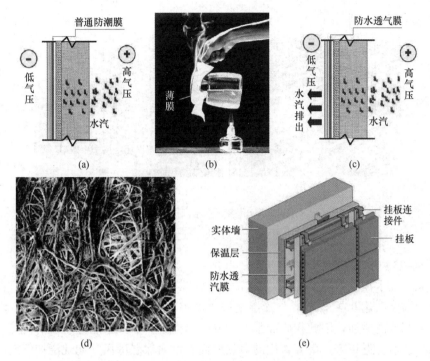

图 12-3 采用普通防潮膜的复合墙体及采用防水透气薄膜的复合墙体

（a）贴普通薄膜的复合墙体结露潮湿；（b）防水透气膜性能之展示；
（c）贴防水透气膜的复合墙体不再结露潮湿；（d）放大两百倍的薄膜三维微孔结构；
（e）一种采用防水透气薄膜的复合墙体做法

图 12-4。Low-E 玻璃在冬天可让室内温度升高。太阳短波红外线穿透 Low-E 玻璃后，晒到室内物体上反射回的长波红外线（即热量）被 Low-E 玻璃留在室内；室内暖气空调产生的热（主要也是长波红外线）被 Low-E 玻璃阻挡在室内，所以说 Low-E 玻璃具有极佳的保温性能。而在夏季 Low-E 玻璃可阻挡室外道路、建筑物等反射的长波红外线（热）进入室内，从而可避免使室内温度升高。

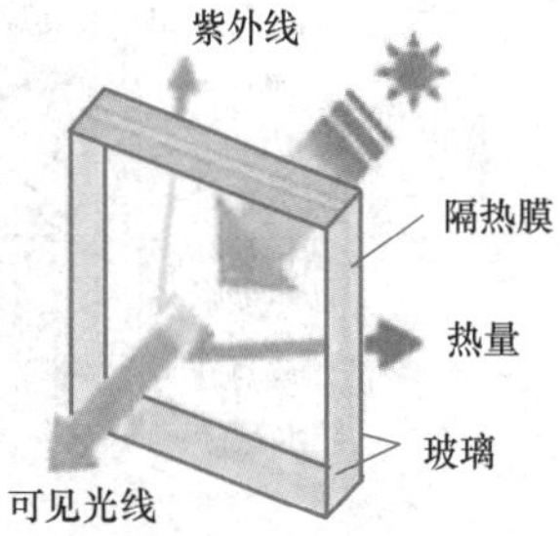

4. 墙和窗的遮阳

遮阳技术是现代建筑中经常采用的节能措施。夏季太阳辐射通过外窗的热量非常大，造成室内的冷负荷急剧增加，引起空调能耗的增加，通过外遮阳技术，可以把太阳辐射有效地隔离，避免太阳全部或部分直接照射外窗，这样可以大大降低室内的得热量，减少空调负荷，达到节能目的。常见的遮阳有：水平遮阳、垂直遮阳、综合遮阳、挡板遮阳等。近年来，遮阳板往往与下面将要介绍的光伏技术相结合，形成所谓光伏遮阳板，既遮挡阳光，又利用遮阳板为建筑生产电能，见图 12-5（a）。

此外，目前在国际建筑界还出现了全墙面遮阳，例如我国近年引入的欧洲建筑品牌 MOMA 住宅建筑，其特征之一就是采用了在全墙面设置的可移动磨砂玻璃遮阳技术，这些磨砂玻璃可以由住户根据对采光等方面的要求，沿着设在墙面的导轨推拉移动，见图 12-5（b）。

图 12-4 Low-E 玻璃原理

(a)   (b)

图 12-5 采用不同遮阳的建筑

(a) 采用光伏遮阳板的建筑；(b) 采用全墙面可移动磨砂玻璃遮阳的建筑

5. 屋面隔热

屋面隔热技术在南方是必不可少的节能措施。住宅的顶层，由于夏季太阳直射时间长，使屋面温度高达 60℃，造成与顶层室内大温差，通过屋面的热传递引起室内温度升高，造成空调负荷增加，因此在屋面采取一些隔热措施，来减少通过屋顶的传热量，这就是屋面隔热技术。近年来，南方常用的隔热屋面有贴面保温屋面（如现浇加气混凝土、陶粒混凝土等）、通风屋面、阁楼屋面、绿化屋面、蓄水屋面、遮阳屋面和下面将介绍的光伏屋面等。其中绿化屋面符合环保、节能、美化环境诸方面的要求，是非常值得提倡的屋面节能措施（图 12-6）。

屋顶女儿墙	浅根系植物
防水卷材	营养土层
凿槽后补防水砂浆	无机基质
	土工布
防渗隔热砂	蓄排水板
防水卷材	防水卷材
	屋面楼板

(a)   (b)

图 12-6 屋面绿化隔热技术

(a) 浅根系植绿化屋面的层次；(b) 绿化屋面的工程实例

12.1.2 建筑设备节能技术

建筑节能往往意味着传统理念的更新，需要将其他领域的节能成果进行改进、吸纳、引入建筑节能的范畴。例如目前我国每年各种煤耗 28 亿 t，其中建筑能耗约占 47%，而我国国土上每年接受的太阳能达 12000 亿 t 标准煤，如果充分扩大太阳能利用率，就可大大节约传统能源。再例如，在大型公共建筑的能耗中，电梯能耗占有非常大的比重，如果使用带变频技术的电梯，节能率可达 12% 以上……

各种新型节能技术和设备种类很多，其中光伏技术、地源热泵技术、集中式有管道新风系统等对建筑的未来发展影响很大。

1. 建筑光伏技术

所谓光伏技术就是一种将太阳能转变为电能的技术。太阳能是一种辐射能，它必须借助于能量转换器才能转换成为电能。这种能量转换器就是太阳能电池。利用建筑的屋面、幕墙等为光伏电池板提供场所空间，并用所产生电能补充建筑电耗，这样的技术称为建筑光伏技术。

太阳能电池同晶体管一样，是由半导体组成的，它的主要材料是硅，见图 12-7（a）。其中 P 型半导体是由单晶硅通过特殊工艺掺入少量的三价元素组成，会在半导体内部形成带正电的空穴；N 型半导体是由单晶硅通过特殊工艺掺入少量的五价元素组成，会在半导体内部形成带负电的自由电子。将 P 型半导体与 N 型半导体制作在同一块半导体基片上，在它们的交界面就形成空间电荷区称 PN 结。PN 结具有单向导电性，且会发生所谓光生伏打效应，即当物体受光照时，就会在 PN 结的两边出现电压（叫作光生电压）。这时使 PN 结短路，就会产生电流，这样一般就可发出相当于所接收光能的 10%～20% 的电来。一般来说，光线越强，产生的电能就越多。为了使太阳能电池板最大限度地减少光反射，将光能转变为电能，一般在它的上面都蒙上一层可防止光反射的膜，使太阳能板的表面呈紫色。

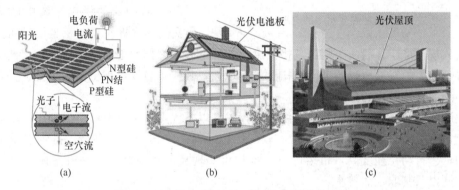

图 12-7　光伏发电原理与采用光伏屋顶的建筑
（a）光伏效应原理；（b）光伏屋顶示意；（c）光伏建筑实例

太阳能发电的主要优点在于：太阳能电池可以设置在房顶等平时不使用的空间，无噪声、寿命长，而且一旦设置完毕就几乎不需要调整。对于所谓光伏建筑，光伏电池板可以安装在建筑的不同部位：屋顶、遮阳板、檐口、墙壁（或充幕墙）等处，见图 12-7（b）、（c），可以实现建筑用电的自给或部分自给。目前，光伏建筑存在着巨大的发展空间，被视为一种绿色建筑，它已被许多发达国家作为其能源战略的一个重要组成部分。

目前，光伏建筑在应用方面存在的问题有二：其一是光伏发电成本远高于普通发电的成本，制约了这项技术的推广；其二是发电与用电的峰谷不重合，白天太阳能发电量最大的时候，可能是安装光伏设施的用户用电最少的时候，所发电能要么白白浪费了，要么必须转由蓄电池储存，这样又进一步增加了光伏发电的成本。

目前一些发达国家不仅对使用光伏技术的建筑实行财政补贴，而且已经实现了家庭光伏系统与普通电网的联网。当光伏发电系统所发电能充裕时，可以向普通电网输出电能，抵消用电高峰时用户在电网中消耗的电价。这种政策对鼓励光伏建筑的应用取得了很好的效果。到 2020 年，我国太阳能光伏发电的发电量达到 2000 万 kW，这无疑将对我国光伏建筑技术的推广应用起到推动作用。

2. 建筑地源热泵技术

地源热泵（Ground-Source Heat Pump）是以地表能（包括土壤、地下水和地表水等）为热源（热汇），通过输入少量的高品位能源（如电能），实现低品位热能向高品位热能转移的热泵空调系统。地源热泵冬季供暖时，把地表中的热量"取"出来，供给室内采暖，同时向地下蓄存冷量，以备夏用；夏季供冷时，把室内热量取出来，释放到地表中，向地下蓄存热量，以备冬用，参见图12-8。因此说地源热泵是可再生能源利用技术。

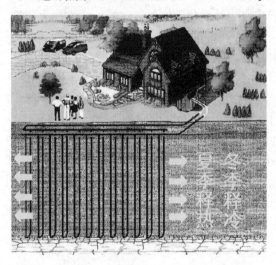

图 12-8 土壤源热泵机组的原理

严格地讲，地源热泵技术并不是一项新出现的技术，其概念早在1912年即出现在瑞士的一份专利文献中，在20世纪50年代已在一些北欧国家的供热系统中试用。但是，昂贵的一次性投资在相当长时间内制约了它的大规模推广。后由于能源危机的影响，加之多年来技术不断更新完善，该技术近年来又得到较大的发展。随着节能减排意识的增强，其前景愈发可观。我国20世纪90年代开始逐渐引入这方面的技术。

地源热泵与传统空调和供热系统相比，具有以下优点：①资源可再生利用；②运行费用低，每年可节省运行费用30%左右；③绿色环保，过程中没有燃烧、排烟以及不产生废弃物；④自动化程度高，机组以及系统均可实现自动化控制；⑤一机多用，可用于供暖、空调以及制取生活热水。

表12-1为美国对300m²的家庭所作的统计记录，体现了不同方式下的供暖、空调和热水全年费用（美元）的巨大差别。从表中数据可见，对于住户家庭，从长远的角度看，采用地源热泵是经济的；而从整个社会的角度看，采用地源热泵技术更是有利于人类社会的可持续发展，是利国利民的新技术。

建筑不同供暖制冷方式费用（美元/年）   表 12-1

项目 种类	供暖	空调	热水	全年总费用
液化气/电	839	592	337	1768
煤气/电	314	592	122	1028
常规热泵	218	592	183	993
地源热泵	64	166	98	328

地源热泵机组分为两种：地下水源热泵机组和土壤源热泵机组。

土壤源热泵机组的原理是把热交换器埋于地下，通过水在由高强度塑料管（PE管）组成的封闭环路中循环流动，从而实现与大地土壤进行冷热交换的目的。大地土壤提供了一个很好的免费能量存贮源泉，这样就实现了能量的季节转换，参见图12-8。

地下的温度在地下14m以下就不会随月份的变化而变化，温度一直恒定不变。现在国家标准规定土壤源热泵机的钻井深度不能小于20m，这样就充分地避免了地表温度的波动对地源热泵机组的影响。土壤源热泵机组的室外埋管方式有两种：一种是水平埋管；另一种是竖直埋管。水平埋管由于占地空间比较大一般应用在大型的工程中，竖直埋管方式由于它的占地面积相对小，且换热工况稳定，是地源热泵空调系统中采用最多的埋管方式。

地下水源热泵机组的工作原理是利用水泵将地下水从抽水井抽上来，与空调机组所产生的冷量或热量在换热器内充分换热，换热后的地下水再通过回灌井回灌到地下，同时也把空调机组所产生的冷量或是热量也带到地下，见图12-9。与土壤源热泵相比较，其优点是初投资的成本相对要低，占地空间小。缺点是会污染地下水源，同时抽水井和回灌井要定期维护，一旦地下水位下降，水泵抽不到水时，机组就会瘫痪。在地源热泵发展的初期这种系统使用较多，为了防止地下水源污染和防止地层的下沉，现在很多国家与地区已禁止开采地下水，故目前在缺水国家大都为土壤源热泵所取代。

一个热泵组织包括三个部件，即压缩机、冷凝器和蒸发器。热泵系统在夏季和冬季有不同的工作原理。

冬天热泵中制冷剂正向流动，见图12-10。压缩机排出的高温高压气体进入冷凝器向集水器中的水放出热量，变为高温高压的液体，再经热力膨胀阀节流降压变为低温低压的液体进入蒸发器，从地下循环液中吸取低温热后相变为低温低压的饱和蒸汽后进入压缩机吸气端，由压缩机压缩排出高温高压气体完成一个循环。如此循环往复将地下低温热能"搬运"到集水器，从而不断地向用户提供45～50℃的热水。

图 12-9 地下水源热泵机组的原理

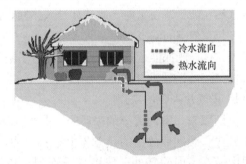

图 12-10 土壤源热泵冬季工作原理

夏天热泵中制冷剂逆向流动，与用户换热的冷凝器变为蒸发器。气体的蒸发过程也就是吸收热量的过程，从集水器中的低温水（7～12℃）提取热能，之后，压缩机将气体进行压缩，压缩的过程也就是温度提升的过程。与地下循环液换热的蒸发器变为冷凝器，向地下循环液排放热量，循环液中热量再向地下低温区排放，如此循环往复连续地向用户提供7～12℃的冷水。

3. 有组织新风系统

建筑需要通风以保持空气新鲜。传统建筑通过开放门窗进行通风，但一方面这样就导致室内能量的流失，与建筑节能理念相悖；另一方面，开窗后室外的光线、灰尘、噪声等一系列污染源也会随之无遮拦地进入室内，与绿色环保的理念相悖。为解决这一系列问题，目前在很多节能环保建筑中，都采用了置换式新风系统，这套系统的作用是让房屋在不用开窗的情况下也能保持室内空气与外部新鲜空气的交换，在不用开空调的情况下也能保持舒适的温、湿度（图 12-11）。

图 12-11　新风系统

置换式新风系统采用下送风上回风的方式，收集室内污浊空气的回风口安装在卫生间及厨房等处，回风出口通过系统的负压功能把室内的混浊空气排出。这样房间内就产生了从下至上的使人体舒适的新鲜空气。

在工作过程中，室外的新鲜空气被吸入室内，经过滤网过滤将灰尘过滤掉（如特殊需要还可以加特殊的花粉过滤网，以减轻过敏人群的过敏反应）。过滤后的新鲜空气进入热回收器与室内排出的污浊空气进行能量交换。然后，再通过风管和新风分配箱，将适量的新风送给各个房间。

所谓能量交换是以温度交换的形式进行的。目的是使室内的污浊空气排出室外前把室内的冷（热）能量留在室内，故其被导入热回收器与新风进行能量交换，可控制下送风出口温度始终与室内空间温度相差 2~3℃。这一过程中，室内污浊空气 90% 的冷（热）量转移给了新风。这样既保证了室内温度，又保持了空气的新鲜，而且最大限度地节约了能源。

12.1.3　采暖节能技术

1. 暖气片采暖的缺点

长期以来，室内传统的采暖方式是使用暖气片放热。在这过程中，热对流是热的主要传递方式。暖气片放出的热首先上升至顶棚，然后下行至地面成为冷空气。这种方式中，高温区域在室内的高处，居民感受不到，热量白白浪费了，热效率低，见图 12-12（a）。近年来，一种先进的采暖方式——地板辐射采暖开始进入人们的生活。

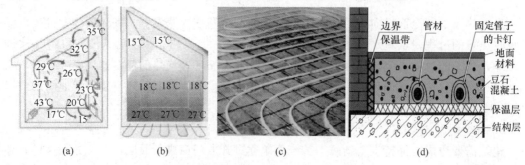

(a)　　　　　(b)　　　　　(c)　　　　　(d)

图 12-12　地板辐射采暖技术及与暖气片采暖的比较

（a）暖气片取暖温度分布；（b）地板辐射采暖温度分布；（c）铺设的散热管线；（d）地板辐射采暖的截面示意

2. 地板辐射采暖的优势

地板辐射采暖是一种在地板下铺设热源管线（图12-12b、c），通过地板向外界辐射热的采暖方式。在这种传热过程中，热量是自下而上的，靠近地面的温度较高，上部空间温度较低。

地板辐射采暖的优点有：

（1）地板辐射采暖是最舒适的采暖方式。室内地表面温度均匀一致，室温自下而上逐渐递减，给人以脚暖头凉的良好感觉，符合中医保暖御寒重在腿脚的理论。热量是自下向上传递的，室内上方的空气温度较低，这样就避免了浪费在无效空间的热量。在建立同样舒适程度的条件下，辐射采暖方式一般可比对流采暖方式低2～3℃。与对流采暖方式相比节能在10%～30%。

（2）可利用余热回水。地板辐射采暖系统热源系统选择广阔、灵活，凡是在能够提供35℃以上水源的地方都可以采用该系统。由于是低温传热，热效率比较高，可实行分户室控制，家中无人时可停止供暖，或无人时只打开活动房间，关闭少人房间，有效地节约能源。

（3）实用、耐久。该系统管道为塑料管，全部埋在地面的混凝土中，不占使用面积，不影响墙面、地面的装修及家具的摆放。散热管在使用过程中不产生锈蚀、长期使用内壁仍然光滑无水垢，热循环好，长期使用也不会降低散热效果，使用寿命和建筑物同步。此外，地板辐射采暖系统增加了保暖层，并且具有良好的隔声效果。

12.2 建筑工业化

现代意义的建筑工业化是随西方工业革命出现的概念：实行工厂预制、现场机械装配。20世纪初的包豪斯学派形成了建筑工业化最初的理论并开启了最初的实践。"二战"结束后，房屋和基础设施的大规模重建和城市化运动的时代背景，以及西方国家和苏联面临劳动力严重缺乏的现实，为推行建筑工业化提供了大规模实践的基础，装配式结构因其工作效率高而在发达国家风靡一时。

1974年，联合国出版的《政府逐步实现建筑工业化的政策和措施指引》中定义了"建筑工业化"：按照大工业生产方式改造建筑业，使之逐步从手工业生产转向社会化大生产的过程。它的基本途径是建筑标准化，构配件生产工厂化，施工机械化和组织管理科学化，并逐步采用现代科学技术的新成果，以提高劳动生产率，加快建设速度，降低工程成本，提高工程质量。

目前发达国家装配整体式混凝土结构在土木工程中的应用密度为：美国35%，俄罗斯50%，欧洲35%～40%；美国和加拿大等国家的预应力混凝土结构在预制混凝土用量中占80%以上。

日本的建筑工业化水平从"二战"后持续发展，其PC（Precast Concrete）技术达到世界领先水平，质量标准高，且抗震性能优越。日本有关装配式混凝土建筑的标准规范体系完备，工艺技术先进，构造设计合理，部品的集成化程度很高，施工管理严格，体现了很强的综合技术水平。尤其是日本的工业化住宅机械化程度高，已经能够做到构件携带部分装修（比如墙体携带窗户和外墙贴面）一同装配，甚至一些小的胶囊房或卫生间携带全部卫洁厕具和内部装修整体安装（图 12-13），施工周期很短，现场基本没有湿作业，施工文明，效益很高。

 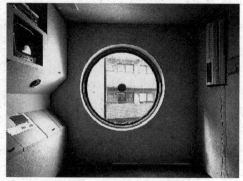

图 12-13 国外的装配式建筑施工与装配式胶囊房内部实例

　　装配式结构各个构件之间须有适当的连接以保证建筑物的整体性。在日本，连接技术是节点处受力钢筋采用灌浆套筒连接（图 12-14），然后节点现浇混凝土，形成与现浇结构相似的连接构造，即所谓的"等同现浇"；现场灌浆和现浇混凝土称为"湿连接"。

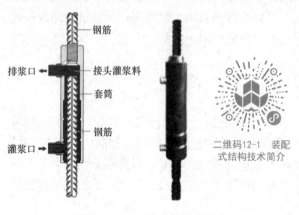

图 12-14 钢筋套筒灌浆技术

二维码12-1 装配式结构技术简介

　　钢筋套筒灌浆连接的工艺：将预制构件一端的预留钢筋插入另一构件端部预留的套筒内（图 12-14），钢筋与套筒之间通过预留灌浆孔灌入砂浆，即完成钢筋的续接。当灌注的高强度微膨胀砂浆硬化后，在钢筋、砂浆和套筒三者之间产生摩擦力和咬合力，联成牢固的整体。此技术在 20 世纪 70 年代初从美国传入日本，历经大量的实践和强震考验，属于成熟技术。

　　日本目前在住宅中大量采用装配式框架体系（图 12-15）；这种体系具有如下优点：①框架结构受力明确、计算简单；②连接节点少，现场湿作业量少；墙体大量采用成品轻质板材，现场安装相对简单方便；③在高层或超高层建筑中综合运用高强混凝土、高强钢筋、减隔震等措施来提高抗震性能；④日本住宅一般为精装修交房，设计时采取装饰外包等措施掩饰梁柱外凸对建筑户型的影响。

　　目前日本还有其他一些装配式技术，其中一种是将钢结构与装配式混凝土结构相融合（图 12-16），结合了预制混凝土结构和钢结构的优点，广泛运用于办公类建筑中。

　　此外，日本亦大量使用预应力混凝土框架结构（图 12-17）。其原理是：预制构件（梁柱、墙板等）在预制阶段预留孔道，现场装配时，通过后张拉预应力筋（或钢绞线）将预制构件之间挤紧压实，结构形成整体。这一过程无需湿作业，属于装配速度快的"干节点"；但是节点的拼接缝需要无收缩砂浆灌缝，上下预制柱之间的柱筋连接采用灌浆套筒，同时，上下柱之间也有预应力筋张拉成整体，参见图 12-17（b）；楼板则采用预制与

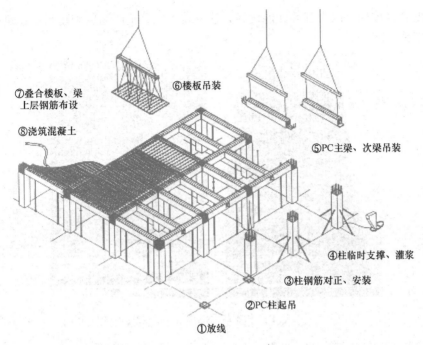

⑦叠合楼板、梁
上层钢筋布设

⑥楼板吊装

⑧浇筑混凝土

⑤PC主梁、次梁吊装

④柱临时支撑、灌浆

③柱钢筋对正、安装

②PC柱起吊

①放线

图 12-15　日本装配式框架体系施工示意图

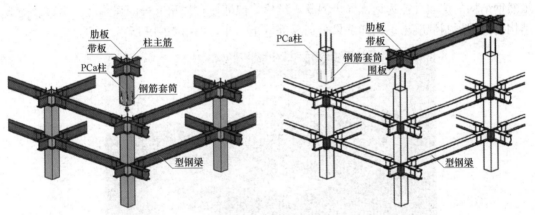

肋板
带板
柱主筋
PCa柱
钢筋套筒
型钢梁

PCa柱
肋板
带板
钢筋套筒
围板
型钢梁

图 12-16　日本钢-混凝土混合框架体系示意图

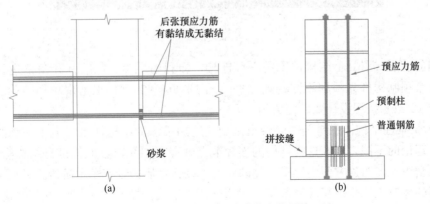

后张预应力筋
有黏结成无黏结

砂浆

预应力筋

预制柱

普通钢筋

拼接缝

(a)

(b)

图 12-17　梁-柱节点和柱-基础节点的压接工法

现浇结合的叠合楼板。因为抗震性能优异，这一技术在日本的高层和超高层建筑中得到了大量应用（图 12-18）。

图 12-18　日本施工中和完成后的高层 PC 建筑，总高 126m

美国的装配式结构有自己的特点，混凝土预制业大量使用预应力及装饰完成的外墙；虽然钢结构的抗震性能远远优异于混凝土结构，但即使在加州这样的强震区，多数装配式结构仍使用预制混凝土；例如苹果公司总部就是如此，如图 12-19 所示。

图 12-19　苹果总部装配式施工

美国的装配式混凝土结构都采用干性连接，即利用螺栓、螺纹杆和角钢进行节点连接；每一个预制构件先预埋不同的连接件（图 12-20），然后在工地现场用螺栓、焊接等方式（图 12-21）按照设计要求完成组装。

剪力墙-梁柱结构体系是美国混凝土预制业应用最多的结构体系。由于中美两国所采用的计算理论的不同，美国这类结构的连接节点处理更加简单，但代价是结构会更保守，经济付出会更大。对这方面内容感兴趣的读者可以在今后的专业学习阶段投入更多关注。

我国的建筑工业化进程几经起伏。20 世纪 50 年代，按照"多快好省"的建设方针，当时借鉴苏联经验在国内推行标准化、工厂化、机械化的预制构件和装配式建筑。至 20

图 12-20　预制墙板、预制梁等构件上的预埋连接件

图 12-21　构件之间干式连接

世纪 80 年代初,全国已有数万家预制混凝土构件厂,装配式或半装配式(比如砖混结构,一般墙体现场湿作业砌筑、楼板采用预制板装配,参见图 12-22)体系被广泛应用。大量的预制构件进行了标准化并有标准图集,设计院按标准图集进行选用,施工单位按标准图集进行采购,节省了设计工作量和现场施工工作量。

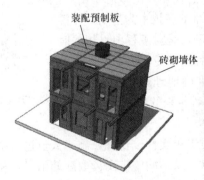

装配预制板

砖砌墙体

20世纪六七十年代普遍采用的空心预制板

图 12-22　我国早期半装配式砖混房屋及预制板

　　改革开放后建设规模扩大,一方面,当时的建筑工业化水平满足不了建造规模和个性化、多样化、复杂化建筑需求;另一方面,农村劳动力进城务工及人工成本低廉,使建筑工业化用工少的优势也发挥不出来。因此,预制装配式结构和构件逐渐消失;到 20 世纪90 年代中期,全现浇式混凝土建筑体系几乎完全取代了预制装配式混凝土建筑。

进入 21 世纪，从绿色建筑和可持续发展角度考虑，面对劳动力成本已经不再廉价的现实，对传统的建筑业提出产业转型与升级要求。因此，反映建筑产业发展的建筑工业化再一次被行业所关注，中央及全国各地政府均出台了相关文件明确推动建筑工业化，我国装配式结构体系重新迎来发展契机，一些企业开始重新建设预制构件厂，并更新了预制构件的生产工艺，形成了如装配式剪力墙结构、装配式框架结构等多种形式的装配式建筑技术（图 12-23）。

(a)　　　　　　　　　　　　　　　　　(b)

图 12-23　国内装配式构件的现场安装
(a) 装配式剪力墙结构；(b) 装配式框架结构

建筑工业化是我国建筑业的发展方向，未来发展的重点是吸取国内外的有益经验和作法；考虑我国建筑业技术发展现状、地区间的差距，拓展建筑工业化在住宅房地产业中的覆盖比例；结合绿色建筑的先进理念，低碳生产，探索提高构件生产、安装效率的技术，并努力提高构件连接节点的力学性能。

12.3　建筑信息模型 BIM

BIM（Building Information Modeling，建筑信息模型）的概念是由美国乔治亚技术学院 Chuck Eastman 教授于 1975 年提出的。它是以三维数字技术为基础，并集成建筑工程项目各种相关信息的工程基础数据模型，是对工程项目相关信息详尽的数字化表达。因为《土木工程概论》课程属于专业启蒙课，读者对专业课往往还没有深入涉及，也就很难全面准确地理解 BIM 的含义。但我们可以从以下几个视角来阐述 BIM 给土木工程带来的改变。

二维码12-2　BIM简介

1. 专业人员获取工程信息更直观方便

传统土木工程的信息传递是通过图纸和纸质工程文件。比如，施工人员进行楼梯间施工时，是从建筑施工图了解楼梯阶梯的尺寸信息，从结构施工图读取配筋信息，从设备安装施工图读取管道和电线安装信息等。各种信息散布在成百上千份的图纸和文件内，查找困难；且如果各专业设计人员沟通不足，不同图纸的信息有时还互相矛盾冲突，比如设备管道洞口开在了结构受力最不利的位置之类。另外，图纸也不利于信息的表达和理解，举例说你很难通过平面图纸表达像奥运鸟巢这样立体造型复杂的建筑，且表达后的结果也很难被施工人员所理解。

而 BIM 是一个各方共享的数字技术平台，设计人员通过创建三维建筑模型，参见

图 12-24，利用、添加且与他人分享模型中的信息，实现建设项目全周期的资源共享，实时沟通，无缝对接，项目全周期的信息化。故 BIM 被称为建设行业的第二次革命（第一次革命是计算机辅助设计引入设计工作中，帮助设计人员甩掉了绘图板和计算手册）。BIM 将建筑及各种构件直接以三维模型展现出来，尺寸信息、各种材料信息等也都通过鼠标点击即得，不必再翻查不同图纸。如果某一工种的模型信息需要发生更改，整个平台上的相应信息都会随之改动，不用其他工种的设计或施工人员另外手动改正。

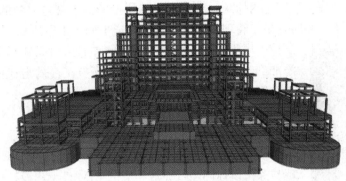

图 12-24　建筑可视化三维模型

2. 适应建筑工业化需求

传统土木工程的设计和施工模式使得建造信息往往具有很大的误差性，许多信息的提取工作不得不在现场实测完成，相应的建造也得在现场完成。比如，一个造型复杂的曲面幕墙，设计人员很难给出各构件的精确尺寸，它往往由幕墙公司在现场量测并现场加工，这样会造成备料和运输方面的很大浪费。

BIM 可以实现建筑的可视化设计、参数化设计和协同设计。BIM 所见即所得的特性使模型中每一构件都有精确的数字信息（包括尺寸）；施工有关方面直接从数字平台上提取构件的材料属性和尺寸的数字信息后，可直接传送给构件加工厂交由数控机床精确加工，加工完成后编号运到现场精确安装，施工完毕现场无遗料，实现绿色施工。

3. 通过模型可在不同阶段进行各种模拟和协调

在设计阶段，BIM 可以模拟不能够在真实世界中进行操作的事物，例如在设计阶段，可以进行某房间的视觉体验模拟、日照遮挡模拟等；还可对各专业的碰撞问题进行模拟协调，检查管道是否要穿越钢筋混凝土墙、梁或者其他管道（参见图 12-25），生成并给出协调数据（是否要预留孔洞等）。

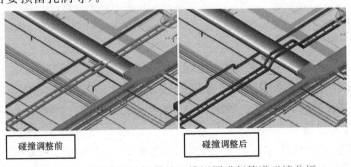

图 12-25　利用 BIM 提供的三维视图进行管道碰撞分析

在建造完成交付使用后的运营阶段，有关方面可以通过 BIM 进行日常紧急情况的处理方式的模拟，例如地震人员逃生模拟及消防人员疏散模拟等。

在招投标和施工阶段，技术人员可以在 BIM 上进行 4D 模拟（三维模型加项目的发展时间），也就是根据施工的组织设计模拟实际施工，从而确定合理的施工方案来指导施工。同时还可以进行 5D 模拟（基于 3D 模型和进度安排的造价控制），从而实现成本控制；为减少项目变更带来的浪费和提高项目管理效率提供技术支持。举例说，在设计阶段，建筑信息模型中所有工序（比如室内抹灰）和相应材料用量的信息都是完备的；到施工阶段，施工企业制定施工计划时，施工管理者很容易根据预定工期、工序的工作量等模型信息确

定该工序用工量、所用机具用量和施工时间区段这样的新信息并添加到建筑信息模型中；提取出所有工序的上述信息，工程的施工进度安排表就呈现在我们面前了。

"中国尊"（图 12-26）是采用全生命周期深入应用 BIM 技术的项目，该项目具有完备的 BIM 管理体系，从业主、总包到各施工单位均成立了专业的 BIM 管理部门和小组，BIM 工作基本实现与深化设计同步，完成相应的 BIM 模型建设，保证了相关方的多专业协调和顺利沟通，得到业主及总包的充分认可。

针对国内的主流设计单位和施工企业的调查表明，目前我国建筑业 BIM 应用存在的主要问题大致包括如下几个方面：①学习和制作成本高，BIM 技术的系列软件对电脑硬件要求较为严格，学习 BIM 系列软件需要投入较多的软硬件设施成本。②BIM 应用标准不统一，造成 BIM 应用上的混乱，对 BIM 技术

图 12-26　中国尊建筑

应用标准制定尚处于一个研究的阶段。③BIM 应用软件还不完善。目前而言市面上的 BIM3D 建模软件效率仍然很低，本地化构件标准暂时还没有统一。目前从 3D 模型直接生成的平面图、剖面图并不能够完全满足现场施工图的出图要求，缺乏对我国规范的适用性。

我国建筑业是一个庞大的产业，建筑业的总体规模大，但效益低，施工企业劳动生产率、浪费问题都还有待改进，而 BIM 是解决这些问题最好的工具。在我国，要实现 BIM 技术的产业化应用，首先需增加对 BIM 人才培养的投入；其次应该在现有的 BIM 软件基础上开发更多相互兼容的应用软件；应该建立和完善 BIM 相关标准和法律法规，鼓励和指导建设项目各方积极采用 BIM 技术，使项目获得更大的效益。

12.4　3D 打印与 3D 打印建筑

3D 打印技术起源于美国，是以数字模型文件为基础，运用粉末状金属或塑料等可黏合材料，通过逐层堆叠累积的方式来构造物体的技术。其打印原理及工作过程如下：

1. 三维设计与分层

先通过计算机建模软件建模，再将建成的三维模型"分割"成逐层的截面，从而指导打印机逐层打印。

二维码12-3　3D打印
原理示意

2. 打印

通过读取数字模型中的横截面信息，打印机用液体状、粉状或片状的材料将这些截面逐层打印，再将各层截面以各种方式黏合从而制造出模型实体。打印机精度是以 dpi（像素/英寸）或者微米来计算的。一般的厚度为 $100\mu m$，即 $0.1mm$，也有精度更高的实例。打印"墨水滴"的直径通常为 $50\sim100\mu m$。3D 打印比传统制造工艺效率大大提高。

3. 后续修饰与完成

目前 3D 打印机的分辨率对大多数应用来说已经足够（在弯曲的表面可能会比较粗糙，像图像上的锯齿一样），稍微经过表面打磨即可得到表面光滑的"高分辨率"物品。

12.4.1 3D 打印建筑

尝试将 3D 打印与房子结合起来的是意大利人恩里克·迪尼，2005 年，他曾成功打印一个小"石"柱，之后不久，他就用打印机打印出了世界上第一个叠层建筑结构。迪尼的这一举动在世界范围内开启了通过 3D 打印技术打印房屋的序幕。2014 年 4 月，10 幢 3D 打印建筑在上海张江高新青浦园区内揭开神秘面纱，如图 12-27 所示。这些建筑的墙体是用建筑垃圾制成的特殊"油墨"，依据电脑设计的图

图 12-27　上海张江高新青浦园区的 3D 打印别墅

纸和方案，经一台大型的 3D 打印机层层叠加喷绘而成，据介绍，10 幢小屋的建筑过程仅花费 24h。

3D 打印建筑的成型工艺被称为"轮廓工艺"，如图 12-28 所示实施起来相当复杂。该工艺也是由一个巨型的三维挤出机械构成，这与 3D 打印技术的概念和操作原理相同，不过有一个明显的不同之处——它挤出的"墨水"是混凝土。

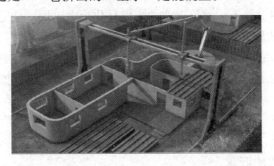

图 12-28　3D 打印房屋的"轮廓工艺"示意图

二维码12-4　轮廓打印工艺示意

3D 打印建筑的"墨水"：多半是以现有建材为主、加以胶粘剂等形成的混合物。此外，有公司研发出就地取材于建筑垃圾、工业垃圾等，通过技术处理、加工、分离的 3D 打印建筑"油墨"。这种经过特殊工艺制造而成的"油墨"，其强度和使用年限大大高于钢筋混凝土，而且挤出后会很快凝固，保证打印机能连续打印。

通过"墨水"打印出来的墙体，参见图 12-29，其外表材质同普通混凝土墙，但墙体内部呈现年轮蛋糕般的螺纹结构，用手敲敲，可以听到空空的声音。这种墙体保温节能

性好。

图 12-29　3D 打印的各种复杂墙体

12.4.2　3D 打印建筑优势

1. 节能节材环保

打印智能控制，使建筑一次成型，减少建造中的能源损耗、材料损耗和工艺损耗，有效地改善施工粉尘和噪声的影响，避免对环境造成污染。

2. 质优、高效

直接基于数字设计模型的施工建造，施工误差远小于传统作业方式，且缩短施工工期。

3. 成本节省

材料自身定制性强、可塑性好，无须模板、脚手架，减少工序相应可节约建筑材料 30%～60%、人工 50%～80%，部分"油墨"还可取材于建筑垃圾，经济效益明显。

4. 施工安全

大量节省人员劳动力，意味着降低了施工作业的危险性，施工安全措施费用也降低。

5. 功能与艺术融于一体

3D 打印则是数字化制造，任意复杂的曲面墙都可以随心所欲地去做，实现建筑造型上的艺术感。

12.4.3　3D 打印建筑的市场前景

就现阶段 3D 打印技术的成熟度而言，它目前的主要应用还是在需要快速建造、功能要求简单的建筑上，比如灾后救灾时的赈灾建筑等。

未来 3D 打印在建筑领域不仅仅是只能打印一些小的、精密性的东西以及房子，它还会朝着打印建筑附属装饰、大型的雕塑、模型、艺术体等方向发展。

在 3D 打印技术的引领下，建筑产业由半机械化半人工的"建造房子"向全自动机械化的"制造房子"模式转变或成趋势。3D 打印建筑是一个跨越式的发明，已开始逐步改变传统房地产行业的思维模式。有一种观点认为，未来 3D 打印在建筑领域上的应用很有可能会取代当下传统的建筑技术，甚至将从本质上动摇整个传统建筑学的根基。

12.5　智能建筑与未来建筑

12.5.1　智能建筑的概念

智能建筑是指一座装配有相应的电信基础设施，使其可以不断地适应经常变化的环境并更为有效地利用资源，使其住户越来越感觉到舒适和安全程度不断提高的建筑。

从根本上说，智能建筑就是信息时代的建筑，它与绿色建筑是紧密结合的。绿色建筑设计的关键理念是节约能源，可以通过将本章所介绍的各项建筑新技术与设备（复合墙体节能技术、光伏技术、地源热泵技术等）进行合理搭配组合予以实现，再通过与各种控制技术相结合，可实现建筑使用与功能管理的智能化。也就是说，绿色建筑物内各个系统的管理与控制是通过智能系统来实现的，未来的绿色建筑要兼顾智能。

12.5.2 智能建筑的功能与依托技术

智能建筑通过计算机技术，自动控制建筑内的各种系统，如供暖、通风和空调系统，防火系统，门禁系统以及光/电管理系统等，来实现对上述系统资源的调配、监管。以防火为例，一旦发生火灾，火警系统会通过与门禁系统的通信令其打开所有的大门。门禁系统则通过与供暖系统的通信令其隔绝空气以阻止火灾的蔓延……智能建筑的可能功能可参见图 12-30。

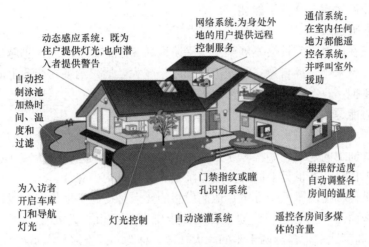

图 12-30　智能建筑所能实现的部分控制功能展示

智能建筑是信息时代的必然产物，建筑物智能化程度随科学技术的发展而逐步提高。当今世界科学技术发展的主要标志是 4C 技术（Computer 计算机技术、Control 控制技术、Communication 通信技术、CRT 图形显示技术）。将 4C 技术综合应用于建筑物之中，在建筑物内建立一个计算机综合网络，即可使建筑物智能化。

智能大厦强调具有多学科、多技术综合集成的特点，是利用系统集成的方法将智能型计算机技术、通信技术、信息技术与建筑艺术有机地结合起来，获得投资合理、适合信息需要，具有安全、高效、舒适、便利和灵活等特点的建筑物（图 12-31）。为了简明形象地表明智能建筑的高科技性，也可把具有建筑设备自动化系统（BAS-Building Automation System）、通信自动化系统（CAS-Communication Automation System）和办公自动化系统（OAS-Office Automation System）的建筑物简称为 3A 建筑。有的还加上了防火自动化系统（FAS-Fire Automation System）和保安自动化系统（SAS-Safety Automation System），因此又有 4A 和 5A 之说。

应该说随着互联网技术和其他科学技术的飞速发展，智能建筑的具体内容近年来发生了令人难以想象的巨大变化。现在通过手机 APP 进行的多种终端控制都已实现。智能建筑通过无线互联网和综合布线系统把各

图 12-31　智能化建筑实例——富士电视大厦

系统有机地综合起来，实现建筑物内外各种数据、图像等信息的快速传输和共享。智能化建筑系统的中心是以计算机为主体的控制管理中心，它通过结构化综合布线系统或无线网络与各种终端（电话、电脑、传真和数据采集等）和传感器终端（如烟雾、压力、温度、湿度传感等）连接，"感知"建筑内各个空间的信息，并通过计算机处理加工，给出相应的对策，再通过通信终端或控制终端（如步进电机、阀门、电子锁或开关等）作出相应的反应，使得建筑物显示出"智能"。这样建筑物内的所有设施都实行按需控制，提高了建筑物的管理和使用效率，降低了能耗。

12.5.3 未来建筑

未来建筑正在面对人类社会发展到高水平阶段所带来的如下问题：①越来越多的人口进入城市生活，越来越远离自然；②城市面积越来越大，居民消耗在交通上的时间越来越长，交通越来越拥堵；③土建用地越来越多，可耕地越来越少；④居民对居住环境要求越来越高，建筑对能源的消耗也越来越高。

解决这些问题的途径是多方面的，除了在未来建筑中应用前面所介绍的节能与智能建筑技术外，一些前卫的建筑、结构专家正在酝酿要在建筑结构领域掀起一场革命。为此，一些先期研究工作已经在世界上的许多高等院校和研究机构中展开。

其中日本设计师提出了一个方案，他们设想的要点是提高土地的有效面积。参照中国客家围楼"合和而居"的思想，将原本在地面上铺开的城市往高处发展，变成"垂直都市"；建设一个高度达一千甚至两千米的超大社区，称为"天空之城"。这个巨大的建筑由十多个巨大的撑腿支撑在地面上，一幢幢直径上千米至几百米的环状围楼通过悬索吊挂在巨大的巨柱（撑腿）上。每一幢环状围楼层数有十多层，与上下围楼之间有数十米的间距，形成相对独立的社区；这间距一方面流通空气，另一方面可防止火灾肆意蔓延。环状围楼中间空地作为绿化的公共空间，如图 12-32 所示。围绕着公共空间，构成建筑"外墙"的是公寓和配套的商业设施、学校、休闲娱乐场所，以及其他必要的公共设施。为了让"城市"能够有效运转，设计者构思了一个三维的立体交通系统，除了每幢围楼上有环线有轨列车之外，"天空之城"还有一套可以横向、垂直和内外移动的电梯系统。设计者设想在东京建设若干座这样的"天空之城"，城里的居民大都容纳其中，每座"天空之城"居住数十万居民，不同的"天空之城"之间用桥梁连接；设计者希望就此可以解决现代地面城市严重的交通问题。关于未来建筑结构的方案有许多，图 12-33 所示方案与"天空之城"也有相似之处。此外，还有设想建造海上漂浮城市的方案等。

像"天空之城"这样的结构方案，是超高层结构、大跨度结构、钢结构等结构方案的

图 12-32 "天空之城"设想方案

图 12-33 另一种未来的建筑结构方案（来自网络）

集合，计算分析会非常复杂。需要解决的土木工程技术问题有很多，包括超厚钢板焊接问题、超高荷载作用下的基础与地基承载力问题、大跨度悬索结构承载问题、复杂结构抗震抗风问题等。目前，这些问题大都已经取得了阶段性研究成果，预计在不远的将来，这样的超大型建筑会为人类生活带来巨大改变。

思 考 题

(1) 热传递有哪几种方式？新的室内供暖方式与传统方式在热传递机理上有何不同？
(2) 如果由你负责新建一座节能建筑，有哪些节能技术可供你考虑采用？
(3) 智能建筑的定义是什么？其能够完成哪些功能？
(4) "天空之城"方案有何优点？能解决什么问题？
(5) 建筑工业化的目的和主要特征是什么？

第13章　历史建筑与传统建筑环境的保护

每一个历史文化城市都有自己传统的建筑风格和历史建筑，这些建筑风格与历史建筑是这个城市的代表符号，是城市古老文明的载体，是此城市区别于彼城市的标志。

多年来，为改变国家长期贫穷落后的现状，中国人追求发展，经常用"我们的城市发生着日新月异的变化""我们的城市旧貌换新颜"，这样的词句表达了对经济发展的喜悦。对于很多事物来说，不断地变化和创新是正确的。但是，对于一个城市来说，不断变化则破坏了城市建设的最根本原则。城市要发展，如何解决新与旧的矛盾？建筑要老化，拆与修的矛盾在角力。在历史发展的长河中，巴黎、伦敦、罗马、北京……这些历史上的著名古城都经历了上述矛盾引发的激烈争论，承载了矛盾产生的阵痛，甚至是永远的隐痛。有公认处理矛盾比较成功的典范，也有被认为是留下了遗憾的事例。

13.1　巴黎的建筑环境

巴黎人有一句引以为豪的话：如果我们300年前的祖先从墓地中醒来，依旧能够找到自己的家。这句话略带有自夸的成分，但也确实反映了巴黎人对传统建筑环境保护的重视。巴黎的城市规划赢得了世人的称道。巴黎有以17世纪为时间界限的历史巴黎与近代巴黎之分，又有以凯旋门为中心标志的老巴黎与以"新凯旋门"——拉·德方斯为中心标志的新巴黎之别。而正是由于有了这样一个科学的分工和合理的布局，才使得巴黎老城在完好地保存了历史风貌的同时，又通过新区尽情地展示了现代风采。

17世纪以前的巴黎大都是木房屋，街道狭窄曲折。文艺复兴后，逐渐为多层砖石房屋所取代。尤其是在路易十四时期，国王欣赏古典主义建筑，希望以古罗马的模式改造巴黎。他拆除旧城墙改为环城马路，修建了若干道路与广场，初步形成了星形广场和香榭丽舍大道。

13.1.1　欧斯曼的铁腕、铁锹和砖刀

1851年路易·波拿巴在法国称帝，号拿破仑三世。他任命律师出身的原巴黎警察局局长乔治·奥杰恩·欧斯曼男爵（Georges Eugène Haussmann）为巴黎市政长官，欧斯曼大刀阔斧地进行了一次城市改造，造就了近代巴黎（图13-1）。

欧斯曼巴黎改造计划的核心，是干道网的规划与建设。当时巴黎的交通已经由于数量庞大的马车而导致瘫痪了，欧斯曼在密集的旧市区中征收土地，拆除建筑物，切蛋糕似地开辟出一条条宽敞的大道。它们直线贯穿各个街区中心，成为巴黎的主要交通干道。这些大道的两侧种植高大的乔木而成为林荫大道，巴黎的林荫大道为首创之举，如今已为各国所采用。

欧斯曼还严格地规范了道路两侧建筑物的高度和形式，并且强调了街景水平线的连续性，所有在历史著名建筑周围起遮挡视线作用的杂乱建筑一律被拆除。一些经过仔细规范

设计、同时期新建的楼房统一了巴黎的街景，这些楼房一般为折中主义建筑风格。这样造就了典雅又气派的城市景观，参见图 13-1、图 13-2。

欧斯曼拆迁改造后的星形广场和香榭丽舍大道

欧斯曼请拿破仑三世
批准巴黎改造方案

反映19世纪欧斯曼改造后巴黎街道风貌的绘画

乔治.奥杰恩欧斯曼
(1809~1891年)

图 13-1 19 世纪巴黎的城市改造和规划者（编辑自巴黎博物馆藏资料）

图 13-2 欧斯曼改造前后的街景对比（来自巴黎博物馆藏资料）

　　欧斯曼在他的城市规划中，还开辟了好几个大型公园，这些大型公园成为巴黎的"城市之肺"。在密集的人造环境中，保留出一片片绿地，这虽非欧斯曼的首创，但经过他的实践也影响大增，成为全世界城市规划者的共同目标。

　　欧斯曼的城市改造计划不仅单纯考虑城市风貌和环境因素，也不可避免地带有政治性

图 13-3　欧斯曼改造后的城市
(a) 笔直的马路；(b) 改造后西提岛

色彩。19世纪是无产阶级革命风起云涌的年代，仅巴黎本身就多次爆发城市起义。城市起义者往往在狭窄的街道上堆筑一道道街垒阻挡军队的进攻。警察局长出身的欧斯曼拓宽马路、把街道改建得又宽又直(图13-3a)，其考虑因素之一，是增加构筑街垒的困难，使骑兵可以方便地开入城市实施宽面冲击，且大炮可以轰击任何街垒。他为此直言不讳地宣称"炮弹不懂得右转弯"。

欧斯曼的城市改造创造了一个"美丽的"巴黎，受到人们广泛的赞誉，但也受到当时和后世许多人的批评。尤其抨击他对西堤（Cite）岛的改造："反对欧斯曼的，指责他消灭了一座中世纪的岛屿，赞赏他的，也为此感到脸红。"西堤岛是古代高卢的巴黎西（Parisii）部落在塞纳河畔定居下来的小岛，5世纪初成为巴黎建城的起点，被称为巴黎的摇篮，举世闻名的巴黎圣母院就位于该岛上。岛上的建筑基本上是中世纪遗留下来的。欧斯曼改造的铁锹也毫不顾忌地伸进了这个中世纪建筑的博物馆。此后，除了极个别留下的古迹，西堤岛建筑风格与巴黎其他区域没有两样了（图13-3b）。

此外，舆论还指责欧斯曼的改造引发了社会危机——"严重破坏了传统的社会网络，大批工人、手工业者、小商贩和小业主被赶到完全没有基础设施和卫生环境恶劣的郊区去居住"。另外，欧斯曼的规划也没有很好考虑城市人口增加对城市的影响。历史上巴黎塞纳河右岸的玛海（Marais）地区，曾是个富人居住的高级府邸区，但随着20世纪城市化进程中人口的涌入，基础设施既难以承受巨大的压力，又不能适时更新，很快那里就衰落了。旧日的高尚院落演变成了大杂院、贫民窟。

关于对欧斯曼的评价一直存在争论，有讽刺漫画把他描绘成一手拿铁镐、一手拿砖刀的"拆房大师"，但也有人称赞他的铁腕和成就。基于历史建筑应赋存于历史环境中这样的新认识，1887年，在激烈反对拆房的雨果等知名文化人士的积极奔走下，法国制定了历史文物建筑保护法，规定受保护的文物建筑周围500m范围内的街景不得随意改变，欧斯曼式城市改造在法国失去了法律基础。但是，可以从这样一个事实来判断世界对欧斯曼改造巴黎的综合评价：欧斯曼在巴黎隐退后，被多国聘为城市改造的顾问，世界上又出现了许多类似欧斯曼改造后之巴黎的城市，参见图13-4。

(a)   (b)

图 13-4 　欧斯曼的巴黎改造对世界城市面貌的影响

（a）北美最巴黎化的城市——华盛顿；（b）具有近代历史色彩的大连——中山广场

13.1.2 　如何看待传统街区的高耸建筑

人们对新事物有一个感知和认识的过程，对建筑环境也是如此。19 世纪末，巴黎受到批评最盛的建筑物一度是埃菲尔铁塔。这个位于巴黎中心的法国大革命百年纪念物在筹划之初，人们预料它在周围 6～8 层左右高度的欧斯曼风格建筑中会显得鹤立鸡群、格格不入，批评之声迭起。不少贵族和文艺界显赫人物联名写信给政府反对建造铁塔。报纸也连篇累牍地说铁塔破坏了巴黎的美，损害了巴黎的盛名。在信上签名的有著名音乐家古诺，小说家莫泊桑、小仲马等。因此，埃菲尔铁塔最初是作为一个临时性建筑建造的，原定二十年纪念期一过即拆除。铁塔建成之后，著名法国诗人保罗·马里·魏尔伦告诉人们："宁可每天绕一个大弯儿，也要避开这不伦不类的、丑陋可怕的魔王，因为看它一眼，整夜会不得安眠，尽做噩梦。"一位荣誉军团的上校抱怨："我现在只有一个地方可呆，那就是铁塔的底部，因为只有在这里我看不见这个怪物。"著名小说家莫泊桑说："这一大堆丑陋不堪的骸骨，真是令人深思恍惚，惶恐不安，我被迫逃出巴黎，远循异国了！"面对

如此强烈的反对声，铁塔的命运似乎注定要终结了；但是，随着时间的推移，后来人们逐渐熟悉、接受了这个钢铁巨人，转而认为它与环境结合得很好（图 13-5），于是，这个原来的临时建筑成了巴黎永久的标志性建筑。

图 13-5 　埃菲尔铁塔与周围建筑环境

到 20 世纪，面对美国纽约和芝加哥密集的摩天楼，巴黎一次次感受到现代化的压力，不断引起是否也应该建摩天大楼的争论。有人认为，既然巴黎能够接受埃菲尔铁塔，又为什么不可以接受高层摩天楼呢？

1969～1974 年，积极倡导新建筑的蓬皮杜担任法国总统，他表示："在法国，特别是在巴黎，反对高层建筑完全是一种落后的偏见。高层建筑的效果如何，这要看它的具体情况而言。也就是说取决于它的位置，它与周围环境的关系，它的比例尺度，它的建筑形体以及它的外表装修。"从原则上看，蓬皮杜的话没有任何错误，但真正实践起来往往就不

是这么回事了。在蓬皮杜的支持下，20世纪70年代初，一座缅因·蒙巴拿斯大楼于旧城古老建筑群中突兀而起。它的出现彻底打破了是否应该建高层建筑之争论的平衡。人们发现，这座高达数十层的大厦，与周边的环境怎么也协调不起来（图13-6），色彩、体形、高度都完全不协调。历史又一次重演了，诅咒之声一浪高过一浪，但这次，时间再也不能帮助人们接受这个建筑中的异类。1974年，蓬皮杜在总统任内患白血病逝世，有人在媒体发出这样夸张的评论："巴黎得救了！"此后也确实彻底断绝了在老城区内兴建高层的任何尝试。

图 13-6　蒙巴拿斯大楼与环境

13.1.3　传统、发展的矛盾与最终和谐

作为不抵抗城市，巴黎在第二次世界大战中并没有受到大规模破坏，但在战争中乃至结束后，全国各地断了原有生路的人们蜂拥进入了巴黎。于是1946年以后十多年间，巴黎在近郊区建造了占地万余公顷的住宅区，几乎和原市区面积相等。住宅区建造仓促、设备简陋，居住条件较差，消耗了近郊区宝贵的土地资源，砍伐了大量的树木。新公寓的设施条件较差，改建的余地也很小，很快就成了巴黎的发展障碍。

20世纪60年代，巴黎调整城市规划，规定不再增加居住密度，工业、金融业等都迁出中心区，在大巴黎地区沿着塞纳河向下游地区发展，形成带状城市。规划打破了单一中心模式，建设了以拉·德方斯区为代表的卫星城市中心，有效地吸引了大量的工业、金融业和人口迁出中心区。拿前面介绍过的玛海区为例，1970年时充斥着约7000家杂乱的小店铺，还有约30%的居所没有自来水，10%的人家不通电，60%的家庭没有独立的厕所，人口居住密度（指单位面积土地上居住的人口数）高。新规划实施后，两万余人迁出该区域，拆除了一些杂乱建筑，一些有特色的小店铺保留了下来，20多栋旧日府邸改造成了艺术和民俗博物馆，玛海地区一扫破旧的面貌，成了吸引游人的良好去处。

除了缅因·蒙巴拿斯大楼的教训之外，巴黎老城基本完好地保存了19世纪末遗留下来的历史风貌。此后，巴黎也学会了依靠新区来尽情地展示现代风采。

拉·德方斯既是一座建筑（所谓"新凯旋门"，参见图13-7b）的名称，也是一座卫星城的名称。拉·德方斯新区位于巴黎城西的近郊，素有"巴黎的曼哈顿"之称。当年出于改善巴黎老区住宅拥挤、交通不畅的现状，同时又必须完好地保护古城历史原貌这一考虑，戴高乐总统和继任者蓬皮杜积极倡议兴建这样一座巴黎的卫星城市。

(a)   (b)

图 13-7　通向新区的中轴线与"新凯旋门"

（a）胜利大道直通"新凯旋门"——拉·德方斯；（b）拉·德方斯——一个长宽高均为110m的巨大方形拱门

有人评价说：拉·德方斯的规划者和设计者最值得称道的地方，就在于他们没有把新区与老城截然分开，而是通过一条东西向的中轴线把两者紧紧地联结在了一起，参见图13-7（a）。这条中轴线从卢浮宫开始，经卡鲁塞尔拱门、协和广场的方尖碑，穿过星形广场凯旋门，然后沿胜利大道一直通到"新凯旋门"。正是这样一条中轴线使巴黎的新老城区有了连续性和关联性。并且这条中轴线并未到此为止，而是穿过"新凯旋门"继续向着前方不断延伸，寓意通向美好的未来。

目前，在新区集中了法国最大的20个财团中的12家总部，许多外国

图 13-8　从老城区远眺巴黎新区

大公司总部设在拉·德方斯。那里簇拥着众多新潮大厦（图13-8），还规划要建造一座400m高的摩天楼，新区成了现代巴黎的代表，充满生机与活力。

13.2　北京城市建筑环境的演变

13.2.1　梁思成的奋斗

在谈到北京的建筑环境的演变这一话题时，免不了要涉及城墙、城门楼、牌楼、胡同、四合院这几个名词。它们往往被认为是代表了老北京的符号。这些符号在半个多世纪的岁月里发生了"翻天覆地"的变化。

城市规划是决定这一切变化的第一个因素。老北京的城市面貌是在明清北京城的基础上遗留下来的。不论有人议论它的原始设计是如何合理、如何是中国古代文明的瑰宝，一

个不争的事实是：历经多年战乱，1949年的老北京已经衰败、残破不堪了，参见图13-9。

(a)　　　　　　　　　　　　　　　　　　(b)

图 13-9　中华人民共和国成立初期的老北京
(a) 右安门内大街；(b) 永定门

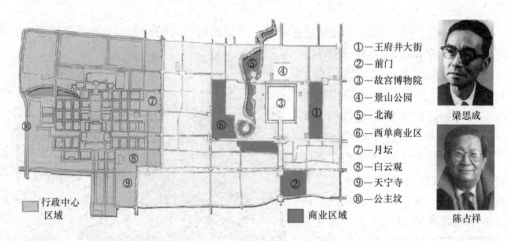

①—王府井大街
②—前门
③—故宫博物院
④—景山公园
⑤—北海
⑥—西单商业区
⑦—月坛
⑧—白云观
⑨—天宁寺
⑩—公主坟

梁思成

陈占祥

行政中心区域　　　　商业区域

图 13-10　"梁陈方案"示意与提案者

关于中华人民共和国首都的规划，1950年2月，梁思成和曾留学英国的著名建筑家兼城市规划学家陈占祥一起向人民政府提交了《关于中央人民政府行政中心位置的建议》，即著名的"梁陈方案"（图13-10），提出把旧城作为文物完整地保留下来，在北京旧城的西面，从复兴门外直至公主坟一带区域新建一个政府行政区；用一条东西向的交通干道连接起中国的政治心脏和中国的城市博物馆；工业区则放到城西石景山区和门头沟区、城南丰台区以及城东南部。这样，可以避免由于行政人员的大量迁入导致老城区的人口急剧膨胀。

与梁陈方案相反，苏联专家和北京建设局一些建筑师和工程师以十月革命后的莫斯科为实例，提议行政中心仍设在老城区。他们认为另立新的行政中心耗资耗时，新政权根本无力承担。而且老城区内许多老旧房屋已经不堪修缮，拆掉这些超过健康年龄、无保留价值的房屋，所遗之地可供改建行政房屋。有人还援引中华人民共和国国徽上的天安门，指出行政首都设在老城区是理所当然的，这里有暗指梁思想矛盾之意，因为国徽是梁思成参与设计的。

中央政府没有采用梁陈方案。梁思成遇到的挫败还不止是在城市规划方面；他一直主张保留的牌楼和城墙（图13-11）又接连遭到拆除的命运。

(a)　　　　　　　　　　　　　　　　(b)

图 13-11　北京的牌楼和城门
(a) 北京西四牌楼；(b) 北京东便门

　　牌楼的拆除是源于不断发生的交通事故。牌楼的开间往往只能通过一辆汽车，有的牌楼附近还因有拐弯而遮挡视线，多次发生汽车撞在门垛、戗柱和夹杆石上的事故。1953年北京市政府申请将牌楼拆除。中央在批准方案的同时，下令北京市政府进行必要的解释工作，以取得人民的拥护。在解释座谈会上，梁思成与负责解释的吴晗副市长发生了激烈的争论，认为以"纯交通观点"决定牌楼的命运是片面的，而应该从城市规划的角度考虑问题。对交通问题，可以建设交通环岛，将牌楼保留为街心景观等予以解决。最后在文化部、文物局等单位参与下，解决方案是：公园、坛庙内的牌楼保留；大街上的除了成贤街和国子监的四座外，其余全部拆除或迁移，而决定迁移的牌楼大都在拆下后没有着落。

　　古城墙的命运是目前人们所共知的。现在的人们普遍认为，当年拆毁北京城墙是有关方面最为外行的举动。然而事实上，当时提出拆毁城墙的也不乏留过洋的业内人士。

　　早在中华民国初年，就有留洋归国的人士提出拆毁北京城墙以利交通。而上海等比较现代的中国都市在1912年就已经拆除了城墙在墙基上筑路。有人这样质疑：既然巴黎都拆掉了古城墙，为何中国的都市就一定要保留呢？

　　中华人民共和国建国初期的1949年，北京都市计划委员会总工程师华南圭就提出拆除北京城墙，修筑环城公路，所拆城砖供砌下水道之用。华南圭曾是前清举人，25岁留学法国，是我国土木工程界的前辈。他主持修建的郑州黄河大桥，与京张铁路、钱塘江大桥并称中国早期铁路建设的三大工程。他认为，对待遗产应区别精华与糟粕，如故宫三大殿与颐和园等是精华应该保留，而砖土堆成的城墙则不能同日而语，这是对城墙全拆的意见。

　　1951年4月，梁思成在《新观察》杂志上发表文章，谈到他对北京城墙的设想是："城墙上面积宽敞，可以布置花池，栽种花草，安设公园椅，每隔若干距离的敌台上可建凉亭，供游人游息。由城墙或城楼上俯视护城河与郊外平原，远望西山远景或禁城宫殿。它将是世界上最特殊的公园之一———一个全长达 39.75km 的立体环城公园"（图 13-12b）。这是对城墙全保的意见，持这种意见的还有陈占祥。

　　此外还有一种意见，是对城墙半拆半保，代表者是华南圭之子、刚从法国回国被任命为都市计划委员会第二总建筑师的华揽洪。他与陈占祥各向北京市提出了一个城市规划方案，分别被称为甲、乙两案，其中陈的乙案已经对"梁陈方案"做了修改，同意行政中心

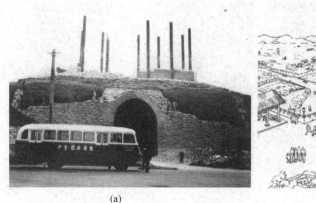
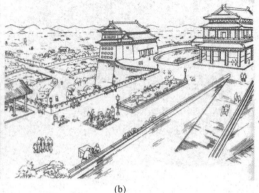

(a)   (b)

图 13-12　北京城墙的设想与命运
（a）拆除中尚余立柱的西直门；（b）北京城墙公园设想图（引自《梁思成文集》第四卷）

进入旧城，对古城墙，该案主张尽可能维持不动。甲案则将一些原来没有的交通线引入内城，对旧城原有格局改动很大，城墙部分保留。但是，这两个互相对立的方案都未获批准。

最终，梁思成全面保存北京古城墙的努力失败了，但是，在他的说服下，位于北京城内、中国最袖珍的古城——北海团城被完整地保存下，见图 13-13。

老城建筑风格是否应该保持也存在分歧。梁思成、陈占祥等人曾主张在北京中轴线附近的建筑高度不要超过三层，应低于天安门，在这一努力失败后，退而求新建房屋采用类似古建筑的坡屋顶，尽量保证原来古城的轮廓。

关于建筑层高，苏联专家援引苏联的建设经验提出反对意见，认为考虑房屋的给水排水、暖气、道路等配套设施，以 5～6 层左右最为经济，8～9 层为次之；2～3 层的房屋则太过浪费，而且会使城市成为平面的城市。在

图 13-13　北海团城

强调节约的 20 世纪 50 年代，经济这一条反对理由已经足够了。

关于所谓大屋顶（指坡屋顶）房屋，梁的建议则与苏联专家不谋而合。苏联的建筑政策是反对西方现代派的建筑风格，强调以民族的形式表达社会主义的内容。有的苏联专家甚至表示"一看见上海就愤怒"，意指上海建筑缺乏民族风格。苏联专家在这一问题上的态度极大地鼓励了希望"创造中国新建筑"的梁思成。长期以来，梁思成一直在思考如何很好地将中国传统建筑与西方现代主义实行很好的嫁接。在梁思成与苏联专家的积极推动下，北京许多新建建筑采用了中国式坡屋顶，如原机械部办公大楼、原交通部办公大楼、地安门机关宿舍大楼、北京友谊宾馆、北京华侨饭店（图 13-14）等。甚至一度出现了以行政命令要求建筑师设计坡屋顶房屋的现象，这使许多建筑师产生了不满；他们中的一些人在报纸杂志上撰文对梁的观点提出异议。恰逢此时，也有国家领导人对"大屋顶"的美学效果和经济方面产生的浪费提出了批评，于是演变成一场革除大屋顶的运动。一些原设

(a)

(b)

图 13-14　20 世纪 50 年代初期部分采用中国古典风格的建筑屋顶
(a) 北京友谊宾馆；(b) 北京旅居华侨饭店（梁思成设计）

计存在坡屋顶的房屋在施工过程中匆忙修改设计，转变成了平顶建筑。此后相当长一段时间内，平屋顶在北京成为建筑屋顶的主要形式，参见图 13-15。

图 13-15　北京在 20 世纪 50 年代建造的建筑

13.2.2　为什么梁思成遭遇挫折

1965 年，梁思成率领中国建筑界代表团到巴黎出席世界建筑师协会第八次代表大会，获悉巴黎在这一年通过了新的"大巴黎地区规划和整顿指导方案"。该方案的原则是改变向心发展的城市平面结构，避免工业和人口进一步向老巴黎城区集中，城市向塞纳河下游发展，改变单中心城市格局，兴建拉·德方斯等几个卫星城。这一原则与十多年前的"梁陈方案"的主旨是一致的。看到外国同行在历经挫折后取得的进步，而自己的国家依然沿用陈旧的城市发展模式，对保持自己的传统建筑风貌不予重视，梁思成沉重的心境可想而知。

客观地分析，梁思成是国内最早以整体的眼光，从城市规划的角度认识和分析北京古城的文化价值和情感价值的学者。他认为"北京是个文化建筑集中的城市，不宜发展工业，最好像华盛顿那样是个政治文化中心"。"还兼罗马、雅典那样的'古迹城'使北京成为招揽世界游客的'旅客城市'。"梁思成的观点未被人们接受，原因在于时机和地点都对他所做的努力不利。

从第二次鸦片战争到 20 世纪 40 年代，保守、落后的中国万业凋敝，外国军队三入北京，那一堵城墙无力阻挡。洋人以猎奇的目光对北京落后的市政设施、低矮的民居、肮脏的街道大加嘲讽和鄙夷。在这样的情况下，立志图强自新的中国人希望改天换地、脱胎换骨。从"五四"运动喊出"打倒孔家店"和"德先生、塞先生"的口号，中国的传统文化在国人心目中的统治地位第一次遇到了根本性的撼动。向西方学习、向落后保守开战成为潮流；一度在文化上过分自豪的中国人开始纠正自己的偏差，这一纠正行为难免矫枉过正。

1948 年 3 月，朱自清针对北平文物古迹的维护经费问题在大公报上发表杂文，认为："照道理衣食足再来保存古物不算晚；万一晚了也只好遗憾，衣食总是根本，笔者不同意过分地强调保存古物，过分地强调北平这个文化城。"对于在旧物基础上的改良，他写道："改良恐怕不免让旧时代拉着，走不远，也许压根儿走不动也未可知。还是另起炉灶的好，旧料却可以选择了用，应该过去的总是要过去的。"可见，即便在许多爱发"思古幽情"的文化人眼里，文物也容易等同于落后，百姓富足、国家强盛是压倒一切的最强烈愿望。

中华人民共和国建立后，国家领导人最急迫的愿望同样是迅速使国家工业化，成为现代化的强国。对于北京的城市发展，有关行政部门的考虑是通过发展工业来缓解城区普通百姓的高失业率问题。此外，也有政治方面的考虑，即尽可能多地增加工人阶级在市民人口中的比重。这些考虑因素与梁思成把"北京变为消费性城市"的理念格格不入，在大多数人眼里，梁思成要保护的恰恰是表现中国落后、需要被革除的东西（图 13-16）；它们与中国将要取得的伟大建设成就是不能相提并论的；"梁陈方案"的被拒就在所难免了。然而值得深思的是，当初反对梁陈方案的一条重要理由是行政中心建在新区"费时耗资"。在真正建设的过程中却发现，选择在旧城区建设，用于拆迁原居民所耗时间与投资要远远高于新区。

(a)　　　　　　　　　　　　　　　　(b)

图 13-16　老北京城区景象（中国书店供稿）

（a）远眺 1900 年左右的紫禁城；（b）鸟瞰老前门大街

城墙的兴废也多有实用主义的考虑，大多数人当时还难以理解城墙作为文物的价值。旅游更是遥远的事情，游山玩水与当时的社会风气不相符。即便认识到城墙的历史文物价值，但同时也认为它更主要是反映了封建时代低下的生产力和封建社会制度的局限性，充分表现了封建帝王唯我独尊和维护封建统治、防御农民反抗的思想。

梁思成的想法超前于人，可能也超前于时代。对北京古城的文化价值，在不同时期、不同人群有不同认识。同样是受过西方教育的梁思成与朱自清、华南圭等人，在认识上都存在巨大差距，何况其他有不同教育背景、不同经历的人群。

13.2.3　北京的胡同、四合院保卫战

胡同、四合院的现状令人堪忧。20 世纪 50~70 年代，北京的城市面貌尚不涉及胡同

和四合院的大规模消亡问题。据统计，中华人民共和国成立初期，北京城内共有各种大小胡同计七千余条。由于长期执行在老城区进行新首都建设的方案，老城区人口急剧扩张，原来四合院内的人居环境也变得恶劣异常。1976年唐山地震后允许搭建防震棚，居住空间狭小的居民纷纷趁机在院内扩张居住面积，院内布局变得更加杂乱无章。除了一些机关占据的大、中型四合院，传统意义上布局规整、由一般居民居住的小四合院已经基本消失，成为破旧拥挤的大杂院。

自从改革开放以后，居民要求改善居住环境的呼声日益强烈，而经济的迅速发展也加快了城市更新改造的步伐。大规模拆除胡同和四合院改建成商业区或高层住宅区的运动从20世纪80年代开始，胡同越来越少，到2005年，只剩下1400余条了，但这绝不是最后的数字。

胡同和四合院是北京的符号，是其区别于其他都市的识别卡，是几百年中国历史的载体。它代表、记载了一种生活方式（图13-17），其中许多是具有文物价值的。

眼下，随着城市的改造和建设进程的开展，一片又一片的文化遗迹正在消失。仅近年来，单在北京就发生了如下悲剧：赵紫宸（著名爱国民主人士、原世界基督教协会副主席）故居、粤东新馆、曹雪芹故居遗址、孟端胡同45号院果郡王的府第等一系列宝贵的古建筑被拆毁，以及像香饵胡同、土儿胡同、明亮胡同、察院胡同这样的成片古街区被消

二维码13-1 消失的部分北京古建筑

图13-17 雪景下的胡同（图片来自网络）

灭。2009年6～7月间，又传来包括西城区八道湾胡同11号鲁迅故居，西城区总布胡同24号梁思成、林徽因故居在内的一片老胡同区即将拆除的消息。

这些被毁灭和即将被毁灭的建筑大多不属于"危改"对象。对于孟端胡同45号院，有资料是这样描述的："因其规模宏大、保存完整而成为北京目前现存的四合院中的上品。朱门绿廊、树高庭廊、雕梁画栋、青砖碧瓦、百年老树枝繁叶茂（图13-18a）。"被拆毁后

(a)   (b)

图13-18 拆毁前后的孟端胡同45号院果郡王府

（图 13-18b），该院落所在地段成为金融街的一部分。而赵紫宸故居除了对赵紫宸本人的纪念意义外，尤其珍贵的是，它是为数不多的元代遗物，其在打通平安大街的工程中被拆除（然而该院落主体并不在规划的街道上）。

历史似乎再次重演了，围绕是否应该保护胡同和四合院的问题，又出现了激烈的争议。

反对保护的声音指向四合院（实际是大杂院）的现状：院内无卫生设施、无隐私，包括许多文化人在内的大多数"四合院"原居民并不认同胡同和"四合院"的文物价值。❶

要求保护文物建筑的声音更为强大，但取得的效果却并不如意。像赵紫宸故居，在被拆毁之前曾经有一大批著名建筑学家、文物专家兼社会活动家多次上书、呼吁，提出解决北京城市建设与文物保护这一矛盾的思路，要求尽可能多地保留北京城的历史风貌、文化遗迹。这个抢救和抗争的努力进行了两年多，最后以失败告终。孟端胡同 45 号院和香饵胡同等处，也是在有专家和有关方面人士（包括国家文物局长）明确要求保护的情况下，于 2005 年被拆毁的。在保留派中还有一些民间人士，他们没有公职和政协委员的地位，华南圭的孙女华新民就是其中一位。由于祖母和母亲都是波兰人，她的长相是西方式的，于 20 世纪 50 年代生于北京无量胡同的一座四合院内。1977 年，其随父亲华揽洪移居法国，20 世纪 90 年代初，华新民再次回到北京，这时她发现北京的老城区正一天天缩小。从 1997 年起，为了抢救北京"沉淀着几百年文化"的胡同和四合院，她奔波于胡同、文物局、规划局、房地产开发公司和拆迁户之间，成为"专职古都文化保护者"（图 13-19）。她非常担心地表示："中国城市淹没在西方的符号里，那是非常可怕的！"她在为保留孟端胡同 45 号院而奔走时，呼吁借鉴欧洲保护文物建筑的经验，把 45 号院做成一个最高品级的饭庄、酒店或俱乐部等。遗憾的是，不仅 45 号院未能保存，她自己居住的无量胡同祖屋也于 2005 年毁于推土机的铲刀下。

(a) (b)

图 13-19　拆除胡同四合院的大趋势与反对滥拆的人士
(a) 反映胡同拆迁的绘画；(b) 画对拆迁公告的华新民

如何认识胡同四合院的价值是一个值得深思的问题。现代的北京在高楼的装点下，越

---

❶　著名作家王朔的一篇杂文《烦胡同》是颇能代表这种观点的："我家住的那一带俗称'朝阳门城根儿'。那一带的胡同大都是破破烂烂的房子，很少像世界标榜的那种规规矩矩的四合院。院子里的居民衣衫褴褛、面带菜色。给我印象很深的是在副食店买肉的人群没有买两毛钱以上的，而且都要肥的。生活在这样的环境中有什么快乐可言？反正对我来说，满北京城所谓的四合院都推平了我也不觉得可惜。"而曾写过《妻妾成群》（后被改编为电影《大红灯笼高高挂》），在苏州一个"四水归堂"大杂院生活过多年，对使用老式马桶的痛苦体验刻骨铭心的作家苏童也曾表示类似观点：绝不会从旅游的角度赞成保留苏州小街上的棚户区。那些留恋小桥流水的人，让他们用一下苏州老城居民家里的马桶，他们就不会再喊什么"老城保护"了。

来越成为一座没有建筑传统和特点的城市（图13-20）。

如果说20世纪50~60年代认识的误区多来自文化和政治观念的局限，那么现在的误区主要是以经济价值衡量一切。以孟端胡同为例，由于在拆除过程中遭遇强大的反对声音，拆迁方煞有介事地对所拆房屋构件进行编号，声称将院落迁移重建。可是人们不禁要问，为什么需要易地另起的不是那幢金融大楼而是已经在当地存在了二百年的古院落？巴黎的经验是将金融

图13-20　北京规划模型鸟瞰——高楼逼近紫禁城

业迁出老城区，为什么我们依然要反其道而行之？在房地产开发的巨大商机面前，古建筑、文化传承在"政绩"和商业利润面前总是显得苍白无力。开发商和规划审批者往往认为：古建筑如果实在有价值，或者毁掉它引起的非议太大，那么以后可以再重新修建一个！于是我们看到：一面在无所顾忌地拆毁真正有价值的古建筑，一面又在耗巨资重修某些号称古迹的亭台楼阁或者某个名人故居。实际上这些崭新漂亮的所谓"古迹"唯一的作用就是服务于旅游和经济，说到底还是考虑经济价值。

不应该夸大独门独院的四合院人居环境优美的一面，四合院平面的居住形式对土地的利用率太低（这也是中国古代都市面积远大于西方古城的原因之一）。但也不应苟同以大杂院环境的恶劣来反对保护胡同和四合院，虽然这种反对的原因非常值得同情。保护文物和传统文化与保护落后的居住环境毕竟是两回事。居住环境可以通过迁出部分居民予以改善。胡同四合院总归是我们的历史，难道我们要把历史完全从现实中抹去而不留痕迹，只保留在文字和图像的记忆里吗？当我们来到巴黎，可以很方便地找到当年周恩来、邓小平等人勤工俭学时的旧居，这就是巴黎作为文化之城的底蕴。而当我们在北京城寻找某位历史名人故居时，它要么孤零零地被四周的高楼所俯视，没有了当初的环境，要么干脆踪迹全无，这样的城市与历史文化名城有什么关系呢？

应该指出，近年人们文物保护意识的提高对滥拆古建筑的势头也有一定的遏制。鲁迅、梁思成故居将被拆的消息被媒体披露后，西城区政府宣布：将八道湾11号改为北京35中的一部分，鲁迅的故居有可能成为中学图书馆。而梁思成、林徽因故居的拆除也被暂停。

13.3　如何保护古建筑和建筑环境

13.3.1　古建筑的保护原则

如何保护古建筑，世界各国有各自不同的标准。这些标准尚没有、也不宜统一。

西方标准主要反映希腊、意大利、法国等西方文明古国的主张：不论古建筑残破成什么样就是什么样，要减少人为的干预，修了就失去它的真实性了。这些国家的主张与他们的古建文物多以石建筑、混凝土建筑为主有关；强调的是，实物就是原来的东西，真实性表现在实物本身。

东方标准主要反映日本、美国、俄罗斯等国家的主张：文物建筑要修就修成原来的样子，修好之后仍然是文物。因为他们的古建文物大都是木结构建筑。1994年，国际保护文物组织在日本公布了《奈良真实性文件》，主旨是说要依据东方建筑的自身特点来修复古建筑，认为文物所携带的信息是真实的，而这种信息真实性的判断标准又是和各个国家民族的文化背景及价值取向紧密联系的。

中国标准与其他标准比较又有特殊性。2001年以后，中国为迎接奥运而大规模维修故宫、颐和园等古建筑。维修中不仅替代糟朽的木构件，而且施以彩画，整旧如"新"，这与国际上通行的对古建文物整旧如旧的抢救方针相抵触，在国际上引起了质疑，认为这么修就失去原真性。于是国际保护文物组织派人来到中国进行考察。中国的文物保护组织提出了自己的观点：中国的做法既不是整旧如新，也不是整旧如旧，而是整旧如故。在中国，有句形容做好事的俗语是：重修庙宇，再塑金身。这句话充分说明了中国维修保护古

图 13-21　亟待重新彩绘的故宫建筑局部

建筑的手段及其必然——中国建筑是带有彩绘的木结构。这种建筑本身就有一种特点——非永久性。中国的建筑在历史上就经常在修，不修建筑就损坏。它不像西方的石头建筑，只要你不干预它，它能挺下来很多年。所以中国人说房子得有人住，因为有人住就有人随时修。修的内容之一就是重画彩绘。（图13-21），所以中国古建的维修，不应"整旧如旧"，而应"整旧如故"，恢复其故时的常态——金碧辉煌。

经过争论，达成了共识。2007年，以国际保护文物组织的名义发表了《北京宣言》，承认中国的作法也是体现了真实性。所以说对真实性的理解现在国际上并不统一，但是有一点是统一的，就是再怎么修，信息的真实性不能失去。因此，文物建筑可以重修，但其中的附属艺术，如雕塑、壁画就绝不能重修。

文物修缮的依据首先是为了确保文物安全不再继续破损，同时要表现出它的价值。比如明长城，其几百年来已经很残破了，实用性也已经消失。它留给人们的映像就是一种它曾经历经战火、抵御侵扰的沧桑感。如果把长城修成了一条新的城墙，就没有什么历史价值，所以保持它的残状是比较恰当的。而故宫没有必要保护其岁月的沧桑感，它在历史上就已经维修多次，现在应当再现其全盛时期的辉煌。

13.3.2　哈尔滨整治建筑环境的实例

哈尔滨原有建筑环境与我国其他城市有显著不同，作为一个因为东清铁路的修建而于1898年开埠的城市，它的历史并不悠久，但最初的城市规划和建筑都是由俄国人设计的。来自东欧各国的移民一度占城市人口的三分之一，除了底层中国劳动人民集中居住的道外区之外，道里区和南岗区的许多街道从名称到建筑都是欧洲风格（图13-22），有"东方莫斯科""东方小巴黎"之称。建筑为城市孕育了浓厚的艺术氛围。

二维码13-2　哈尔滨
传统建筑风格（一）

二维码13-3　哈尔滨
传统建筑风格（二）

(a)　　　　　　　　　　　　　　　　　(b)

二维码13-4　哈尔滨
传统建筑风格(三)

二维码13-5　哈尔滨
传统建筑风格(四)

图 13-22　欧洲风格的哈尔滨老建筑

(a) 原哈尔滨特别市图书馆（现东北烈士纪念馆）；(b) 哈尔滨老火车站

　　中华人民共和国成立以后相当长一段时间，哈尔滨的新建建筑基本
能注意与老建筑保持协调的风格，尽量保证原有的建筑环境氛围。直到中苏关系破裂和
"文革"期间，由于政治因素的影响，这种努力没有持续下去。

　　建筑环境受破坏以教堂为先。哈尔滨数量众多的老教堂曾给人留下深刻印象，因此被
称为教堂之国（图 13-23）。每日各教堂同时敲钟报时，钟声萦绕全城，惊起飞鸽无数。
俄罗斯女诗人涅捷尔斯卡娅曾留下这样的诗句："我经常从梦中惊醒，一切往事如云烟浮
起。哈尔滨教堂的钟声敲响，城市裹上洁白的外衣。无情岁月悄然逝去，异国的晚霞染红
了天际，我到过多少美丽的城市，却都比不上烟霭下的你……"遗憾的是，这些富有建筑
特色和诗意的教堂，大部分都在"文革"中被拆毁。

(a)　　　　　　　　　　　　　　　　　(b)

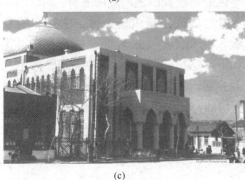

(c)　　　　　　　　　　　　　　　　　(d)

图 13-23　哈尔滨部分老教堂留影

(a) 圣母领报教堂，拜占庭风格；(b) 圣伊伯维尔教堂；(c) 犹太新教堂；(d) 圣尼古拉大教堂

"文革"中对原有建筑环境的破坏体现在拆，而"文革"后一段时间体现在建。在城市规划和建设中，对保持传统建筑风格关注不足。20世纪80～90年代后，一些高层建筑任意楔入老街区，这些高层不仅本身风格与原有环境格格不入，而且使得问题变得无法挽回，老建筑也失去了环境美感（图13-24）。

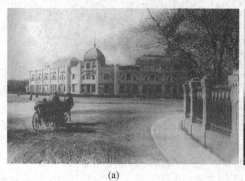

(a)　　　　　　　　　　　　　　　　(b)

图13-24　现代高层建筑进入老街区

（a）圣尼古拉教堂广场西侧景象，前方建筑为莫斯科商场（现为黑龙江省博物馆）；

（b）与左图同一地点东侧目前的景象，虽然老建筑仍在，但原有建筑环境已被破坏

　　对传统建筑环境进行保护的呼声也一直没有停止，人们对这一问题的认识也在不断提高。让人们感到幸运的是位于道里区的中央大街，从街道铺设的方石到两侧老建筑被大致完整地保留了下来。在20世纪90年代，哈尔滨有关方面将中央大街改造为步行街（图13-25），使其成为城市的旅游、休闲、商业中心，取得了很好的效果。据说这是中国大陆第一条步行街。

图13-25　哈尔滨中央大街现状（照片来自网络）

　　进入20世纪90年代以后，哈尔滨有关方面意识到教堂在美化城市环境方面的作用，将市区中遗留下来的老教堂从杂乱建筑的包围中剥离出来，改造成教堂广场（图13-26，注意广场开辟前后拍摄的视角），如此改造后的教堂成为旅游观光的热点，有效拉动了附近地区的商业和房地产业的发展。

　　针对街道建筑风格杂乱、失去了特色的现状，哈尔滨有关方面对一些重点街道进行了如下改造：临街建筑（包括居民住宅和一些商业建筑）的临街立面增加了一些欧式装饰；这些建筑的平屋顶或改造成欧式坡屋顶，或增加一些小尖顶和欧式雕塑，试图通过这些措施尽可能恢复城市原有的欧式建筑风格。例如2000年以后，位于南岗区的奋斗路恢复了原果戈里大街的街名并对沿街建筑进行了上述改造（图13-27）；该街道上甚至还摆放了一辆已经于1987年撤销了的地面有轨电车。

　　对类似奋斗路的改造也存在反对的声音，认为：新装饰的拼凑痕迹很重；被改造的建筑高度过高而街道过窄，观察处理后屋顶的视角不佳；属于伪仿古一条街等。

图 13-26　遗留下来的老教堂与开辟出的教堂广场

（a）被建筑包围的圣·索菲亚教堂；（b）拆除周围建筑形成圣·索菲亚教堂广场；

（c）圣·阿列克谢耶夫教堂与周围环境；（d）开辟出广场后的圣·阿列克谢耶夫教堂

图 13-27　哈尔滨原奋斗路进行临街建筑风格改造后的效果

对于改造的装饰效果很难作出统一的评判，如果装饰效果确实不佳可以进一步改进。但是"伪仿古一条街"的说法并不确切，考虑到哈尔滨是一座年龄不过百余年的城市，所谓"伪仿古"之说难以成立，关键在于理念的转变是可喜的。

亡羊补牢，犹未晚也。有了保护传统建筑风格的正确认识，加上持之以恒的决心，相信哈尔滨能够重新焕发青春，恢复它原有的城市艺术魅力。

13.3.3 有机更新——北京菊儿胡同改造

针对现存北京胡同和四合院人居环境、房屋品质恶劣的现状，1990 年，在北京有关方面组织下，以及清华大学建筑学院吴良镛教授主持下，按照吴教授本人提出的"有机更新"理论，对北京东城区菊儿胡同进行了改造试点。

所谓有机更新理论的要旨认为：城市的灵魂就在街道、胡同、院落这些与居民生活息息相关的场所里，这些场所就像细胞一样组成了城市的肌理，要保护好古城风貌，关键就在于保护好古城的肌理。一个城市总是需要新陈代谢的，但是，这种代谢应当像新老细胞更新一样，是一种"有机"的更新，而不是生硬的替换。

菊儿胡同改造就是对传统四合院的一种"有机更新"。它不是简单地抄袭过去已有的建筑模式，而是前所未有地创造了一种既适应于北京老城原有的肌理、又适合于现代人居住的一种"类四合院"。改造中能保留的房屋坚决不拆；对于需拆除的危房，通过改单层房屋为 2~3 层楼房提高了居住效率，通过增设管道煤气和卫浴设施，提高了居住质量。原有四合院通常都是多户居住的大杂院，新的类四合院里也有一个共用的院落，里面仍然住着多户人家，每家使用面积分别为 45m²、70m²、90m²。在保证私密性的同时，利用连接体和小跨院，与传统四合院形成群体，保留了中国传统住宅重视邻里情谊的精神内核，参见图 13-28。

图 13-28　改造后的菊儿胡同（图片编辑自网络资料）

此外，菊儿胡同中的院子都围绕老树设计。胡同中原有的每一棵老树不但受到精心的保护，而且在设计中享有一席之地，体现了人与环境和谐共存的关系。

菊儿胡同改造获得了联合国 1992 年世界人居奖、亚洲建协优秀建筑设计金奖。然而，此后北京的胡同四合院改造再未参仿菊儿胡同，而代之以大拆大建的模式。

13.3.4　时光隧道——北京前门大街的改造

由于临近前门老火车站，前门大街在民国时期一度是老北京最繁华的地区之一，游人熙攘、商号林立。然而，随着火车站的迁移和王府井、西单等商业区的发展，前门大街逐渐寥落了，而且许多昔日房屋已经演变成危房，街区改造在所难免。

重现历史风貌就如同要钻入一条时光隧道，到底穿越到哪个时代呢？

针对大街到底整修成什么样子的问题，有关方面前后做过九次方案，论证了三十余次。以前的改造方案大都趋向于造一条明清式样的仿古街。后来考虑到在人们的印象中，前门大街最具代表性的面貌就是 20 世纪 20～30 年代的繁华，那个时代也是中国的民族资本主义经济兴起的鼎盛年代，故在 2006 年，有关方面最终确定，前门大街改造后恢复成这一时代的样子，参见图 13-29。

(a)　　　　　　　　　　　　　　　　(b)

图 13-29　前门大街改造模拟的原形与模拟的效果

(a) 20 世纪 20 年代的前门大街（正阳楼向永定门方向远眺）；(b) 改造后的前门大街（向正阳门方向远眺）

在上述这段时间内，前门大街的风貌是中西混杂，建筑高度为二层、三层。在改造前，有关方面确定街区内的老建筑 70% 以上属于危房，故统一对老建筑作拆除的处理。对靠近正阳门的北段，改建的建筑较严格地模仿民国时期的风格，至于远离正阳门的南段，建筑风格更趋向现代。

结　束　语

近年来，保护中国传统文化的呼声得到包括各地方政府在内的广泛响应，有的地方，如古建筑集中的苏州等地还出台了地方性《古建筑保护条例》，允许私人在保护维修的前提下购买古建筑；居住在古建筑内的居民如果无力维修，则须将居住权出让，这样解决了保护维修经费仅仅依靠政府而严重不足的问题，鼓励各界积极参加到保护古建筑和传统建筑环境的努力中来。我们希望国家早日出台统一的法规，根本遏制、杜绝古建筑和传统建筑环境遭到破坏的局面。

国外对保护建筑环境的理念也似乎在悄悄地发生变化；进入 21 世纪，一向对建造高层建筑持谨慎态度的欧洲对高层表现出了更大的宽容；伦敦为了不破坏中世纪老伦敦城那个 1 平方英里区域（称为 The square mile）和近代大伦敦的建筑环境，一度禁止高于 6 层的建筑出现；但是，近年也在城市边缘兴建高层区，出现了 30～40 层的商业楼。毕竟，土地资源是有限的，建筑向天空和地下发展是不可避免的趋势。

思 考 题

（1）欧斯曼的城市改造措施有哪些？你认为经验和教训各有哪些？巴黎如何看待高层建筑？

（2）梁陈方案的要点是什么？你对梁思成保护北京古城风貌的思想如何看待？

（3）对是否应该保护北京的胡同和四合院有不同的认识，你的看法如何？

（4）保护传统建筑环境的阻力主要来自哪里？在认识上有何误区？

（5）保护古建筑有哪些原则？为何各国的意见不统一？

（6）你如何看待哈尔滨等城市的建筑环境保护工作？

（7）菊儿胡同、前门大街改造的指导思想是什么？你如何看待？

主 要 参 考 文 献

[1] 崔京浩. 伟大的土木工程[M]. 北京：中国水利水电出版社，2006.

[2] 黎原. 黎原回忆录[M]. 北京：中国人民解放军出版社，2009.

[3] (西汉)司马迁. 史记[M]. 北京：中华书局，1982.

[4] (英)沃特金. 西方建筑史[M]. 傅景川等译. 长春：吉林人民出版社，2004.

[5] Peter Connolly，Hazel Dodge. The Ancient City：Life in Classical Athens and Rome. Oxford University Press，2000.

[6] 罗小未. 外国近现代建筑史(第二版)[M]. 北京：中国建筑工业出版社，2005.

[7] 钱正坤. 世界建筑风格史[M]. 上海：上海交通大学出版社，2005.

[8] 刘敦桢. 中国古代建筑史[M]. 北京：中国建筑工业出版社，1980.

[9] 傅熹年. 中国科学技术史(建筑卷)[M]. 北京：科学出版社，2008.

[10] 中国科学院自然科学史研究所. 中国古代建筑技术史[M]. 北京：科学出版社，1985.

[11] 潘谷西. 中国建筑史(第七版)[M]. 北京：中国建筑工业出版社，2015.

[12] 侯幼彬，李婉贞. 中国古代建筑历史图说[M]. 北京：中国建筑工业出版社，2002.

[13] 傅熹年. 中国古代建筑史(第二卷)[M]. 北京：中国建筑工业出版社，2001.

[14] 侯幼彬. 中国建筑美学[M]. 哈尔滨：黑龙江科学技术出版社，1997.

[15] 王其钧. 图说民居[M]. 北京：中国建筑工业出版社，2004.

[16] 中国艺术研究院《中国建筑艺术史》编写组. 中国建筑艺术史[M]. 北京：文物出版社，1999.

[17] 萧默. 东方之光——古代中国与东亚各国建筑[M]. 北京：机械工业出版社，2007.

[18] 中国大百科全书总编辑委员会本卷编辑委员会. 中国大百科全书·建筑园林城市规划[M]. 北京：中国大百科全书出版社，1988.

[19] 陈直. 三辅黄图校证[M]. 西安：陕西人民出版社，1980.

[20] (北魏)郦道元. 水经注[M]. 陈桥驿校证. 北京：中华书局，2007.

[21] (晋)常璩. 华阳国志校补图注[M]. 任乃强校注. 上海：上海古籍出版社，1987.

[22] 梁思成. 图像中国建筑史[M]. 北京：中国建筑工业出版社，1991.

[23] 吴焕加. 现代西方建筑的故事[M]. 天津：百花文艺出版社，2005.

[24] 方知今. 血战滇缅印：中国远征军抗战纪实[M]. 北京：中国人民解放军出版社，2005.

[25] (美)多诺万·韦伯斯特. 滇缅公路[M]. 朱靖江译. 北京：作家出版社，2006.

[26] 金士宣，徐文述. 中国铁路发展史(1876～1949)[M]. 北京：中国铁道出版社，1986.

[27] 成昆铁路技术总结委员会. 成昆铁路画册[M]. 北京：人民铁道出版社，1983.

[28] 中国铁路桥梁史编辑委员会. 中国铁路桥梁史[M]. 北京：中国铁道出版社，1987.

[29] 亨利·基辛格. 基辛格回忆录[M]. 张志明译. 北京：世界知识出版社，1982.

[30] 胡维. 19世纪德国统一进程中铁路的影响[J]. 南方论刊，2007(3)：60～61.

[31] 李宝仁. 从近代俄国铁路史看铁路建设在国家工业化进程中的地位和作用[J]. 铁道经济研究，2008，82(2).

[32] 毛晨岚. 谢·尤·维特伯爵与西伯利亚大铁路[J]. 大庆师范学院学报，Vol.26(4)，2006：102～106.

[33] 朱莉. 印度铁路印象[J]. 铁道知识，2006(5)：12～14.

[34] 赵坚. 印度铁路考察中得到的若干启示[J]. 综合运输，2009(7)：76～80.

[35] 茅以升. 中国古桥技术史[M]. 北京：北京出版社，1986.

[36] 茅以升. 武汉长江大桥[M]. 北京：科学普及出版社，1958.

［37］ 郑肇经. 中国水利史［M］. 北京：商务印书馆，1998.

［38］ 陈绍金. 中国水利史［M］. 北京：中国水利水电出版社，2007.

［39］ 耿刘同. 中国古代园林［M］. 北京：商务印书馆，1998.

［40］ 陈志华. 外国造园艺术［M］. 郑州：河南科学技术出版社，2001.

［41］ 王军. 城记［M］. 北京：生活·读书·新知三联书店，2003.

［42］ 阿城. 远东背影———哈尔滨老公馆［M］. 天津：百花文艺出版社，2006.